Springer-Lehrbuch

Georg Hoever

Vorkurs Mathematik

Theorie und Aufgaben mit vollständig
durchgerechneten Lösungen

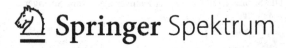 Springer Spektrum

Georg Hoever
Fachbereich Elektrotechnik und Informationstechnik
Fachhochschule Aachen
Aachen, Deutschland

ISSN 0937-7433
ISBN 978-3-642-54870-3   ISBN 978-3-642-54871-0 (eBook)
DOI 10.1007/978-3-642-54871-0

Mathematics Subject Classification (2010): 97U10, 97U40

Die Deutsche Nationalbibliothek verzeichnet diese Publikation in der Deutschen Nationalbibliografie;
detaillierte bibliografische Daten sind im Internet über http://dnb.d-nb.de abrufbar.

Springer Spektrum

Gedruckt auf säurefreiem und chlorfrei gebleichtem Papier

Springer Spektrum ist eine Marke von Springer DE. Springer DE ist Teil der Fachverlagsgruppe Springer
Science+Business Media.
www.springer-spektrum.de

Inhaltsverzeichnis

Vorwort

Die Mathematik ist Grundlage für viele Darstellungen und Sachverhalte in ingenieurwissenschaftlichen und naturwissenschaftlichen Studiengängen. Die Studienanfängerinnen und Studienanfänger bringen allerdings sehr unterschiedliche Vorkenntnisse im Bereich der Mathematik mit. Dies liegt zum einen an den unterschiedlichen Abschlüssen und Schulformen (Fachoberschule, Berufsfachschule, Gymnasium, ...). Zum anderen schwanken aber auch innerhalb der gleichen Schulform die behandelten Inhalte des Mathematikunterrichts, einerseits resultierend aus unterschiedlichen Niveaus der Kurse, andererseits aber auch auf Grund von Wahlfreiheiten, die der Lehrplan lässt.

Will man nun in der regulären Mathematik-Veranstaltung auf dem kleinsten gemeinsamen Nenner beginnen, muss man einen Großteil der Schulmathematik wiederholen. Das kann nicht das Ziel einer Hochschul-Veranstaltung sein. Dieser Mathematik-Vorkurs soll daher eine gemeinsame Grundlage anbieten, auf dem dann die reguläre Mathematik-Vorlesung aufbauen kann.

Der Fokus dieses Buchs liegt auf Themen der Analysis und der linearen Algebra wie sie in der Sekundarstufe 1 und 2 gelehrt werden. Nach einem kurzen ersten einführenden Kapitel, das Terme und Aussagen und insbesondere das Bruchrechnen wiederholt, werden im zweiten Kapitel die wichtigen elementaren Funktionen behandelt. Diese bilden eine Basis für das dritte Kapitel, das die Differenzial- und Integralrechnung beinhaltet. Das vierte Kapitel widmet sich der linearen Algebra und ist weitgehend unabhängig von Kapitel 2 und 3, so dass es auch vorgezogen oder eigenständig genutzt werden kann.

Die Erfahrung zeigt, dass den Studienanfängerinnen und Studienanfängern vor allem der routinierte Umgang mit den Dingen fehlt. Dazu hilft nicht die Beschäftigung mit der Theorie, die in Teil I dieses Buches behandelt wird, sondern nur das selbständige Bearbeiten von Aufgaben. Daher ist ein Hauptanliegen dieses Buches, im Teil II und Teil III Aufgaben mit ausführlich dargestellten Lösungswegen zu den behandelten Themen bereit zu stellen. Die Gliederung innerhalb dieser Teile entspricht den Kapiteln und Abschnitten des Theorieteils. Dem Leser sei empfohlen, sich die Aufgaben zunächst nur im Teil II anzusehen, um nicht gleich in Versuchung geführt zu werden, einen Blick auf die Lösungen zu werfen. Der Lerneffekt, eine Aufgabe wirklich selbst zum ersten Mal zu lösen, ist unwiederbringlich verloren, wenn man sich die fertige Lösung aus Teil III angesehen hat. Die Lösungen sollen dazu dienen, die eigenen Rechnungen zu kontrollieren. Oft gibt es mehrere Möglichkeiten zur Lösung. Im Lösungsteil wird entsprechend darauf hingewiesen. Die Vorstellung mehrerer Lösungsvarianten zeigt dem Leser, dass es nicht nur einen Weg gibt, den man hätte finden sollen, sondern dass es häufig mehrere Varianten und unterschiedliche Zugänge gibt. Vielleicht hat der Leser sogar noch einen weiteren gefunden. Verweise innerhalb der Lösungen auf Sätze, Bemerkungen o.Ä. beziehen sich immer auf den Teil I. Dabei sind Verweise nicht auf alle benutzten Sätze und Definitionen sondern eher nur bei Detailüberlegungen angeführt. Grundlegend ist immer die Theorie des entsprechenden Kapitels aus Teil I.

In Fortsetzung dieses Vorkurses zur Mathematik gibt es die beiden Bücher „Höhere Mathematik kompakt" und „Arbeitsbuch höhere Mathematik", die die Themen einer ein- oder zweisemestrigen Grundlagenvorlesung zur Mathematik abdecken. Die im vorliegenden Vorkurs dargestellten Themen werden dabei zum Teil kurz wiederholt. Entsprechend gibt es dort wörtliche Zitate aus dem Vorkurs und zum Teil im Arbeitsbuch auch gleiche Aufgaben, die dazu dienen, den routinierten Umgang mit den Dingen zu üben, bevor weitergehende Aufgaben gestellt werden. Bei Lehrveranstaltungen, die sich an diesen Büchern orientieren und die auf dem vorliegenden Vorkurs aufbauen, können diese Passagen übersprungen werden.

Ich hoffe, dass dieser Vorkurs für angehende Studierende der Ingenieur- und Naturwissenschaft eine hilfreiche Zusammenfassung des Schulstoffes mit interessanten und lehrreichen Übungsmöglichkeiten darstellt und vielleicht auch von anderen Dozenten als Grundlage eines Vor- oder Brückenkurses genutzt wird. Über Rückmeldungen freue ich mich, sowohl was die inhaltliche Darstellung, die Formulierung der Aufgaben, die Ausführlichkeit der Lösungen oder fehlende Übungsaspekte angeht, als auch einfach nur die Nennung von Druckfehlern. Eine Liste der gefundenen Fehler veröffentliche ich auf meiner Internetseite www.hoever.fh-aachen.de.

An dieser Stelle möchte ich mich herzlich bei den Studierenden bedanken, die mich bei der Vorbereitung des Vorkurses, der Digitalisierung der Unterlagen und der Durchsicht und Korrektur der Entwürfe unterstützt haben.

Aachen, im Februar 2014,

Georg Hoever

I Theorie

1 Grundlagen

Dieses einführende Kapitel besteht aus den beiden Abschnitten „Terme und Aussagen" und „Bruchrechnung". Die Erfahrung zeigt, dass diese Dinge zwar in der Schule gelehrt und gelernt werden, dass angehenden Studierenden aber häufig Routine im Umformen von Termen und beim Gebrauch der Bruchrechnung fehlt. Entsprechend soll dieses Kapitel keine vollständige Einführung in die einzelnen Themen geben, sondern motivieren, sich mit den Aufgaben aus Teil II auseinanderzusetzen und damit die mathematisch handwerklichen Fähigkeiten zu üben.

1.1 Terme und Aussagen

1.1.1 Terme

Definition 1.1.1 (Terme)

Terme sind sinnvolle Ausdrücke, die aus Zahlen, Variablen und Rechenzeichen bestehen.

Beispiel 1.1.2

Die folgenden Ausdrücke sind Terme:

$$2x, \quad 16a^3 - 5z, \quad \frac{a^2 - b^2}{a - b}, \quad \sqrt[4]{\sqrt{3} + 1}.$$

Bemerkungen 1.1.3 (Termumformungen, binomische Formeln)

1. Termumformungen kennzeichnet man durch ein Gleichheitszeichen „=".

   Standard-Umformungen sind Ausklammmern gemeinsamer Faktoren, Ausmultiplizieren und Zusammenfassen ähnlicher Ausdrücke.

Beispiele 1.1.3.1

1. $5xy + 10x^2 \;=\; 5x \cdot (y + 2x)$.

2. Durch Ausmultiplizieren und Zusammenfassen erhält man

$$5(x + 2) - 2(x + 1) \;=\; 5x + 10 - (2x + 2) \;=\; 5x + 10 - 2x - 2$$
$$= \;(5 - 2)x + 10 - 2 \;=\; 3x + 8.$$

2. Die *binomischen Formeln* stellen Termumformungen dar:

    1) $(a + b)^2 \;=\; a^2 + 2ab + b^2,$

    2) $(a - b)^2 \;=\; a^2 - 2ab + b^2,$

    3) $(a + b) \cdot (a - b) \;=\; a^2 - b^2.$

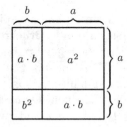

Die erste binomische Formel kann man sich wie in Abb. 1.1 veranschaulichen:

Das Quadrat mit der Seitenlänge $(a + b)$, also dem Flächeninhalt $(a + b)^2$, besteht aus einem Quadrat der Fläche a^2, einem der Fläche b^2 und zwei Rechtecken mit jeweils der Fläche $a \cdot b$.

Abb. 1.1 Veranschaulichung der ersten binomischen Formel.

Bemerkung 1.1.4 (Summensymbol)

Manchmal kürzt man Summen gleichartiger Terme mit dem Summensymbol „$\sum$“ ab:

Unter dem Summensymbol steht eine Laufvariable und ihr Startwert, oberhalb wird der Endwert für die Laufvariable notiert; hinter dem Summensymbol steht ein Summand, der (meistens) von der Laufvariablen abhängt. Dieser Ausdruck ist eine Kurzschreibweise für die Summe der Summanden für jeden Wert der Laufvaribalen zwischen Start- und Endwert.

Beispiele 1.1.4.1

1. Es ist

$$\sum_{k=1}^{5} a_k \;=\; a_1 + a_2 + \ldots + a_5.$$

Der Name der Laufvariablen spielt keine Rolle: $\sum_{k=1}^{5} a_k = \sum_{n=1}^{5} a_n$.

2. Es ist $\sum_{n=1}^{3} n^2 = 1^2 + 2^2 + 3^2 = 14$.

1.1.2 Aussagen

Definition 1.1.5 (Aussagen und Aussageformen)

Aussagen sind Sachverhalte, denen man einen Wahrheitswert (*wahr* oder *falsch*) zuordnen kann.

Aussageformen sind Ausdrücke, in denen noch Variablen vorkommen, so dass man ihnen erst nach Einsetzen von Werten für die Variablen einen Wahrheitswert zuordnen kann.

Beispiele 1.1.6

1. Wahre Aussagen sind

   - $\frac{18}{24} = \frac{3}{4}$.
   - Für alle Zahlen a und b gilt $(a + b)^2 = a^2 + 2ab + b^2$.
   - Deutschland hat mehr als 50 Millionen Einwohner.

2. Falsche Aussagen sind

   - $\frac{18}{24} = \frac{6}{4}$,
   - Deutschland hat weniger als 50 Millionen Einwohner.

3. Aussageformen sind

   - $x = 3$,
   - $a^2 - 6a + 8 = 0$.

Bemerkungen 1.1.7 (Umformung von Aussagen und Aussageformen)

1. Umformungen von Aussagen und Aussageformen kennzeichnet man durch ein Äquivalenzzeichen „$\Leftrightarrow$" oder einen Folgerungspfeil „$\Rightarrow$".

   Eine Äquivalenz „$A \Leftrightarrow B$" bedeutet, dass die Aussagen bzw. Aussageformen A und B (bei Aussageformen für jeden möglichen Wert der auftretenden Variablen) stets den gleichen Wahrheitswert haben („A gilt *genau dann, wenn B* gilt").

   Eine Folgerung „$A \Rightarrow B$" bedeutet, dass immer wenn die Aussage bzw. Aussageformen A gilt, auch B gilt (bei Aussageformen für jeden möglichen Wert der auftretenden Variablen).

Beispiele 1.1.7.1

1. Äquivalenzumformungen sind

$$3x + 2 = 5 \quad \Leftrightarrow \quad x = 1,$$

$$b^2 = 1 \quad \Leftrightarrow \quad b = 1 \text{ oder } b = -1.$$

2. Eine Folgerung ist

$$a = 2 \quad \Rightarrow \quad a^2 = 4.$$

Hier gilt keine Äquivalenz, denn die rechte Aussageform „$a^2 = 4$" wird für $a = -2$ zu einer wahren Aussage, die linke Aussageform „$a = 2$" allerdings zu der falschen Aussage $-2 = 2$.

Entsprechend wird ein Folgerungspfeil „$\Leftarrow$" genutzt.

2. Beim Auflösen einer Gleichung (aufgefasst als Aussageform) sind Äquivalenzumformungen wünschenswert.

Beispiel 1.1.7.2

Gesucht sind die Lösungen x zu $3x + 2 = 5$. Durch Äquivalenzumformungen erhält man

$$
\begin{aligned}
& 3x + 2 = 5 \\
\Leftrightarrow \quad & 3x = 3 \\
\Leftrightarrow \quad & x = 1.
\end{aligned}
$$

$\Downarrow | -2 \quad \Uparrow | +2$
$\Downarrow | :3 \quad \Uparrow | \cdot 3$

Die Gleichung $3x + 2 = 5$ gilt also genau dann, wenn $x = 1$ ist.

Bemerkung 1.1.8 (Wurzelziehen und Quadrieren)

Wurzelziehen und Quadrieren sind keine Äquivalenzumformungen:

1. Zu $x > 0$ ist $a = \sqrt{x}$ die (eindeutige) positive Lösung von $x^2 = a$, also zum Beispiel $\sqrt{4} = 2$, obwohl auch $x = -2$ Lösung von $x^2 = 4$ ist. Beim Auflösen von quadratischen Gleichungen muss man daher die positive und negative Wurzel berücksichtigen.

Beispiel 1.1.8.1

Es gilt

$$x^2 = 5 \quad \Leftrightarrow \quad x = \sqrt{5} \text{ oder } x = -\sqrt{5}.$$

2. Quadrieren ist eine Folgerung, bei der sich weitere Lösungen einschleichen können, so dass man am Ende testen muss, welche der möglichen Lösungen tatsächlich Lösungen der ursprünglichen Gleichung sind.

Beispiel 1.1.8.2

Gesucht sind die Lösungen der Gleichung $\sqrt{2x+5} - 1 = x$.

Durch Äquivalenzumformungen und Quadrieren (Folgerung) erhält man

$$\sqrt{2x+5} - 1 = x$$

$$\Downarrow \mid +1 \quad \Uparrow \mid -1$$

$$\Leftrightarrow \qquad \sqrt{2x+5} = x+1$$

$$\Downarrow \mid \text{quadrieren}, \Uparrow \text{ nicht möglich}$$

$$\Rightarrow \qquad 2x+5 = (x+1)^2$$

Termumformung rechts

$$\Leftrightarrow \qquad 2x+5 = x^2 + 2x + 1$$

$$\Downarrow \mid -2x - 1 \quad \Uparrow \mid +2x + 1$$

$$\Leftrightarrow \qquad 4 = x^2$$

$$\Leftrightarrow \qquad x = 2 \quad \text{oder} \quad x = -2.$$

Dies bedeutet, dass, falls die ursprüngliche Gleichung $\sqrt{2x+5} - 1 = x$ erfüllt ist, x gleich 2 oder gleich -2 sein muss. Durch Einsetzen sieht man, dass $x = 2$ die ursprüngliche Gleichung tatsächlich erfüllt, $x = -2$ hingegen nicht. Damit gilt

$$\sqrt{2x+5} - 1 = x \quad \Leftrightarrow \quad x = 2.$$

1.2 Bruchrechnen

Satz 1.2.1 (Rechenregeln für Brüche)

1. Zwei Brüche *multipliziert* man, indem man Zähler *und* Nenner jeweils *multipliziert*.

2. Zwei Brüche *addiert* bzw. *subtrahiert* man, indem man sie gleichnamig macht und dann die *Zähler addiert* bzw. *subtrahiert*.

3. Man *dividiert* durch einen Bruch, indem man mit dem *Kehrwert multipliziert*.

Beispiele 1.2.2

1. $\dfrac{3}{5} \cdot \dfrac{2}{7} = \dfrac{3 \cdot 2}{5 \cdot 7} = \dfrac{6}{35}$,

2. $\dfrac{3}{5} + \dfrac{2}{7} = \dfrac{3 \cdot 7}{5 \cdot 7} + \dfrac{2 \cdot 5}{7 \cdot 5} = \dfrac{21}{35} + \dfrac{10}{35} = \dfrac{31}{35}$,

3. $\dfrac{1}{a} + \dfrac{1}{b} = \dfrac{b}{a \cdot b} + \dfrac{a}{a \cdot b} = \dfrac{b+a}{a \cdot b}$,

4. $\dfrac{\frac{3}{5}}{\frac{2}{7}} = \dfrac{3}{5} \cdot \dfrac{7}{2} = \dfrac{21}{10}$,

5. $\dfrac{x}{\frac{y}{z}} = x \cdot \dfrac{z}{y} = \dfrac{x \cdot z}{y}$.

Bemerkungen 1.2.3

1. Vor dem Multiplizieren sollte man möglichst kürzen.

Beispiel 1.2.3.1

$$\frac{15}{16} \cdot \frac{8}{21} = \frac{5}{2} \cdot \frac{1}{7} = \frac{5}{14}.$$

2. Beim gleichnamig-Machen reicht das kleinste gemeinsame Vielfache der Nenner, das man z.B. dadurch erhält, dass man die Nenner in Primfaktoren zerlegt und damit die nötigen Primfaktoren für den Hauptnenner bestimmt.

Beispiel 1.2.3.2

$$\frac{3}{8} + \frac{5}{12} = \frac{3}{2 \cdot 2 \cdot 2} + \frac{5}{2 \cdot 2 \cdot 3} = \frac{3 \cdot 3 + 5 \cdot 2}{2 \cdot 2 \cdot 2 \cdot 3} = \frac{9 + 10}{24} = \frac{19}{24}.$$

2 Funktionen

Funktionen sind das Rüstzeug der Analysis. In diesem Kapitel werden die elementaren Funktionen behandelt, angefangen bei den linearen und quadratischen Funktionen über allgemeine Polynome bis zu Exponential- und Winkelfunktionen sowie deren Umkehrfunktionen (Logarithmus- und Arcus-Funktionen).

2.1 Lineare Funktionen

Definition 2.1.1 (lineare Funktion/Gerade)

Eine Funktion f der Form $f(x) = mx + a$ heißt *lineare Funktion* oder *Gerade*.

Bemerkungen 2.1.2 (Bedeutung der Parameter a und m)

1. Bei $f(x) = mx + a$ gibt m die Steigung und a den y-Achsenabschnitt an.

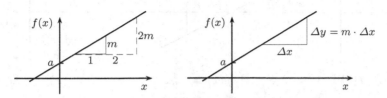

Abb. 2.1 Gerade mit y-Achsenabschnitt a und Steigungsdreiecken.

2. Der *y-Achsenabschnitt a* ist der Wert, in dem die Gerade die y-Achse schneidet:

   - $a > 0$: Der Schnittpunkt liegt *oberhalb* der x-Achse.
   - $a < 0$: Der Schnittpunkt liegt *unterhalb* der x-Achse.
   - $a = 0$: Die Gerade geht durch den *Ursprung* (es ist $f(x) = mx$).

Abb. 2.2 zeigt Geraden mit unterschiedlichen y-Achsenabschnitten.

3. Die *Steigung* m gibt an, um wieviel die Gerade bei der Erhöhung von x um 1 steigt. Bei der Erhöhung von x auf $x + \Delta x$ steigt die Gerade um $\Delta y = m \cdot \Delta x$, s. Abb. 2.1; es ist also

$$m = \frac{\Delta y}{\Delta x}.$$

- $m > 0$: Die Gerade *steigt*.
- $m < 0$: Die Gerade *fällt*.
- $m = 0$: Die Gerade ist *parallel* zur x-Achse (es ist $f(x) = a$).
- $|m| = 1$, d.h. $m = \pm 1$: Die Gerade hat eine „*diagonale*" Steigung aufwärts bzw. abwärts.
- $|m| > 1$: Die Gerade besitzt eine *steilere* als diagonale Steigung.
- $|m| < 1$: Die Gerade besitzt eine *flachere* als diagonale Steigung.

Abb. 2.2 zeigt Geraden mit unterschiedlichen Steigungen.

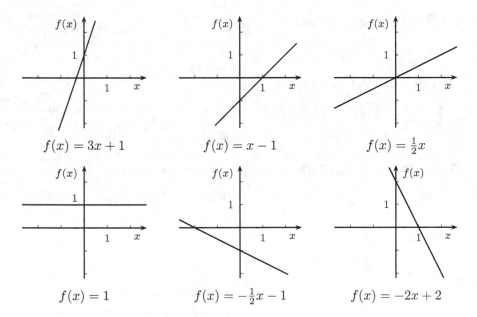

Abb. 2.2 Geraden mit verschiedenen Achsenabschnitten und Steigungen.

Bemerkung 2.1.3 (Nullstellen)

Die *Nullstelle* einer Funktion f, also Schnittpunkte mit der x-Achse, erhält man durch Auflösen der Gleichung $f(x) = 0$.

Beispiele 2.1.3.1

1. Die Nullstelle von $f(x) = 3x + 1$ (vgl. Abb. 2.2 oben links) erhält man durch die Rechnung

$$3x + 1 = 0 \quad \Leftrightarrow \quad 3x = -1 \quad \Leftrightarrow \quad x = -\frac{1}{3}.$$

2. Die Nullstelle von $f(x) = -\frac{1}{2}x - 1$ (vgl. Abb. 2.2 unten Mitte) erhält man durch

$$-\frac{1}{2}x - 1 = 0 \quad \Leftrightarrow \quad -\frac{1}{2}x = 1 \quad \Leftrightarrow \quad x = -2.$$

Bemerkungen 2.1.4 (Festlegung einer Geraden)

1. Eine Gerade wird durch zwei Punkte eindeutig festgelegt, s. Abb. 2.3.

Den funktionalen Zusammenhang $f(x) = mx + a$ erhält man bei der Vorgabe der Punkte $P_1 = (x_1, y_1)$ und $P_2 = (x_2, y_2)$ wie folgt:

Die Steigung m ergibt sich durch

$$m = \frac{y_2 - y_1}{x_2 - x_1}.$$

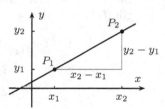

Abb. 2.3 Gerade durch zwei Punkte.

Den Wert von a kann man dann durch Einsetzen einer der beiden Punkte berechnen, z.B. durch $y_2 = mx_2 + a$, also $a = y_2 - mx_2$.

Beispiel 2.1.4.1

Die Gerade durch $P_1 = (-1, 3)$ und $P_2 = (2, 1)$, s. Abb. 2.4, besitzt die Steigung

$$m = \frac{1 - 3}{2 - (-1)} = \frac{-2}{3} = -\frac{2}{3}.$$

Also lautet die Funktionsgleichung

$$f(x) = -\frac{2}{3} \cdot x + a.$$

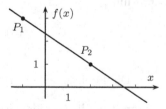

Abb. 2.4 Gerade durch zwei konkrete Punkte.

Den Wert von a kann man durch Einsetzen von P_2 bestimmen:

$$1 \overset{!}{=} f(2) = -\frac{2}{3} \cdot 2 + a \quad \Leftrightarrow \quad a = 1 + \frac{4}{3} = \frac{7}{3}.$$

Die Geradengleichung ist also $f(x) = -\frac{2}{3}x + \frac{7}{3}$.

2. Eine Gerade wird durch einen Punkt $P = (x_0, y_0)$ und die Steigung m eindeutig festgelegt, s. Abb. 2.5.

Den Wert von a bei einer Funktionsdarstellung $f(x) = mx + a$ kann man durch Einsetzen des Punktes bestimmen.

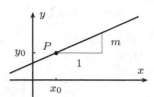

Abb. 2.5 Gerade durch einen Punkt mit vorgegebener Steigung.

Beispiele 2.1.4.2

1. Die Gerade durch den Punkt $(1, 2)$ mit Steigung $\frac{1}{2}$ (s. Abb. 2.6) wird beschrieben durch

$$f(x) = \frac{1}{2} \cdot x + a.$$

Da der Punkt $(1, 2)$ auf der Gerade liegt, gilt $f(1) = 2$, also

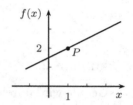

Abb. 2.6 Gerade durch P mit Steigung $\frac{1}{2}$.

$$2 \overset{!}{=} f(1) = \frac{1}{2} \cdot 1 + a$$

$$\Leftrightarrow \quad a = 2 - \frac{1}{2} = \frac{3}{2}.$$

Die Funktionsvorschrift lautet also $f(x) = \frac{1}{2}x + \frac{3}{2}$.

2. Die Gerade durch den Punkt $(3, 0)$ mit Steigung -1 (s. Abb. 2.7) wird beschrieben durch

$$f(x) = -1 \cdot x + a$$

mit

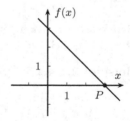

$$0 \overset{!}{=} f(3) = -1 \cdot 3 + a$$

$$\Leftrightarrow \quad a = 3.$$

Abb. 2.7 Gerade durch P mit Steigung -1.

Die Funktionsvorschrift lautet also $f(x) = -x + 3$.

Man kann die Geradengleichung aber auch direkt mit der Punkt-Steigungsformel aus dem folgenden Satz 2.1.5 hinschreiben.

Satz 2.1.5 (Punkt-Steigungs-Formel)

Die Gerade durch den Punkt (x_0, y_0) mit Steigung m wird beschrieben durch

$$f(x) = m \cdot (x - x_0) + y_0.$$

Beispiele 2.1.6 (vgl. Beispiele 2.1.4.2)

1. Die Gerade durch den Punkt $(1,2)$ mit Steigung $\frac{1}{2}$ (s. Abb. 2.6) wird beschrieben durch

$$f(x) \;=\; \frac{1}{2} \cdot (x-1) + 2 \;=\; \frac{1}{2}x - \frac{1}{2} + 2 \;=\; \frac{1}{2}x + \frac{3}{2}.$$

2. Die Gerade durch den Punkt $(3,0)$ mit Steigung -1 (s. Abb. 2.7) wird beschrieben durch

$$f(x) \;=\; -1 \cdot (x-3) + 0 \;=\; -x + 3.$$

2.2 Quadratische Funktionen

2.2.1 Grundlagen

Definition 2.2.1 (quadratische Funktion/Parabel)

Eine Funktion f der Form $f(x) = ax^2 + bx + c$ heißt *quadratische Funktion* oder *Parabel(-funktion)*.

Bemerkung 2.2.2 (Bedeutung der Parameter)

In der Darstellung $f(x) = ax^2 + bx + c$ bestimmt der Koeffizient a, auch *führender Koeffizient* genannt, die Form der Parabel:

- $a > 0$: Die Parabel ist nach oben geöffnet.
- $a < 0$: Die Parabel ist nach unten geöffnet.
- $|a|$ groß: Die Parabel hat eine spitze/steile Form.
- $|a|$ klein: Die Parabel hat eine flache/stumpfe Form.

Abb. 2.8 zeigt typische Bilder von Parabeln bei unterschiedlichen Werten a.

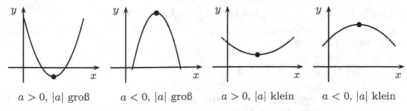

$a > 0$, $|a|$ groß $a < 0$, $|a|$ groß $a > 0$, $|a|$ klein $a < 0$, $|a|$ klein

Abb. 2.8 Parabeln mit verschiedenen führenden Koeffizienten a.

Der Parameter c, auch *absoluter Koeffizient* genannt, kennzeichnet den Schnittpunkt mit der y-Achse: $f(0) = c$.

Die Bedeutung des Parameters b ist nicht so transparent.

Bemerkungen 2.2.3 (Scheitelpunkt(-form) und quadratische Ergänzung)

1. Der *Scheitelpunkt* einer Parabel ist der oberste bzw. unterste Punkt der Kurve, s. die markierten Punkte in Abb. 2.8.

2. Ist eine quadratische Funktion in der *Scheitelpunktform*

$$f(x) \;=\; a(x - d)^2 + e.$$

dargestellt, kann man den Scheitelpunkt $P = (d, e)$ direkt ablesen.

3. Aus einer Darstellung entsprechend der Definition 2.2.1 erhält man die Scheitelpunktform durch eine *quadratische Ergänzung*:

Ist der führende Koeffizient gleich 1, besitzt f also die Darstellung $f(x) = x^2 + px + q$, ist das Ziel eine Umformung zu

$$(x - d)^2 + e \;=\; x^2 - 2xd + d^2 \;+ e \;=\; x^2 + (-2d)x + d^2 \;+ e.$$

Ein Vergleich der Koeffizienten von x zeigt, dass $p = -2d$, also $d = -\frac{p}{2}$ sein muss. Um das vollständige Binom $x^2 - 2xd + d^2$ zu erhalten, ergänzt man $d^2 = \left(\frac{p}{2}\right)^2$ und zieht den Ausdruck wieder ab.

Beispiele 2.2.3.1

1. Bei der Funktion

$$f_1(x) \;=\; x^2 - 6x + 8$$

muss $-6x$ gleich $-2dx$ sein, also $d = 3$.

Eine quadratische Ergänzung mit $+3^2 - 3^2$ führt zu

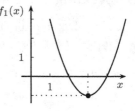

$$f_1(x) \;=\; \underbrace{x^2 - 2 \cdot 3x + 3^2}_{x^2 - 2dx + d^2} \;\underbrace{-3^2 + 8}_{+e}$$

$$=\; (x - 3)^2 \qquad -1.$$

Abb. 2.9 Funktionsgraf zu f_1.

Der Scheitelpunkt ist also $(3, -1)$, s. Abb. 2.9.

2. Bei der Funktion

$$f_2(x) \;=\; x^2 + 2x + 3$$

muss $+1 - 1$ ergänzt werden, um ein vollständiges Binom zu erhalten:

$$f_2(x) \;=\; x^2 + 2x \;+ 1 \;- 1 + 3 \;=\; (x + 1)^2 + 2.$$

(Man hätte auch direkt den Summanden „$+3$" in „$+1+2$" aufteilen können.)

Um eine Darstellung genau wie bei der Scheitelpunktform (mit einem „$-$" im Binom) zu erhalten, kann man schreiben

$$f_2(x) = (x - (-1))^2 + 2.$$

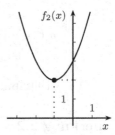

Abb. 2.10 Funktionsgraf zu f_2.

Der Scheitelpunkt ist also $(-1, 2)$, s. Abb. 2.10.

3. Zur Funktion

$$f_3(x) = x^2 + 3x$$

erhält man

$$\begin{aligned}
f_3(x) &= x^2 + 2 \cdot \tfrac{3}{2}x + \left(\tfrac{3}{2}\right)^2 - \left(\tfrac{3}{2}\right)^2 \\
&= \left(x + \tfrac{3}{2}\right)^2 \qquad\quad -\tfrac{9}{4} \\
&= \left(x - \left(-\tfrac{3}{2}\right)\right)^2 \quad -\tfrac{9}{4}.
\end{aligned}$$

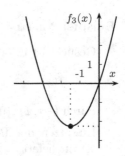

Abb. 2.11 Funktionsgraf zu f_3.

Der Scheitelpunkt ist $(-\tfrac{3}{2}, -\tfrac{9}{4})$, s. Abb. 2.11.

Ist der führende Koeffizient $a \neq 1$, kann man a zunächst ausklammern und dann wie oben beschrieben quadratisch ergänzen.

Beispiele 2.2.3.2

1. Zur Funktion

$$g_1(x) = -2x^2 + 8x - 6$$

erhält man

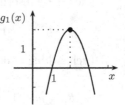

Abb. 2.12 Funktionsgraf zu g_1.

$$\begin{aligned}
g_1(x) &= -2 \cdot (x^2 - 4x + 3) \\
&= -2 \cdot (x^2 - 2 \cdot 2x + 2^2 - 2^2 + 3) \\
&= -2 \cdot ((x - 2)^2 - 4 + 3) \\
&= -2 \cdot ((x - 2)^2 - 1) \\
&= -2 \cdot (x - 2)^2 + 2.
\end{aligned}$$

Der Scheitelpunkt ist $(2, 2)$, s. Abb. 2.12.

2. Zur Funktion

$$g_2(x) = 3x^2 + 6x$$

erhält man

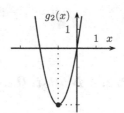

Abb. 2.13 Funktionsgraf zu g_2.

$$g_2(x) \;=\; 3 \cdot (x^2 + 2x) \;=\; 3 \cdot (x^2 + 2x + 1 - 1)$$
$$=\; 3 \cdot ((x+1)^2 - 1) \;=\; 3 \cdot (x+1)^2 - 3.$$

Der Scheitelpunkt ist $(-1, -3)$, s. Abb. 2.13.

Bemerkung 2.2.4 (Festlegung einer Parabel)

Drei Punkte mit unterschiedlichen x-Werten legen eindeutig eine Parabel fest.

Beispiel 2.2.4.1

Gesucht ist die Parabelgleichung

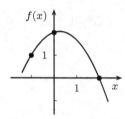

$$f(x) \;=\; ax^2 + bx + c$$

durch $(-1, 1)$, $(0, 2)$ und $(2, 0)$, s. Abb. 2.14:

Einsetzen der Punkte in die Funktionsvorschrift liefert

$$1 \overset{!}{=} f(-1) \;=\; a - b + c$$
$$2 \overset{!}{=} f(0) \;=\; \qquad\quad c$$
$$0 \overset{!}{=} f(2) \;=\; 4a + 2b + c$$

Abb. 2.14 Parabel durch drei Punkte.

Setzt man $c = 2$ aus der mittleren Gleichung in die erste und letzte Gleichung ein, erhält man

$$a - b \;=\; -1 \qquad \text{und} \qquad 4a + 2b \;=\; -2 \quad \Leftrightarrow \quad 2a + b \;=\; -1$$

Durch Addition der Gleichungen folgt $3a = -2$, also $a = -\frac{2}{3}$, und dann

$$b \;=\; a + 1 \;=\; -\frac{2}{3} + 1 \;=\; \frac{1}{3}.$$

Die Parabelgleichung ist also

$$f(x) \;=\; -\frac{2}{3}x^2 + \frac{1}{3}x + 2.$$

2.2.2 Nullstellen

Zur Bestimmung der Nullstellen einer quadratischen Funktion gibt es mehrere Möglichkeiten. Die ersten beiden im Folgenden vorgestellten Möglichkeiten beziehen sich dabei hauptsächlich auf den Fall, dass der führende Koeffizient gleich 1 ist, also die Funktion in der Form $f(x) = x^2 + px + q$ vorliegt. Bei Funktionen der Form $f(x) = ax^2 + bx + c$ muss man den führenden Koeffizienten a ausklammern, um die Methoden anzuwenden.

1. Nullstellenbestimmung mit Hilfe der p-q-Formel.

Satz 2.2.5 (*p-q*-Formel)

Die Funktion $f(x) = x^2 + px + q$ besitzt die Nullstellen

$$x_{1/2} = -\frac{p}{2} \pm \sqrt{\left(\frac{p}{2}\right)^2 - q},$$

falls der Ausdruck unter der Wurzel größer oder gleich Null ist.

Beispiele 2.2.6

1. Die Funktion $f_1(x) = x^2 - 6x + 8$ besitzt die Nullstellen

$$x = -\frac{-6}{2} \pm \sqrt{\left(\frac{-6}{2}\right)^2 - 8} = 3 \pm \sqrt{9 - 8} = 3 \pm 1,$$

   also die Nullstellen 2 und 4 (vgl. Abb. 2.9).

2. Bei der Funktion $f_2(x) = x^2 + 2x + 3$ liefert Satz 2.2.5

$$x = -\frac{2}{2} \pm \sqrt{\left(\frac{2}{2}\right)^2 - 3} = -1 \pm \sqrt{-2},$$

   also keine Lösung in den reellen Zahlen.

   Dass die Funktion f_2 keine Nullstellen besitzt, sieht man auch an der Darstellung des Funktionsgrafen (s. Abb. 2.10): Dieser verläuft vollständig oberhalb der x-Achse.

Bemerkung 2.2.7

Ist der führende Koeffizient ungleich 1, so kann man ihn ausklammern bzw. durch ihn dividieren und dann die *p-q*-Formel anwenden.

Beispiel 2.2.7.1

Gesucht sind die Nullstellen von $g(x) = -2x^2 + 8x - 6$. Es ist

$$0 \overset{!}{=} g(x) = -2 \cdot (x^2 - 4x + 3)$$
$$\Leftrightarrow \quad 0 = x^2 - 4x + 3.$$

Mit der *p-q*-Formel erhält man

$$x = -\frac{-4}{2} \pm \sqrt{\left(\frac{-4}{2}\right)^2 - 3} = +2 \pm \sqrt{4-3} = 2 \pm 1,$$

also die Nullstellen 1 und 3 (vgl. Abb. 2.12).

2. Nullstellenraten mit Hilfe des Satzes von Vieta.

Satz 2.2.8 (Satz von Vieta)

Besitzt die Funktion $f(x) = x^2 + px + q$ zwei Nullstellen x_1 und x_2, so gilt

$$x_1 + x_2 = -p \quad \text{und} \quad x_1 \cdot x_2 = q.$$

Bemerkungen 2.2.9

1. Die Tatsache, dass $x_1 \cdot x_2 = q$ ist, kann in zweierlei Hinsicht ausgenutzt werden:

    1. Ist q ganzzahlig, und vermutet man, dass die Nullstellen ganze Zahlen sind, so müssen sie Teiler von q sein.
    2. Ist eine Nullstelle x_1 bekannt, so erhält man $x_2 = \frac{q}{x_1}$.

    Beispiel 2.2.9.1 (vgl. Beispiel 2.2.6, 1.)

    Vermutet man, dass die Funktion

    $$f(x) = x^2 - 6x + 8$$

    ganzzahlige Nullstellen hat, so kommen nur ± 1, ± 2, ± 4 und ± 8 in Frage.

    Ausprobieren zeigt, dass $+2$ eine Nullstelle ist. Nach Satz 2.2.8 gilt dann für die zweite Nullstelle $2 \cdot x_2 = 8$, also $x_2 = 4$.

2. Ist der führende Koeffizient ungleich 1, so kann man den Satz von Vieta nach Ausklammern bzw. Dividieren durch diesen Koeffizienten anwenden.

    Beispiel 2.2.9.2 (vgl. Beispiel 2.2.7.1)

    Gesucht sind die Nullstellen von $g(x) = -2x^2 + 8x - 6$. Es ist

    $$0 \overset{!}{=} g(x) = -2 \cdot (x^2 - 4x + 3)$$
    $$\Leftrightarrow \quad 0 = x^2 - 4x + 3.$$

    Rät man $x = 1$ als Nullstelle, so erhält mit dem Satz von Vieta direkt als andere Nullstelle 3.

3. Nullstellenbestimmung mit der abc-Formel.

Satz 2.2.10 (*abc*-Formel)

Die Funktion $f(x) = ax^2 + bx + c$ besitzt die Nullstellen

$$x = -\frac{b}{2a} \pm \sqrt{\left(\frac{b}{2a}\right)^2 - \frac{c}{a}},$$

falls der Ausdruck unter der Wurzel ≥ 0 ist.

Beispiel 2.2.11 (vgl. Beispiel 2.2.7.1)

Gesucht sind die Nullstellen von $f(x) = -2x^2 + 8x - 6$. Mit der *abc*-Formel erhält man als Nullstellen

$$x = -\frac{8}{2 \cdot (-2)} \pm \sqrt{\left(\frac{8}{2 \cdot (-2)}\right)^2 - \frac{-6}{-2}} = +2 \pm \sqrt{4 - 3} = 2 \pm 1,$$

also 1 und 3.

Bemerkung 2.2.12

Die *abc*-Formel erhält man wegen

$$ax^2 + bx + c = 0 \quad \Leftrightarrow \quad x^2 + \frac{b}{a}x + \frac{c}{a} = 0$$

aus der *p-q*-Formel (Satz 2.2.5) mit $p = \frac{b}{a}$ und $q = \frac{c}{a}$.

4. Nullstellenbestimmung durch Auflösen der Scheitelpunktform.

Beispiele 2.2.13

1. Gesucht sind die Nullstellen von

$$g(x) = -2x^2 + 8x - 6 = -2 \cdot (x - 2)^2 + 2$$

(s. Beispiel 2.2.3.2, 1.). Es ist

$$
\begin{aligned}
g(x) &= 0 \\
\Leftrightarrow \quad -2 \cdot (x - 2)^2 + 2 &= 0 \\
\Leftrightarrow \quad -2 \cdot (x - 2)^2 &= -2 \\
\Leftrightarrow \quad (x - 2)^2 = 1 \quad &\Leftrightarrow \quad x - 2 = \pm 1 \\
\Leftrightarrow \quad x = 2 \pm 1 \quad &\Leftrightarrow \quad x = 1 \quad \text{oder} \quad x = 3.
\end{aligned}
$$

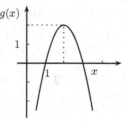

Abb. 2.15 Funktionsgraf zu g.

2. Gesucht sind die Nullstellen von

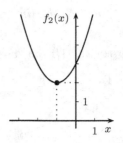

$$f(x) = x^2 + 2x + 3 = (x+1)^2 + 2$$

(s. Beispiel 2.2.3.1, 2.; vgl. Beispiel 2.2.6, 2.).

Dann gilt

$$f(x) = 0$$
$$\Leftrightarrow \quad (x+1)^2 + 2 = 0$$
$$\Leftrightarrow \quad (x+1)^2 = -2.$$

Abb. 2.16 Parabel ohne Nullstellen.

In der letzten Gleichung ist das Quadrat links für reelle Zahlen immer größer oder gleich Null, die Zahl rechts aber negativ, so dass man sieht, dass es keine Lösung in den reellen Zahlen gibt.

Der Funktionsgraf schneidet die x-Achse nicht.

Zusammenfassung 2.2.14 zur Nullstellenbestimmung

Nullstellen einer quadratischen Funktion kann man bestimmen

1. durch die p-q-Formel (Satz 2.2.5), ggf. muss vorher der Koeffizient von x^2 ausgeklammert bzw. durch ihn dividiert werden,

2. durch Raten und mit Hilfe des Satzes von Vieta (Satz 2.2.8). ggf. muss vorher der Koeffizient von x^2 ausgeklammert bzw. durch ihn dividiert werden,

3. durch die abc-Formel (Satz 2.2.10),

4. durch quadratische Ergänzung und Auflösen.

Beispiel 2.2.15

Die verschiedenen Verfahren zur Nullstellenbestimmung sollen an der Funktion

$$f(x) = 3x^2 - 6x - 9$$

illustriert werden

1. Die p-q-Formel (Satz 2.2.5) kann man nicht direkt anwenden, da der Koeffizient vor x^2 gleich 3, also ungleich 1, ist. Es gilt aber

$$f(x) = 0 \quad \Leftrightarrow \quad 3x^2 - 6x - 9 = 0$$
$$\Leftrightarrow \quad x^2 - 2x - 3 = 0.$$

Mit der p-q-Formel erhält man nun als Nullstellen

$$x = -\frac{-2}{2} \pm \sqrt{\left(\frac{-2}{2}\right)^2 - (-3)} = 1 \pm \sqrt{4} = 1 \pm 2,$$

also die Nullstellen -1 und 3.

2. Auch der Satz von Vieta (Satz 2.2.8) ist erst anwendbar, wenn man die Nullstellengleichung $3x^2 - 6x - 9 = 0$ durch 3 dividiert, also die Gleichung

$$x^2 - 2x - 3 \ = \ 0$$

betrachtet.

Bei ganzzahligen Nullstellen kommen nur Teiler von -3, also ± 1 und ± 3 in Frage. Durch Einsetzen sieht man, dass -1 eine Nullstelle ist.

Die zweite Nullstelle ist dann $\frac{-3}{-1} = 3$.

3. Die abc-Formel (Satz 2.2.10) liefert als Nullstellen

$$x \ = \ -\frac{-6}{2 \cdot 3} \pm \sqrt{\left(\frac{-6}{2 \cdot 3}\right)^2 - \frac{-9}{3}} \ = \ 1 \pm \sqrt{4} \ = \ 1 \pm 2,$$

also die Nullstellen -1 und 3.

4. Durch quadratische Ergänzung erhält man

$$\begin{aligned} f(x) \ &= \ 3 \cdot (x^2 - 2x - 3) \ = \ 3 \cdot (x^2 - 2x + 1 - 1 - 3) \\ &= \ 3 \cdot \big((x-1)^2 - 4\big). \end{aligned}$$

Man könnte hier ausmultiplizieren, allerdings bietet sich die ausgeklammerte Form besser zur Nullstellenbestimmung an:

$$\begin{aligned} f(x) \ = \ 0 \quad &\Leftrightarrow \quad 3 \cdot \big((x-1)^2 - 4\big) \ = \ 0 \\ &\Leftrightarrow \quad (x-1)^2 - 4 \ = \ 0 \\ &\Leftrightarrow \quad (x-1)^2 \ = \ 4 \\ &\Leftrightarrow \quad x - 1 \ = \ \pm\sqrt{4} \ = \ \pm 2 \\ &\Leftrightarrow \quad x \ = \ 1 \pm 2, \end{aligned}$$

also $x = -1$ oder $x = 3$.

Bei bekannten Nullstellen kann man die Funktionsgleichung einer Parabel faktorisieren:

Satz 2.2.16 (Faktorisierung durch Nullstellen)

Besitzt die Funktion $f(x) = ax^2 + bx + c$ zwei Nullstellen x_1 und x_2, so ist

$$f(x) \ = \ a(x - x_1)(x - x_2).$$

Bemerkung 2.2.17

Ist der führende Koeffizient gleich 1, also $f(x) = x^2 + px + q$, so ergibt sich bei zwei Nullstellen x_1 und x_2

$$f(x) = (x - x_1)(x - x_2).$$

Durch Ausmultiplizieren erhält man dann

$$f(x) = (x - x_1)(x - x_2) = x^2 - xx_2 - x_1x + x_1x_2$$
$$= x^2 - (x_1 + x_2)x + x_1x_2.$$

Ein Koeffizientenvergleich mit der ursprünglichen Funktion liefert nun den Satz von Vieta (Satz 2.2.8), nämlich

$$p = -(x_1 + x_2) \quad \text{und} \quad q = x_1x_2.$$

Beispiele 2.2.18

1. Die Funktion $f(x) = x^2 - 6x + 8$ besitzt die Nullstellen $x = 2$ und $x = 4$ (s. Beispiel 2.2.6, 1.). Es ist dann

$$x^2 - 6x + 8 = (x - 2)(x - 4).$$

Tatsächlich erhält man als Test durch Ausmultiplizieren

$$(x - 2)(x - 4) = x^2 - 2x - 4x + 8 = x^2 - 6x + 8 = f(x).$$

2. Die Funktion $g(x) = -2x^2 + 8x - 6$ besitzt die Nullstellen $x = 1$ und $x = 3$ (s. Beispiel 2.2.7.1). Es ist

$$-2x^2 + 8x - 6 = -2 \cdot (x - 1) \cdot (x - 3).$$

Bemerkung 2.2.19 (Biquadratische Gleichungen)

Biquadratische Gleichungen sind Gleichungen wie $x^4 - 5x^2 + 4 = 0$, in denen also die unbekannte Variable x in der Form x^4 und x^2 vorkommt. Duch eine Substitution $x^2 = z$ erhält man daraus quadratische Gleichungen.

Beispiel 2.2.19.1

Gesucht sind Lösungen von

$$x^4 - 5x^2 + 4 = 0.$$

Mit der Substitution $z = x^2$ und damit $z^2 = (x^2)^2 = x^4$ erhält man

$$z^2 - 5z + 4 = 0 \quad \text{mit der Lösung } z = 1 \text{ oder } z = 4.$$

Für die Lösungen der ursprünglichen Gleichung gilt also

$$x^2 = 1 \text{ oder } x^2 = 4, \quad \text{also } x = \pm 1 \text{ oder } x = \pm 2.$$

Mit ähnlichen Substitutionen kann man auch andere Gleichungen auf quadratische Gleichungen zurückführen.

2.3 Polynome, gebrochen rationale Funktionen und Wurzelfunktionen

2.3.1 Polynome

Definition 2.3.1 (Polynom)

Eine Funktion f der Form

$$f(x) \;=\; a_n x^n + a_{n-1} x^{n-1} + \cdots + a_1 x + a_0$$

heißt *Polynom(-funktion)* (vom Grad n, falls $a_n \neq 0$ ist).

Bemerkung 2.3.2

Die Zahlen $a_k \in \mathbb{R}$ heißen *Koeffizienten* des Polynoms; a_0 nennt man auch den *absoluten* Koeffizienten, a_n den *führenden* Koeffizienten.

Beispiele 2.3.3

1. Die Funktion $f(x) = 2x^3 - 5x^2 + 1$ ist ein Polynom vom Grad 3.

2. Polynome vom Grad 2 bzw. 1 sind quadratische bzw. lineare Funktionen.

Bemerkung 2.3.4 (Horner-Schema)

Den Wert $f(a)$ eines Polynoms an der Stelle a kann man effizient mit Hilfe des *Horner-Schemas* auswerten:

1. In eine erste Zeile schreibt man die Koeffizienten des Polynoms, beginnend mit der höchsten Potenz. Nicht auftretende x-Potenzen haben den Koeffizient 0 und müssen entsprechend durch eine Null berücksichtigt werden.

   Vor die zweite Zeile schreibt man die einzusetzende Zahl a.

2. Die linke Zahl der ersten Zeile schreibt man als erstes in die dritte Zeile.

3. Diese Zahl wird mit a multipliziert und in die nächste Position der zweiten Zeile geschrieben; in die dritte Zeile kommt die Summe der Zahlen der ersten beiden Zeilen.

4. Schritt 3 wird wiederholt bis zur letzten Position durchgeführt.

5. Die letzte Zahl der dritten Zeile ist der Funktionswert $f(a)$.

Beispiele 2.3.4.1

1. In die Funktion

$$f(x) \;=\; 4x^3 - 5x^2 + 1$$

$$\begin{array}{r|rrrr} & 4 & -5 & 0 & 1 \\ 2 & & 8 & 6 & 12 \\ \hline & 4 & 3 & 6 & \mathbf{13} \end{array}$$

Abb. 2.17 Horner-Schema zu f.

soll die Zahl $a = 2$ eingesetzt, also $f(2)$ bestimmt werden. Abb. 2.17 zeigt das entsprechende Horner-Schema mit dem Resultat $f(2) = 13$.

Tatsächlich ist $f(2) = 4 \cdot 8 - 5 \cdot 4 + 1 = 13$.

2. In die Funktion

$$g(x) \;=\; 2x^3 + 4x^2 - 5x - 6$$

$$\begin{array}{r|rrrr} & 2 & 4 & -5 & -6 \\ -2 & & -4 & 0 & 10 \\ \hline & 2 & 0 & -5 & 4 \end{array}$$

Abb. 2.18 Horner-Schema zu g.

soll die Zahl $a = -2$ eingesetzt, also $g(-2)$ bestimmt werden. Abb. 2.18 zeigt das entsprechende Horner-Schema mit dem Resultat $g(-2) = 4$.

Tatsächlich ist $g(-2) = 2 \cdot (-8) + 4 \cdot 4 - 5 \cdot (-2) - 6 = 4$.

Man kann sich überlegen, dass das Horner-Schema die Funktion g wie folgt auswertet:

$$g(a) \;=\; ((2 \cdot a + 4) \cdot a - 5) \cdot a - 6.$$

Satz 2.3.5 (Abspaltung eines Linearfaktors)

Ist p ein Polynom vom Grad $n \geq 1$ und $p(a) = 0$, so gibt es ein Polynom $q(x)$ vom Grad $n - 1$ mit $p(x) = (x - a) \cdot q(x)$.

Bemerkung 2.3.6

Der Faktor $(x - a)$ heißt *Linearfaktor*.

Beispiel 2.3.7

Für $f(x) = x^3 + 2x^2 - 5x - 6$ gilt $f(2) = 0$.

Es ist $f(x) = (x - 2) \cdot (x^2 + 4x + 3)$, wie man durch Nachrechnen sieht:

$$(x - 2) \cdot (x^2 + 4x + 3) = x^3 - 2x^2 \quad + 4x^2 - 8x \quad + 3x - 6$$
$$= x^3 + 2x^2 - 5x - 6 = f(x).$$

Bemerkungen 2.3.8 (Polynomdivision)

1. Bei einem gegebenem Polynom p und einer bekannten Nullstelle a erhält man das Polynom q durch *Polynomdivision* von p durch $(x - a)$.

Die Polynomdivision funktioniert wie die schriftliche Division von Zahlen. Dabei dividiert man schrittweise von links nach rechts, multipliziert den aktuellen Wert zurück und zieht das Ergebnis von dem verbliebenen Ausdruck ab (s. Abb. 2.19).

Die Polynomdivision funktioniert ähnlich: Man richtet sich danach wie oft die höchste x-Potenz in den (verbliebenen) Ausdruck passt.

```
8112  :3 = 2704
-6
‾‾
 21
-21
‾‾‾
 01
-0
‾‾
 12
-12
‾‾‾
  0
```

Abb. 2.19 Schriftliche Division.

Beispiele 2.3.8.1

1. Bei der Funktion $f(x) = x^3 + 2x^2 - 5x - 6$ mit der Nullstelle 2 (s. Beispiel 2.3.7) erhält man durch Polynomdivision

$$
\begin{array}{l}
(x^3 + 2x^2 - 5x - 6) : (x - 2) = x^2 + 4x + 3, \\
\underline{-(x^3 - 2x^2)} \\
\qquad 4x^2 - 5x \\
\qquad \underline{-(4x^2 - 8x)} \\
\qquad\qquad 3x - 6 \\
\qquad\qquad \underline{-(3x - 6)} \\
\qquad\qquad\qquad 0
\end{array}
$$

also $f(x) = (x - 2) \cdot (x^2 + 4x + 3)$.

2. Die Funktion $f(x) = x^3 - 7x - 6$ besitzt die Nullstelle -1. Eine Polynomdivision durch $x - (-1) = x + 1$ führt zu

$$
\begin{array}{l}
(x^3 \qquad - 7x - 6) : (x + 1) = x^2 - x - 6, \\
\underline{-(x^3 + x^2)} \\
\quad -x^2 - 7x \\
\quad \underline{-(-x^2 - x)} \\
\qquad\quad -6x - 6 \\
\qquad\quad \underline{-(-6x - 6)} \\
\qquad\qquad\quad 0
\end{array}
$$

also $f(x) = (x + 1) \cdot (x^2 - x - 6)$.

3. Die Funktion $f(x) = x^3 - x^2 + 2x - 2$ besitzt die Nullstelle 1. Eine Polynomdivision ergibt

$$
\begin{array}{l}
(x^3 - x^2 + 2x - 2) : (x - 1) = x^2 + 2, \\
\underline{-(x^3 - x^2)} \\
\qquad\quad 2x - 2 \\
\qquad\quad \underline{-(2x - 2)} \\
\qquad\qquad\quad 0
\end{array}
$$

also $f(x) = (x - 1) \cdot (x^2 + 2)$.

2. Mit der Polynomdivision kann man auch durch Polynome höheren Grades dividieren.

Beispiel 2.3.8.2

Es ist

$$
\begin{array}{l}
(x^4 + 4x^3 + x^2 - 6x - 18) : (x^2 + 2x + 3) = x^2 + 2x - 6, \\
\underline{-(x^4 + 2x^3 + 3x^2)} \\
\qquad\quad 2x^3 - 2x^2 - 6x \\
\qquad\quad \underline{-(2x^3 + 4x^2 + 6x)} \\
\qquad\qquad\quad -6x^2 - 12x - 18 \\
\qquad\qquad\quad \underline{-(-6x^2 - 12x - 18)} \\
\qquad\qquad\qquad\qquad 0
\end{array}
$$

also $\frac{x^4 + 4x^3 + x^2 - 6x - 18}{x^2 + 2x + 3} = x^2 + 2x - 6$.

3. Die Polynomdivision durch einen *Linearfaktor* $(x - a)$ kann man auch mit dem Horner-Schema durchführen.

Man nutzt als Einsetzzahl die Zahl a. Ist a eine Nullstelle, so bleibt als letzte Zahl der dritten Zeile 0 stehen. Die übrigen Zahlen der dritten Zeile entsprechen den Koeffizienten des Divisionsergebnisses.

Durch einen Vergleich mit der Polynomdivision kann man sich überlegen, dass im Prinzip die gleichen Rechnungen durchgeführt werden.

Beispiel 2.3.8.3 (vgl. Beispiel 2.3.8.1, 1. und 2.)

1. Bei der Funktion

$$
f(x) = x^3 + 2x^2 - 5x - 6
$$

mit der Nullstelle 2 erhält man als Horner-Schema zur Einsetzzahl 2 das Schema aus Abb. 2.20. Darin kann man das Divisionsergebnis ablesen:

$$
\begin{array}{r|rrrr}
  & 1 & 2 & -5 & -6 \\
2 &   & 2 & 8 & 6 \\
\hline
  & 1 & 4 & 3 & 0
\end{array}
$$

Abb. 2.20 Horner-Schema zu f.

$$
f(x) : (x - 2) = 1 \cdot x^2 + 4 \cdot x + 3 = x^2 + 4x + 3.
$$

2. Bei der Funktion

$$g(x) = x^3 - 7x - 6$$

mit der Nullstelle -1 erhält man als Horner-Schema zur Einsetzzahl -1 das Schema aus Abb. 2.21. Darin kann man das Divisionsergebnis ablesen:

$$
\begin{array}{r|rrrr}
 & 1 & 0 & -7 & -6 \\
-1 & & -1 & 1 & 6 \\
\hline
 & 1 & -1 & -6 & 0
\end{array}
$$

Abb. 2.21 Horner-Schema zu g.

$$g(x) : (x - (-1)) = x^2 - x - 6.$$

4. Wie bei der Division mit Zahlen kann auch bei der Polynomdivision ein Rest bleiben.

Beispiele 2.3.8.4

1. Bei der ganzzahligen Division

$$44 : 3$$

erhält man einen Rest 2 (s. Abb. 2.22). Es ist

```
44 :3 = 14  Rest 2
 -3
 ──
 14
-12
 ──
  2
```

Abb. 2.22 Division mit Rest.

$$\frac{44}{3} = 14 + \frac{2}{3} = 14\frac{2}{3}.$$

2. Als Polynomdivision erhält man

$$
\begin{array}{l}
(\ x^2 + 3x + 5\ ) : (x+1) = x+2 \quad \text{Rest 3.} \\
\underline{-(x^2+\ x)} \\
\qquad\quad 2x + 5 \\
\qquad\ \underline{-(2x+2)} \\
\qquad\qquad\quad 3
\end{array}
$$

Also ist

$$\frac{x^2 + 3x + 5}{x + 1} = x + 2 + \frac{3}{x + 1}.$$

3. Eine Polynomdivision führt zu

$$
\begin{array}{l}
(\ x^3 - 3x^2 - 5x + 1\ ) : (x^2 + 2x - 1) = x - 5 \quad \text{Rest } 6x - 4, \\
\underline{-(x^3 + 2x^2 - x)} \\
\qquad\quad -5x^2 - 4x + 1 \\
\qquad\ \underline{-(-5x^2 - 10x + 5)} \\
\qquad\qquad\qquad 6x - 4
\end{array}
$$

also

$$\frac{x^3 - 3x^2 - 5x + 1}{x^2 + 2x - 1} = x - 5 + \frac{6x - 4}{x^2 + 2x - 1}.$$

5. Die Polynomdivision durch einen *Linearfaktor* $(x - a)$ kann man auch im Falle eines Restes mit dem Horner-Schema durchführen: Der Rest ist die letzte Zahl der dritten Zeile (also der Polynomwert an der Stelle a), die Zahlen davor bilden die Koeffizienten des Ergebnispolynoms.

Beispiel 2.3.8.5 (vgl. Beispiel 2.3.8.4, 2.)

Zur Polynomdivision

$$(x^2 + 3x + 5) : (x + 1)$$
$$= (x^2 + 3x + 5) : (x - (-1))$$

$$\begin{array}{r|rrr} & 1 & 3 & 5 \\ -1 & & -1 & -2 \\ \hline & 1 & 2 & 3 \end{array}$$

Abb. 2.23 Horner-Schema.

betrachtet man das Horner-Schema zur Einsetzzahl -1 (s. Abb. 2.23).

Man erhält $1 \cdot x + 2$ als Ergebnispolynom und 3 als Rest, also

$$\frac{x^2 + 3x + 5}{x + 1} = x + 2 + \frac{3}{x + 1}.$$

Bemerkungen 2.3.9 (Abspaltung mehrerer Linearfaktoren)

1. Ist x_1 eine Nullstelle eines Polynoms $p(x)$ und $p(x) = (x - x_1) \cdot q(x)$, so sind Nullstellen von q auch Nullstellen von p. Man kann weitere Linearfaktoren abspalten und erhält

$$p(x) = (x - x_1) \cdot (x - x_2) \cdot \ldots \cdot (x - x_n) \cdot a_n$$

oder

$$p(x) = (x - x_1) \cdot (x - x_2) \cdot \ldots \cdot (x - x_k) \cdot r(x)$$

mit einem *nullstellenfreien* Polynom $r(x)$.

Beispiel 2.3.9.1

Das Polynom $p(x) = x^3 + 2x^2 - 5x - 6$ besitzt die Nullstelle $x_1 = 2$, und nach Beispiel 2.3.8.1 ist

$$p(x) = (x - 2) \cdot (x^2 + 4x + 3).$$

Das Restpolynom $q(x) = x^2 + 4x + 3$ hat, wie man leicht nachrechnen kann, die Nullstellen -1 und -3, und damit gilt nach Satz 2.2.16 die Faktorisierung $q(x) = (x - (-1)) \cdot (x - (-3)) = (x + 1) \cdot (x + 3)$.

Damit ist

$$p(x) = (x - 2) \cdot (x + 1) \cdot (x + 3).$$

Beispiel 2.3.9.2

Das Polynom $p(x) = x^3 - x^2 + 2x - 2$ besitzt die Nullstelle $x_1 = 1$. Man erhält (beispielsweise mit Polynomdivision)

$$p(x) = (x - 1) \cdot q(x) \quad \text{mit} \quad q(x) = x^2 + 2.$$

Das Restpolynom q ist nullstellenfrei.

2. Ist der führende Koeffizient a_n des Polynoms gleich 1, so ist bei einer vollständigen Zerlegung in Linearfaktoren das Produkt der Nullstellen ggf. bis auf das Vorzeichen gleich dem absoluten Koeffizienten.

Durch Ausmultiplizieren sieht man beispielsweise bei

$$x^3 + ax^2 + bx + c = (x - x_1)(x - x_2)(x - x_3),$$

dass sich $c = -x_1 \cdot x_2 \cdot x_3$ ergibt.

Beispiel 2.3.9.3 (vgl. Beispiel 2.3.9.1)

Das Polynom $p(x) = x^3 + 2x^2 - 5x - 6$ besitzt die Nullstellen 2, -1 und -3 mit Produkt gleich 6. Den Zusammenhang zum absoluten Koeffizienten 6 von p sieht man durch Ausmultiplizieren der Darstellung

$$\begin{aligned} x^3 + 2x^2 - 5x - 6 &= (x - 2) \cdot (x + 1) \cdot (x + 3) \\ &= (x - 2) \cdot (x - (-1)) \cdot (x - (-3)). \end{aligned}$$

Beim „Nullstellenraten" kann man daher zunächst die Teiler dieses absoluten Koeffizienten testen.

Manchmal kann man mehrfach den gleichen Linearfaktor ausklammern:

Definition 2.3.10 (mehrfache Nullstelle)

Ist

$$p(x) = (x - a)^k \cdot q(x), \quad q(a) \neq 0,$$

so heißt a auch *k-fache Nullstelle*; k heißt *Vielfachheit* der Nullstelle.

Beispiel 2.3.11

Die Funktion

$$f(x) = (x - 1)^2 \cdot (x + 3)$$

besitzt in 1 eine doppelte und in -3 eine einfache Nullstelle.

Bemerkung 2.3.12 (Nullstellen und Funktionsverlauf)

Das Verhalten der Nullstelle zu den Funktionen

$$f(x) = x^n$$

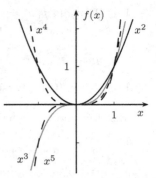

(s. Abb. 2.24) entspricht dem einer n-fachen Nullstelle einer beliebigen Funktion:

Bei einer n-fachen Nullstelle mit geradem n wird die x-Achse nur berührt; es findet kein Vorzeichenwechsel statt.

Bei einer n-fachen Nullstelle mit ungeradem n gibt es einen Vorzeichenwechsel.

Abb. 2.24 Funktionsgrafen zu $f(x) = x^n$.

Kennt man sämtliche Nullstellen eines Polynoms inklusive Vielfachheit, so kann man den Funktionsverlauf grob skizzieren: Das Vorzeichen des führenden Koeffizienten kennzeichnet den Verlauf für große x (gegen $+\infty$ oder $-\infty$). Bei den Nullstellen ändert sich dann jeweils das Vorzeichen entsprechend obiger Regel.

Beispiele 2.3.12.1

Abb. 2.25 zeigt Funktionsskizzen zu

- $f(x) = (x-1)^2 \cdot (x+3)$ (Abb. 2.25 links)

  mit doppelter Nullstelle bei 1 und einfacher Nullstelle bei -3,

- $p(x) = (x+1) \cdot (x-2) \cdot (x-4)$ (Abb. 2.25 Mitte)

  mit einfachen Nullstellen in -1, 2 und 4,

- $g(x) = -(x+1)^2 \cdot (x-2)$ (Abb. 2.25 rechts)

  mit doppelter Nullstelle bei -1, einfacher Nullstelle bei 2 und negativem Vorfaktor.

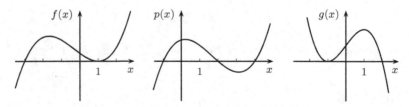

Abb. 2.25 Funktionsskizzen anhand des Nullstellen-Verhaltens.

2.3.2 Gebrochen rationale Funktionen

Definition 2.3.13 (gebrochen rationale Funktion)

Der Quotient zweier Polynome heißt *(gebrochen) rationale Funktion.*

Beispiel 2.3.14

Die Funktion

$$\frac{x^3 - 3x^2 - 5x + 1}{x^2 + 2x - 1}$$

ist eine gebrochen rationale Funktion.

Bemerkung 2.3.15 (echt gebrochen rational)

Ist der Zählergrad kleiner als der Nennergrad, so heißt die Funktion *echt gebrochen rational.* Ist der Zählergrad größer oder gleich dem Nennergrad, so kann (beispielsweise durch Polynomdivision) ein Polynom abgespalten werden.

Beispiel 2.3.15.1

Die Funktion $f(x) = \frac{x^3 - 3x^2 - 5x + 1}{x^2 + 2x - 1}$ ist nicht echt gebrochen rational.

Durch Polynomdivision erhält man (s. Beispiel 2.3.8.4, 3.)

$$f(x) \;=\; x - 5 + \underbrace{\frac{6x - 4}{x^2 + 2x - 1}}_{\text{echt gebrochen rational}} \;.$$

2.3.3 Wurzelfunktionen

Definition 2.3.16 (Wurzelfunktion)

Die n-te Wurzel $\sqrt[n]{x}$, $x \geq 0$, ist die Umkehrfunktion zur Potenzfunktion $f(x) = x^n$ $(x \geq 0)$.

Bemerkungen 2.3.17 (Schreibweisen)

1. Statt $\sqrt[2]{x}$ schreibt man meist $\sqrt{x}$ und nennt diese Wurzel auch Quadratwurzel.

2. Statt $\sqrt[n]{x}$ schreibt man auch $x^{\frac{1}{n}}$.

Beispiel 2.3.17.1

     Es ist $\sqrt{x} \;=\; x^{\frac{1}{2}}$.

Beispiele 2.3.18

1. Es ist $\sqrt[3]{8} = 2$, da $2^3 = 8$ gilt.

2. Will man den Wert von $a = \sqrt[4]{20}$, also der Lösung von $a^4 = 20$, abschätzen, so erhält man wegen $2^4 = 16$ und $3^4 = 81$, dass a knapp über 2 liegt.

   (Es ist $a \approx 2.11$)

Bemerkung 2.3.19

Ausnahmsweise sind bei $\sqrt[n]{x}$ bei ungeradem n auch Werte $x < 0$ zugelassen

Beispiel 2.3.19.1

     Es gilt $\sqrt[3]{-8} = -2$, da $(-2)^3 = -8$ ist.

Bemerkung 2.3.20   (Funktionsgraf)

Den Funktionsgraf einer Umkehrfunktion erhält man durch Spiegelung des originalen Grafen an der Winkelhalbierenden.

Abb. 2.26 zeigt, wie auf diese Weise die Grafen zu $\sqrt{x}$ und $\sqrt[4]{x}$ aus den Grafen zu x^2 und x^4 entstehen.

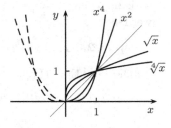

Abb. 2.26 Wurzelfunktionen.

Bemerkungen 2.3.21   (Auflösen von Wurzelgleichungen)

1. Beim Auflösen von (Quadrat-)Wurzel-Gleichungen können sich durch das Quadrieren falsche Lösungen einschleichen, da Quadrieren keine Äquivalenzumformung darstellt, s. Bem. 1.1.8.

   Beispiel 2.3.21.1

        Die Gleichung $\sqrt{2x + 3} = x$ wird durch Quadrieren zu

   $$2x + 3 \;=\; x^2 \qquad \Leftrightarrow \qquad x^2 - 2x - 3 \;=\; 0$$

   mit der Lösung $x = -1$ oder $x = 3$.

   Allerdings erfüllt nur $x = 3$ die ursprüngliche Gleichung.

2. Da für ungerades n die Lösung von $x^n = a$ eindeutig ist, ist das Auflösen von n-te-Wurzel-Gleichungen für ungerades n mittels Potenzierung mit n eine Äquivalenzumformung.

2.4 Exponentialfunktionen und Logarithmen

2.4.1 Potenzregeln und Exponentialfunktionen

Bemerkung 2.4.1 (Definition von Exponentialausdrücken)

Für $n \in \mathbb{N}$ und beliebiges a ist

$$a^n = \underbrace{a \cdot \ldots \cdot a}_{n-\text{mal}}.$$

Allgemein kann man a^x für $a > 0$ und beliebige $x \in \mathbb{R}$ definieren, z.B. als Umkehrung zur Quadrat-Funktion $\sqrt{a} = a^{0.5}$ oder durch $a^{-x} = \frac{1}{a^x}$.

Allerdings macht beispielsweise $(-1)^{0.5} = \sqrt{-1}$ in den reellen Zahlen keinen Sinn; für $a < 0$ und $x \notin \mathbb{Z}$ ist a^x nicht definiert.

Für $a \geq 0$ ist $a^0 = 1$; insbesondere definiert man auch $0^0 = 1$.

Satz 2.4.2 (Potenzregeln)

Es gilt (falls die entsprechenden Ausdrücke definiert sind)

$$\text{1.a)} \quad a^x \cdot b^x = (a \cdot b)^x, \qquad \text{1.b)} \quad \frac{a^x}{b^x} = \left(\frac{a}{b}\right)^x,$$

$$\text{2.a)} \quad a^x \cdot a^y = a^{x+y}, \qquad \text{2.b)} \quad \frac{a^x}{a^y} = a^{x-y},$$

$$\text{3.} \quad (a^x)^y = a^{xy}, \qquad\qquad \text{4.} \quad a^{-x} = \frac{1}{a^x} = \left(\frac{1}{a}\right)^x.$$

Beispiele 2.4.3

1.a) $2^3 \cdot 5^3 = 2 \cdot 2 \cdot 2 \cdot 5 \cdot 5 \cdot 5 = 2 \cdot 5 \cdot 2 \cdot 5 \cdot 2 \cdot 5 = (2 \cdot 5)^3.$

1.b) $\dfrac{2^3}{5^3} = \dfrac{2 \cdot 2 \cdot 2}{5 \cdot 5 \cdot 5} = \dfrac{2}{5} \cdot \dfrac{2}{5} \cdot \dfrac{2}{5} = \left(\dfrac{2}{5}\right)^3.$

2.a) $4^2 \cdot 4^3 = 4 \cdot 4 \cdot 4 \cdot 4 \cdot 4 = 4^{2+3} = 4^5.$

2.b) $\dfrac{4^5}{4^3} = \dfrac{4 \cdot 4 \cdot \cancel{4} \cdot \cancel{4} \cdot \cancel{4}}{\cancel{4} \cdot \cancel{4} \cdot \cancel{4}} = 4^{5-3} = 4^2.$

3. $(4^3)^2 = 4^3 \cdot 4^3 = 4 \cdot 4 \cdot 4 \cdot 4 \cdot 4 \cdot 4 = 4^{3 \cdot 2}.$

4. $3^{-2} = \dfrac{1}{3^2} = \left(\dfrac{1}{3}\right)^2.$

Bemerkungen 2.4.4 (Zusammenspiel der Potenzregeln)

1. Die Formeln sind in sich „stimmig"; beispielsweise erhält man die Gleichung 4. aus Satz 2.4.2 durch 1.b):

$$\frac{1}{a^x} = \frac{1^x}{a^x} \overset{1.b)}{=} \left(\frac{1}{a}\right)^x,$$

oder 2.b) aus 4. und 2.a):

$$\frac{a^x}{a^y} = a^x \cdot \frac{1}{a^y} \overset{4.}{=} a^x \cdot a^{-y} \overset{2.a)}{=} a^{x-y}.$$

2. Man kann Potenzen manchmal auf verschiedene Weisen umrechnen.

   Beispiel 2.4.4.1

   a) $3^{-2} \cdot 3^2 \overset{4.}{=} \dfrac{1}{3^2} \cdot 3^2 = 1,$

   b) $3^{-2} \cdot 3^2 \overset{4.}{=} \left(\dfrac{1}{3}\right)^2 \cdot 3^2 \overset{1.a)}{=} \left(\dfrac{1}{3} \cdot 3\right)^2 = 1^2 = 1,$

   c) $3^{-2} \cdot 3^2 \overset{2.a)}{=} 3^{-2+2} = 3^0 = 1.$

3. Achtung: Im Allgemeinen ist $\left(a^b\right)^c \neq a^{(b^c)}$.

   Beispiel 2.4.4.2

   Es ist $\left(4^2\right)^3 = 4^{2 \cdot 3} = 4^6$, aber $4^{(2^3)} = 4^8 \neq 4^6$.

   Ohne Klammerung ist der rechte Ausdruck gemeint: $a^{b^c} = a^{(b^c)}$, denn den Ausdruck $\left(a^b\right)^c$ kann man immer einfacher schreiben als $a^{b \cdot c}$.

4. Satz 2.4.2, 3., legitimiert die Bezeichnung $\sqrt[n]{x} = x^{\frac{1}{n}}$ für die Umkehrfunktion zur Potenzfunktion x^n, denn man erhält

$$\left(\sqrt[n]{x}\right)^n = \left(x^{\frac{1}{n}}\right)^n = x^{\frac{1}{n} \cdot n} = x^1 = x.$$

Bemerkungen 2.4.5 (Zweier- und Zehner-Potenzen)

Oft will man Zweier- in Zehner-Potenzen umwandeln oder umgekehrt. Dazu ist als grobe Abschätzung $2^3 = 8 \approx 10$ und als genauere Abschätzung $2^{10} = 1024 \approx 1000 = 10^3$ hilfreich.

Beispiel 2.4.5.1

Um 2^{45} als Zehner-Potenz darzustellen, kann man grob

$$2^{45} = \left(2^3\right)^{15} \approx 10^{15}$$

oder genauer

$$2^{45} = \left(2^{10}\right)^{4.5} \approx \left(10^3\right)^{4.5} = 10^{13.5} = 10^{0.5} \cdot 10^{13} = \sqrt{10} \cdot 10^{13}$$

abschätzen. (Es ist $2^{45} = 3.5... \cdot 10^{13}$ und $\sqrt{10} \approx 3.2$.)

Definition 2.4.6 (Exponentialfunktion)

Zu einer festen Zahl $a \in \mathbb{R}^{>0}$ heißt die Funktion $f(x) = a^x$ *Exponentialfunktion*.

Die Zahl a heißt *Basis*, x heißt *Exponent*. Besonders ausgezeichnet ist die e-Funktion $\exp(x) = e^x$ mit der *Eulerschen Zahl* $e \approx 2.718282$.

Beispiel 2.4.7

Die Funktionen

$$f(x) = 2^x \quad \text{und} \quad g(x) = \left(\frac{1}{2}\right)^x = \frac{1}{2^x} = 2^{-x}$$

sind Exponentialfunktionen.

Bemerkungen 2.4.8 (Verlauf der Exponentialfunktionen)

1. Abb. 2.27 zeigt typische Funktionsverläufe von Exponentialfunktionen:

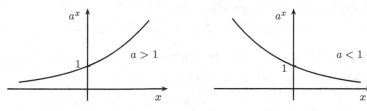

Abb. 2.27 Funktionsgrafen zu Exponentialfunktionen.

Wegen $a^0 = 1$ schneiden alle Exponentialfunktionen die y-Achse bei 1.

2. Für $a > 1$ wächst a^x für $x \to \infty$ sehr schnell; für $x \to -\infty$ nähert sich der Ausdruck sehr schnell der Null.

2.4.2 Logarithmen

Die Umkehrfunktion zur Potenzfunktion x^a ist die Wurzelfunktion $\sqrt[a]{y}$; so ist die Lösung von $x^3 = 5$ gegeben durch $x = \sqrt[3]{5}$.

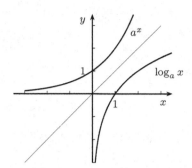

Nun wird die Umkehrfunktion zur Exponentialfunktion a^x betrachtet, um Gleichungen wie $3^x = 5$ zu lösen.

Die Zahl x, für die

$$a^x = c$$

gilt, heißt Logarithmus zur Basis a von c:

$$x = \log_a c.$$

Abb. 2.28 Logarithmus als Umkehrfunktion der Exponentialfunktion.

Definition 2.4.9 (Logarithmus)

Die Umkehrfunktion zur Exponentialfunktion a^x ($a \in \mathbb{R}^{>0}$, $a \neq 1$), wird mit $\log_a x$ bezeichnet („Logarithmus zur Basis a von x"). Anders ausgedrückt:

$$x = \log_a c \text{ ist die Zahl } x, \text{ für die gilt: } a^x = c.$$

Beispiele 2.4.10

1. Es ist $\log_2 8 = 3$, da $2^3 = 8$.

2. Will man den Wert von $b = \log_3 5$, also der Lösung von $3^b = 5$, abschätzen, so erhält man wegen $3^1 = 3$ und $3^2 = 9$, dass $b \in\,]1,2[$ ist. Tatsächlich ist $b \approx 1.465$.

3. Der Wert $b = \log_3 (0.1)$ ist die Lösung zu $3^b = 0.1$.
   Wegen $3^{-2} = \frac{1}{3^2} = \frac{1}{9} \approx 0.11$ ist $b \approx -2$ (genauer: $b \approx -2.096$).

4. Der Ausdruck $\log_3 (-2)$ ist nicht definiert, da es kein b mit $3^b = (-2)$ gibt.
   Auch $\log_3 0$ ist nicht definiert, da es kein b mit $3^b = 0$ gibt.

Bemerkungen 2.4.11

1. Der Ausdruck $\log_a x$ ist nur für $x > 0$ definiert.

2. Als Umkehrfunktion zur Exponentialfunktion erhält man den Funktionsgrafen zur Logarithmusfunktion durch Spiegelung an der Winkelhalbierenden, s. Abb. 2.28.
   Die Logarithmus-Funktion $\log_a x$ zu $a > 1$ wächst sehr langsam.

3. Für jedes a ist $a^0 = 1$, also $\log_a 1 = 0$.

   Für $a > 1$ gilt:

   $$\text{Für } x \in {]0,1[} \quad \text{ist} \quad \log_a x < 0,$$
   $$\text{für} \quad x > 1 \quad \text{ist} \quad \log_a x > 0.$$

4. Spezielle Basen sind ausgezeichnet:

   $$\ln x := \log_e x \qquad \text{(Logarithmus naturalis)},$$
   $$\operatorname{ld} x := \operatorname{lb} x := \log_2 x \quad \text{(Logarithmus dualis/binärer Logarithmus)},$$
   $$\lg x := \log_{10} x.$$

   Der Logarithmus ohne Angabe der Basis bezieht sich je nach Zusammenhang auf den natürlichen Logarithmus (also $\log x = \ln x$, z.B. oft in Programmiersprachen) oder auf den Zehner-Logarithmus (also $\log x = \lg x$, z.B. oft bei Taschenrechnern).

Satz 2.4.12 (Logarithmen-Regeln)

Es gilt (falls die entsprechenden Ausdrücke definiert sind)

1. $\log_a(a^x) = x$ \quad und \quad $a^{\log_a x} = x$,

2. $\log_a(x \cdot y) = \log_a x + \log_a y$,

3. $\log_a\left(\dfrac{x}{y}\right) = \log_a x - \log_a y$,

4. $\log_a(x^y) = y \cdot \log_a x$,

5. $\log_b x = \log_b a \cdot \log_a x$ \quad bzw. \quad $\log_a x = \dfrac{\log_b x}{\log_b a}$.

Beispiel 2.4.13

Nach 2. ist

$$\ln 4 + \ln 2 = \ln(4 \cdot 2) = \ln 8.$$

Bemerkungen 2.4.14 zu den Logarithmen-Regeln

1. Die Formel $\log_a x = \frac{\log_b x}{\log_b a}$ aus Satz 2.4.12, 5., kann man nutzen, um mit dem Taschenrechner Logarithmen zu Basen a zu berechnen, die nicht direkt als Funktion vorhanden sind.

   Beispiel 2.4.14.1

   Den Wert von $\log_3 5$ kann man mit der ln-Funktion durch $\frac{\ln 5}{\ln 3}$ berechnen.

2. Man kann die Formeln untereinander umrechnen, z.B. erhält man 3. durch

$$\log_a\left(\frac{x}{y}\right) = \log_a\left(x \cdot \frac{1}{y}\right)$$

$$\overset{2.}{=} \log_a x + \log_a \frac{1}{y} = \log_a x + \log_a\left(y^{-1}\right)$$

$$\overset{4.}{=} \log_a x + (-1) \cdot \log_a y = \log_a x - \log_a y$$

oder 5. durch

$$\log_b x \overset{1.}{=} \log_b\left(a^{\log_a x}\right) \overset{4.}{=} \log_a x \cdot \log_b a.$$

3. Für $\log_a(x+y)$ oder $\log_a(x-y)$ gibt es keine Formeln.

2.5 Trigonometrische Funktionen

2.5.1 Trigonometrische Funktionen im Dreieck

Die trigonometrischen Funktionen (Win-
kelfunktionen) beschreiben Seitenverhältnis-
se in einem rechtwinkligen Dreieck in
Abhängigkeit eines Winkels α des Dreiecks.
Dabei heißt die Seite gegenüber dem Winkel
Gegenkathete, die am Winkel liegende Seite
Ankathete. Die Seite gegenüber dem rechten
Winkel heißt *Hypotenuse*, s. Abb. 2.29.

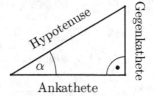

Abb. 2.29 Seitenbezeichnungen
im rechtwinkligen Dreieck.

Definition 2.5.1 (trigonometrische Funktionen im Dreieck)

Bei einem rechtwinkligen Dreieck mit einem Winkel α ist

$$\sin\alpha = \frac{\text{Gegenkathete}}{\text{Hypotenuse}} \qquad\text{(Sinus)},$$

$$\cos\alpha = \frac{\text{Ankathete}}{\text{Hypotenuse}} \qquad\text{(Cosinus)},$$

$$\tan\alpha = \frac{\text{Gegenkathete}}{\text{Ankathete}} = \frac{\sin\alpha}{\cos\alpha} \qquad\text{(Tangens)},$$

$$\cot\alpha = \frac{\text{Ankathete}}{\text{Gegenkathete}} = \frac{1}{\tan\alpha} = \frac{\cos\alpha}{\sin\alpha} \quad\text{(Cotangens)}.$$

Bemerkung 2.5.2 (Merkhilfe)

Die Definition kann man sich mit der „GAGA-Hummel-Hummel-AG" oder „GAGA-HühnerHof-AG" merken, bei der die Großbuchstaben von GAGA bzw. Hummel-Hummel- oder HühnerHof-AG die Zähler bzw. Nenner bei der Darstellung der Funktionen in der üblichen Reihenfolge darstellen:

$$\text{sin} \quad \text{cos} \quad \text{tan} \quad \text{cot}$$
$$\frac{G}{H} \quad \frac{A}{H} \quad \frac{G}{A} \quad \frac{A}{G}$$

Beispiele 2.5.3

1. Ein gleichschenkliges rechtwinkliges Dreieck besitzt 45°-Winkel.

   Besitzen die Katheten die Länge 1, so hat die Hypotenuse nach dem Satz des Pythagoras die Länge $\sqrt{2}$, s. Abb. 2.30. Also ist

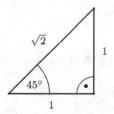

$$\sin 45° = \frac{1}{\sqrt{2}},$$

$$\cos 45° = \frac{1}{\sqrt{2}},$$

Abb. 2.30 Rechtwinkliges gleichschenkliges Dreieck.

$$\tan 45° = \frac{1}{1} = 1,$$

$$\cot 45° = \frac{1}{1} = 1.$$

2. Bei einem gleichseitigen Dreieck betragen die Innenwinkel 60°.

   Halbiert man ein solches Dreieck wie in Abb. 2.31, so erhält man ein rechtwinkliges Dreieck, an dem man sieht:

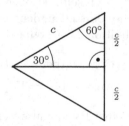

$$\sin 30° = \frac{\frac{c}{2}}{c} = \frac{1}{2},$$

$$\cos 60° = \frac{\frac{c}{2}}{c} = \frac{1}{2}.$$

Abb. 2.31 Halbiertes gleichseitiges Dreieck.

Bemerkung 2.5.4 (Anwendung der Winkelfunktionen)

Mit Hilfe der Winkelfunktionen kann man bei einem rechtwinkligen Dreieck mit einem weiteren bekannten Winkel und einer gegebenen Seitenlänge die anderen Seitenlängen berechnen.

Beispiele 2.5.4.1

Bei einem rechtwinkligen Dreieck mit
einem Winkel 35° und einer Ankathete
der Länge 3 (s. Abb. 2.32) kann man
die Gegenkathete b mit Hilfe des Tangens berechnen:

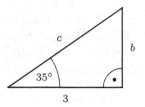

$$\tan 35° = \frac{b}{3}$$

$$\Leftrightarrow \quad b = 3 \cdot \tan 35° \approx 2.10.$$

Abb. 2.32 Berechnung von b und c aus Winkel und Ankathete.

Die Hypotenuse c erhält man mit Hilfe der Cosinus-Funktion:

$$\cos 35° = \frac{3}{c} \quad \Leftrightarrow \quad c = \frac{3}{\cos 35°} \approx 3.66.$$

Satz 2.5.5 (Satz des Pythagoras)

In einem rechtwinkligen Dreick gilt

$$(Ankathete)^2 + (Gegenkathete)^2 = (Hypotenuse)^2.$$

Bemerkung 2.5.6

An- und Gegenkathete kann man mit Hilfe der Winkelfunktionen durch die Hypotenuse darstellen, denn ein Umstellen der
Definition 2.5.1 ergibt

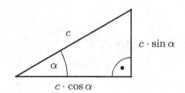

$$\text{Gegenkathete} = \text{Hypotenuse} \cdot \sin \alpha,$$

$$\text{Ankathete} = \text{Hypotenuse} \cdot \cos \alpha.$$

Abb. 2.33 Seitenbeziehungen.

Bei einer Hypotenuse c erhält man damit
aus dem Satz des Pythagoras

$$(c \cdot \cos \alpha)^2 + (c \cdot \sin \alpha)^2 = c^2$$

$$\Leftrightarrow \quad c^2 \cdot (\cos \alpha)^2 + c^2 \cdot (\sin \alpha)^2 = c^2 \qquad | : c^2$$

$$\Leftrightarrow \quad (\cos \alpha)^2 + (\sin \alpha)^2 = 1.$$

Bemerkung 2.5.7 (Schreibweise)

Statt $(\cos \alpha)^2$ schreibt man auch $\cos^2 \alpha$, entsprechend $\sin^2 \alpha$, $\tan^2 \alpha$, ...

Satz 2.5.8 (Trigonometrischer Pythagoras)

Es gilt

$$\cos^2\alpha + \sin^2\alpha = 1.$$

Bemerkung 2.5.9

Mit Hilfe von Satz 2.5.8 kann man die trigonometrischen Funktionen inein-
ander umformen.

Beispiele 2.5.9.1

1. $\cos\alpha = \sqrt{1 - \sin^2\alpha}$,

2. $\tan\alpha = \dfrac{\sin\alpha}{\cos\alpha} = \dfrac{\sin\alpha}{\sqrt{1 - \sin^2\alpha}}$,

3. $\dfrac{1}{\cos^2\alpha} = \dfrac{\cos^2\alpha + \sin^2\alpha}{\cos^2\alpha} = 1 + \dfrac{\sin^2\alpha}{\cos^2\alpha} = 1 + \tan^2\alpha$.

Beispiel 2.5.10

Es ist

$$\cos 30° = \sqrt{1 - \sin^2 30°} = \sqrt{1 - \left(\frac{1}{2}\right)^2}$$

$$= \sqrt{1 - \frac{1}{4}} = \sqrt{\frac{3}{4}} = \frac{\sqrt{3}}{2}.$$

Bemerkung 2.5.11 (Arcus-Funktionen)

Die Umkehrfunktionen zu den trigonometrischen Funktionen heißen
Arcus-Funktionen: arcsin, arccos, arctan und arccot.

Damit kann man aus gegebenen Seitenangaben Winkel berechnen.

Beispiele 2.5.11.1

1. Bei einem rechtwinkligen Dreieck mit
   einer Ankathete der Länge 3 und einer Gegenkathete der Länge 2 (s. Abb.
   2.34) gilt

   $$\tan\alpha = \frac{2}{3}$$

   und damit

   $$\alpha = \arctan\frac{2}{3} \approx 33.69°.$$

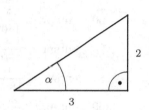

Abb. 2.34 Winkelberechnung aus
den Katheten.

2. Bei einem rechtwinkligen Dreieck mit einer Gegenkathete der Länge 3 und einer Hypotenuse der Länge 5 (s. Abb. 2.35) gilt

$$\sin\alpha = \frac{3}{5}$$

und damit

$$\alpha = \arcsin\frac{3}{5} \approx 36.87°.$$

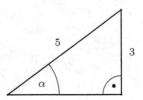

Abb. 2.35 Winkelberechnung aus Gegenkathete und Hypotenuse.

2.5.2 Winkel im Bogenmaß

Neben der Angabe von Winkeln in Grad ist insbesondere im Zusammenhang mit trigonometrischen Funktionen das *Bogenmaß (Radiant)* üblich. Dies entspricht der Länge des Kreisbogens im Einheitskreis (einem Kreis mit Radius 1) bei entsprechendem Winkel, s. Abb. 2.36.

Ein Winkel von 360° entspricht damit dem Bogenmaß 2π, also ein Winkel von 1° dem Bogenmaß $\frac{2\pi}{360} = \frac{\pi}{180}$.

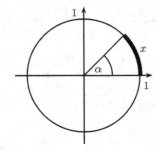

Abb. 2.36 Winkel im Bogenmaß.

Allgemein entspricht dem Winkel α in Grad der Wert $x = \frac{\pi}{180}\cdot\alpha$ im Bogenmaß.

Bemerkungen 2.5.12 (Winkel im Bogenmaß)

1. Wichtige Werte sind:

$$30° \text{ entspr. } \frac{\pi}{180°}\cdot 30° = \frac{\pi}{6},$$
$$45° \text{ entspr. } \frac{\pi}{180°}\cdot 45° = \frac{\pi}{4},$$
$$60° \text{ entspr. } \frac{\pi}{180°}\cdot 60° = \frac{\pi}{3},$$
$$90° \text{ entspr. } \frac{\pi}{180°}\cdot 90° = \frac{\pi}{2},$$
$$180° \text{ entspr. } \frac{\pi}{180°}\cdot 180° = \pi,$$
$$360° \text{ entspr. } \frac{\pi}{180°}\cdot 360° = 2\pi.$$

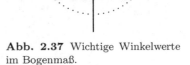

Abb. 2.37 Wichtige Winkelwerte im Bogenmaß.

2. Üblicherweise wird ein Winkel x gegen den Uhrzeigersinn gedreht (mathematisch positiv). Dreht man im Uhrzeigersinn (mathematisch negativ), so
kann man dies durch einen entsprechend negativen Winkel ausdrücken.

Beispiel 2.5.13

Wie lang ist der Kreisbogen s, der von einem 30°-Winkel aus einem Kreis mit Radius 2 ausgeschnitten wird?

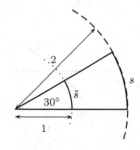

Der Bogen s ist doppelt so lang, wie
der entsprechende Kreisbogen $\tilde{s}$ eines Ein-
heitskreises, d.h. eines Kreises mit Radius
1; dieser wiederum entspricht dem Winkel
im Bogenmaß, also $\tilde{s} = \frac{\pi}{6}$, und damit

$$s = 2 \cdot \frac{\pi}{6} = \frac{\pi}{3}.$$

Abb. 2.38 Kreisbogen.

Satz 2.5.14

Der Kreisbogen, der aus einem Kreis mit dem Radius R von einem
Winkel α (in Bogenmaß) ausgeschnitten wird, hat die Länge $s = R \cdot \alpha$.

Im Folgenden wird fast ausschließlich das Bogenmaß verwendet.

2.5.3 Trigonometrische Funktionen im Allgemeinen

Bemerkung 2.5.15

Die Sinus- und Cosinus-Funktionen stellen entspr. Abb. 2.39 Größen im Einheitskreis dar. Ein Punkt P auf dem Einheitskreis im Winkel x zur horizontalen Achse
hat die Koordinaten

$$P = (\cos x, \sin x).$$

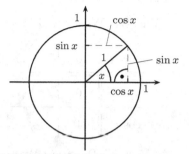

Damit, und mit $\tan x = \frac{\sin x}{\cos x}$ und $\cot x = \frac{\cos x}{\sin x}$ kann man die Definition der trigonometrischen Funktionen auf beliebige Ar-
gumente x erweitern.

Abb. 2.39 Winkelfunktionen im
Einheitskreis.

Definition 2.5.16 (trigonometrische Funktionen)

Die entsprechend Bemerkung 2.5.15 definierten Funktionen $\sin x$, $\cos x$, $\tan x$ und $\cot x$ heißen *Winkelfunktionen* oder *trigonometrische Funktionen*.

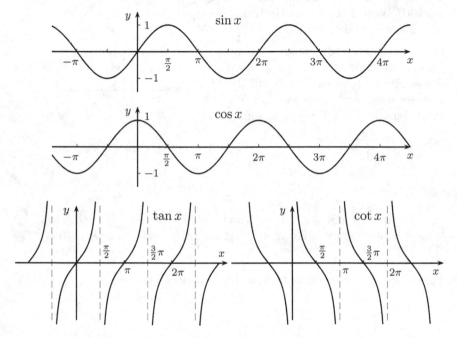

Abb. 2.40 Grafen der Winkelfunktion.

Bemerkungen 2.5.17

1. Die Funktionen $\sin x$ und $\cos x$ sind 2π-periodisch, $\tan x$ und $\cot x$ π-periodisch.

2. Wichtige Winkel und Werte:

$x \triangleq \alpha$	0	$\frac{\pi}{6} \triangleq 30°$	$\frac{\pi}{4} \triangleq 45°$	$\frac{\pi}{3} \triangleq 60°$	$\frac{\pi}{2} \triangleq 90°$	$\pi \triangleq 180°$	$\frac{3}{2}\pi \triangleq 270°$
$\sin x$	0	$\frac{1}{2}$	$\sqrt{\frac{1}{2}}$	$\frac{\sqrt{3}}{2}$	1	0	-1
$\cos x$	1	$\frac{\sqrt{3}}{2}$	$\sqrt{\frac{1}{2}}$	$\frac{1}{2}$	0	-1	0

Merkhilfe: Die Sinus-Werte an den wichtigen Winkelwerten zwischen 0 und 90° sind gleich $\frac{\sqrt{k}}{2}$:

$$\frac{\sqrt{0}}{2} = 0, \quad \frac{\sqrt{1}}{2} = \frac{1}{2}, \quad \frac{\sqrt{2}}{2} = \sqrt{\frac{1}{2}}, \quad \frac{\sqrt{3}}{2} = \frac{\sqrt{3}}{2}, \quad \frac{\sqrt{4}}{2} = 1.$$

3   Differenzial- und Integralrechnung

Die Differenzial- und Integralrechnung sind zentrale Themen der Analysis.

In Anwendungen nutzt man die Differenzialrechnung zur Berechnung von Änderungsraten, Approximationen oder zur Bestimmung von Extremstellen. Integrale spielen eine Rolle, wenn Flächen berechnet werden sollen, oder wenn man einen Prozess von Summierungen immer feiner werdender Zerlegungen hat.

Eine ausführliche Diskussion der Definition und Anwendung von Ableitung und Integralen sollte in einer regulären Mathematik-Vorlesung erfolgen. Die konkrete Berechnung von Ableitungen und Integralen sollte dann aber schon Routine sein. Daher liegt der Schwerpunkt in diesem Kapitel auf der Rechentechnik, beispielsweise der Anwendung von Produkt-, Quotienten- und Kettenregel zur Ableitungsberechnung ausgehend von den angegebenen Ableitungen der elementaren Funktionen oder der Berechnung von Integralen mit Hilfe einer Stammfunktion.

3.1 Differenzialrechnung

3.1.1 Ableitungsregeln

Definition 3.1.1 (Ableitung)

Die Ableitung $f'(x)$ zu einer Funktion $f(x)$ gibt die Steigung (Änderungsrate) der Funktion an der Stelle x an.

Die elementaren Funktionen besitzen „einfache" Ableitungen. Abb. 3.1 gibt eine Übersicht über wichtige Ableitungen.

Übersicht über wichtige Ableitungen		
$f(x)$	$f'(x)$	
x^a	ax^{a-1}	Die Formel gilt für alle $a \in \mathbb{R}$.
speziell :		Daraus erhält man auch die Formeln für
1	0	$1 = x^0,$
x	1	$x = x^1,$
x^2	$2x$	
$\sqrt{x}$	$\frac{1}{2\sqrt{x}} = \frac{1}{2}x^{-1/2}$	$\sqrt{x} = x^{1/2},$
$\frac{1}{x}$	$-\frac{1}{x^2} = -x^{-2}$	$\frac{1}{x} = x^{-1}.$
e^x	e^x	
a^x	$a^x \ln a$	
$\ln x$	$\frac{1}{x}$	
$\log_a x$	$\frac{1}{x \ln a}$	
$\sin x$	$\cos x$	
$\cos x$	$-\sin x$	
$\tan x$	$1 + \tan^2 x = \frac{1}{\cos^2 x}$	
$\cot x$	$-\frac{1}{\sin^2 x}$	

Abb. 3.1 Übersicht über wichtige Ableitungen.

Beispiel 3.1.2

Sei $f(x) = x^2$ und $x_0 = 1$.

Entsprechend der Tabelle Abb. 3.1 ist $f'(x) = 2x$, konkret also $f'(1) = 2$, d.h., die Steigung an der Stelle $x = 1$ ist gleich 2.

Mit der Punkt-Steigungs-Formel (Satz 2.1.5) kann man nun die Tangentengleichung $t(x)$ aufstellen: Die Tangente hat die Steigung 2 und führt durch den Punkt $(1, f(1)) = (1, 1)$, also

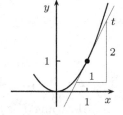

Abb. 3.2 Tangente.

$$t(x) = 2(x - 1) + 1 = 2x - 1.$$

Mit Hilfe der folgenden Ableitungsregeln kann man die Ableitungen komplizierterer Funktionen aus den Ableitungen der einfachen Funktionen berechnen:

Satz 3.1.3 (Ableitungsregeln)

Für Funktionen f und g und Konstanten $\lambda \in \mathbb{R}$ gilt:

1. $(f \pm g)' = f' \pm g'$,

2. $(\lambda \cdot f)' = \lambda \cdot f'$,

3. $(f \cdot g)' = f' \cdot g + f \cdot g'$ (Produktregel),

4. $\left(\dfrac{f}{g}\right)' = \dfrac{f' \cdot g - f \cdot g'}{g^2}$ (Quotientenregel),

speziell: $\left(\dfrac{1}{g}\right)' = \dfrac{-g'}{g^2}$.

Beispiele 3.1.4

Mit Hilfe der in der Tabelle (Abb. 3.1) genannten Ableitungen erhält man unter Anwendung von Satz 3.1.3

1. $\left(x^2 + \sin x\right)' = \left(x^2\right)' + \left(\sin x\right)' = 2x + \cos x$,

2. $\left(3 \cdot \mathrm{e}^x\right)' = 3 \cdot \left(\mathrm{e}^x\right)' = 3 \cdot \mathrm{e}^x$,

3. $(x \cdot \ln x)' = (x)' \cdot \ln x + x \cdot \left(\ln x\right)' = 1 \cdot \ln x + x \cdot \frac{1}{x} = \ln x + 1$,

4. $\left(\dfrac{x}{1+x^2}\right)' = \dfrac{(x)' \cdot (1+x^2) - x \cdot (1+x^2)'}{(1+x^2)^2} = \dfrac{1 \cdot (1+x^2) - x \cdot 2x}{(1+x^2)^2}$

$= \dfrac{1 - x^2}{(1+x^2)^2}$,

5. $\left(\dfrac{1}{1+x^2}\right)' = \dfrac{-\left(1+x^2\right)'}{(1+x^2)^2} = \dfrac{-2x}{(1+x^2)^2}$,

6. $(\tan x)' = \left(\dfrac{\sin x}{\cos x}\right)' = \dfrac{\left(\sin x\right)' \cdot \cos x - \sin x \cdot \left(\cos x\right)'}{\cos^2 x}$

$= \dfrac{\cos x \cdot \cos x - \sin x \cdot (-\sin x)}{\cos^2 x} = \dfrac{\cos^2 x + \sin^2 x}{\cos^2 x}$

Diesen Ausdruck kann man in zweierlei Arten vereinfachen: Einerseits kann man den Zähler wegen des trigonometrischen Pythagoras (s. Satz 2.5.8) zu 1 umformen, andererseits kann man den Bruch aufspalten (vgl. Beispiel 2.5.9.1, 3.). Damit erhält man

$(\tan x)' = \dfrac{1}{\cos^2 x} = 1 + \tan^2 x$.

Bemerkung 3.1.5

Den Spezialfall $\left(\frac{1}{g}\right)' = \frac{-g'}{g^2}$ erhält man aus der Quotientenregel mit $f(x) = 1$ unter Beachtung von $f'(x) = 0$:

$$\left(\frac{1}{g}\right)' = \frac{(1)' \cdot g - 1 \cdot g'}{g^2} = \frac{0 \cdot g - \cdot g'}{g^2} = \frac{-g'}{g^2}.$$

Umgekehrt ergibt sich die Quotientenregel aus dem Spezialfall und der Produktregel:

$$\left(\frac{f}{g}\right)' = \left(f \cdot \frac{1}{g}\right)'$$

$$\overset{\text{Produkt-}}{\underset{\text{regel}}{=}} f' \cdot \frac{1}{g} + f \cdot \left(\frac{1}{g}\right)' \overset{\text{spez.}}{\underset{\text{Quot.-regel}}{=}} f' \cdot \frac{1}{g} + f \cdot \frac{-g'}{g^2}$$

$$= \frac{f' \cdot g}{g^2} - \frac{f \cdot g'}{g^2} = \frac{f' \cdot g - f \cdot g'}{g^2}.$$

Definition 3.1.6 (Verkettung)

Das Einsetzen einer Funktion f in eine Funktion g heißt Verkettung:

$$g \circ f(x) = g(f(x)) \qquad \text{(„g nach f", „g kringel f")}.$$

Beispiele 3.1.7

1. Sei $f(x) = x^2$ und $g(x) = \sin x$. Dann ist

$$g \circ f(x) = g(f(x)) = \sin(x^2)$$

2. Sei $f(x) = x^2$ und $g(x) = x + 1$. Dann ist

$$g \circ f(x) = g\big(f(x)\big) = g(x^2) = x^2 + 1$$

und

$$f \circ g(x) = f\big(g(x)\big) = f(x + 1) = (x + 1)^2 = x^2 + 2x + 1.$$

Bemerkung 3.1.8

An Beispiel 3.1.7, 2., sieht man, dass im Allgemeinen $f \circ g \neq g \circ f$ ist.

Satz 3.1.9 (Kettenregel)

Für die Verkettung zweier Funktionen f und g gilt

$$(g \circ f)'(x) = \underbrace{g'(f(x))}_{\text{äußere Ableitung}} \cdot \underbrace{f'(x)}_{\text{innere Ableitung}}.$$

Beispiele 3.1.10

1. Sei $f(x) = x^2$ und $g(x) = \sin x$. Damit ist:

$$\big(\sin(x^2)\big)' = (g \circ f(x))' = g'(f(x)) \cdot f'(x) = \cos(x^2) \cdot 2x.$$

2. Sei $f(x) = c \cdot x$ mit einem festen Wert c und $g(x) = e^x$.

   Dann ist $f'(x) = c$ und $g'(x) = e^x$, und man erhält

   $$\big(e^{cx}\big)' = (g \circ f(x))' = g'(f(x)) \cdot f'(x) = e^{f(x)} \cdot c = c \cdot e^{cx}.$$

   Damit ist die Ableitungsregel für die Funktion a^x (mit festem $a > 0$) aus der Regel für die Funktion e^x herleitbar, denn wegen $a = e^{\ln a}$ ist

   $$a^x = \big(e^{\ln a}\big)^x = e^{x \cdot \ln a},$$

   also

   $$(a^x)' = \big(e^{x \cdot \ln a}\big)' = \ln a \cdot e^{x \cdot \ln a} = a^x \cdot \ln a.$$

3. Sei $f(x) = \dfrac{x}{(1 + x^2)^2}$.

   Bei der Quotientenregel braucht man die Ableitung des Nenners. Man könnte den Nenner ausquadrieren und das resultierende Polynom summandenweise ableiten. Geschickter ist aber die Anwendung der Kettenregel:

   $$\big((1 + x^2)^2\big)' = 2 \cdot (1 + x^2) \cdot 2x.$$

   Damit kann man nach Anwendung der Quotientenregel den Faktor $(1 + x^2)$ im Zähler ausklammern und anschließend kürzen:

   $$f'(x) = \frac{1 \cdot (1 + x^2)^2 - x \cdot 2 \cdot (1 + x^2) \cdot 2x}{[(1 + x^2)^2]^2}$$

   $$= \frac{(1 + x^2) \cdot \big((1 + x^2) - 4x^2\big)}{(1 + x^2)^4} = \frac{1 - 3x^2}{(1 + x^2)^3}.$$

   Die Möglichkeit zu kürzen hätte man nicht so leicht gesehen, wenn man den Nenner ausquadriert und abgeleitet hätte.

Bemerkungen 3.1.11

1. In Beispiel 3.1.10, 3., erhöhte sich durch das Ableiten die Potenz im Nenner um Eins.

   Dies gilt allgemein: Bei einem Bruch mit einer Potenz im Nenner kann man nach Anwendung der Quotientenregel so kürzen, dass sich die Potenz im Nenner nur um Eins erhöht: Bei einer Funktion der Form $\frac{f(x)}{(g(x))^n}$ erhält man

$$\left(\frac{f}{g^n}\right)' = \frac{f' \cdot g^n - f \cdot (g^n)'}{(g^n)^2} = \frac{f' \cdot g^n - f \cdot n \cdot g^{n-1} \cdot g'}{g^{2n}}$$

   Im Zähler kann man g^{n-1} ausklammern; diesen Faktor kann man dann gegen den Nenner kürzen:

$$\left(\frac{f}{g^n}\right)' = \frac{g^{n-1} \cdot (f' \cdot g - n \cdot f \cdot g')}{g^{2n}} = \frac{f' \cdot g - n \cdot f \cdot g'}{g^{2n-(n-1)}}$$

$$= \frac{f' \cdot g - n \cdot f \cdot g'}{g^{n+1}}.$$

2. Die Regel $\left(\frac{1}{g}\right)' = \frac{-g'}{g^2}$ kann man aus der Kettenregel und der Ableitung $\left(\frac{1}{x}\right)' = -\frac{1}{x^2}$ herleiten: Mit der Funktion $h(x) = \frac{1}{x}$ ist

$$\frac{1}{g(x)} = h(g(x)) = h \circ g(x),$$

   also

$$\left(\frac{1}{g(x)}\right)' = (h \circ g(x))' = h'(g(x)) \cdot g'(x) = -\frac{1}{(g(x))^2} \cdot g'(x).$$

3. Manchmal gibt es mehrere Möglichkeiten eine Ableitung zu berechnen.

   Beispiel 3.1.11.1

   Sei $f(x) = \sin^2 x = (\sin x)^2$.

   Mit der Kettenregel erhält man als Ableitung

$$f'(x) = 2 \cdot \sin x \cdot \cos x.$$

   Man kann aber auch die Produktregel anwenden:

$$(f(x))' = (\sin x \cdot \sin x)' = (\sin x)' \cdot \sin x + \sin x \cdot (\sin x)'$$
$$= \cos x \cdot \sin x + \sin x \cdot \cos x = 2 \cdot \sin x \cdot \cos x.$$

Man kann Funktionen auch mehrmals ableiten.

Definition 3.1.12 (höhere Ableitungen)

Höhere Ableitungen zu einer Funktion f sind

$$f'' = (f')' \quad \text{und} \quad f''' = (f'')'.$$

Beispiel 3.1.13

Zur Funktion $f(x) = x^4$ ist

$$
\begin{aligned}
f'(x) &= 4x^3, \\
f''(x) &= 4 \cdot 3 \cdot x^2 = 12x^2, \\
f'''(x) &= 12 \cdot 2x = 24x.
\end{aligned}
$$

3.1.2 Kurvendiskussion

Die Ableitungen einer Funktion geben Auskunft über den Kurvenverlauf.

Definition 3.1.14 (Monotonie)

Eine Funktion f heißt

$$
\begin{array}{llll}
\textit{monoton fallend,} & & & f(x_1) \geq f(x_2) \\
\textit{monoton wachsend,} & {:}\Leftrightarrow & \text{für alle } x_1, x_2 \in D & f(x_1) \leq f(x_2) \\
\textit{streng monoton fallend,} & & \text{mit } x_1 < x_2 \text{ gilt} & f(x_1) > f(x_2) \\
\textit{streng monoton wachsend,} & & & f(x_1) < f(x_2)
\end{array}
$$

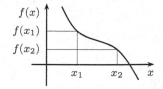 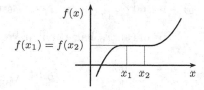

Abb. 3.3 Streng monoton fallende (links) und monoton wachsende (rechts) Funktion.

Beispiele 3.1.15

Die Funktion $f(x) = x^3$ ist streng monoton wachsend auf $\mathbb{R}$, s. Abb. 3.4 links.

Die Funktion $f(x) = x^2$ ist streng mono-
ton fallend auf $\mathbb{R}^{\leq 0}$ und streng monoton
wachsend auf $\mathbb{R}^{\geq 0}$, s. Abb. 3.4 rechts.

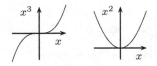

Abb. 3.4 x^3- und x^2-Funktion.

Satz 3.1.16 (Ableitung und Monotonie)

Für eine Funktion f mit dem Definitionsbereich $I =]a, b[$ gilt

$$\begin{array}{l} f'(x) \geq 0 \\ f'(x) \leq 0 \end{array} \text{ für alle } x \in I \quad \Leftrightarrow \quad f \text{ ist } \begin{array}{l} \text{monoton wachsend} \\ \text{monoton fallend} \end{array} .$$

Gilt sogar $f'(x) > 0$ bzw. $f'(x) < 0$ in I, so folgt strenge Monotonie.

Bemerkung 3.1.17 (strenge Monotonie)

An der streng monoton wachsenden Funktion
$f(x) = x^3$ sieht man, dass aus der strengen Monotonie nicht zwangsläufig folgt, dass die Ableitung
immer echt größer oder kleiner als Null ist, denn
mit $f'(x) = 3x^2$ ist $f'(0) = 0$.

Abb. 3.5 Strenge Monotonie, aber $f'(0) = 0$.

Häufig nutzt man die Ableitung zur Bestimmung von Extremstellen, d.h.
Maximal- oder Minimalstellen einer Funktion.

Satz 3.1.18 (Bedingungen für eine Extremstelle)

Liegt die Stelle x_0 im Innern des Definitionsbereichs der Funktion f,
so gilt:

1. x_0 ist lokale Extremstelle $\Rightarrow f'(x_0) = 0$.

2. a) $f'(x_0) = 0$ und $\begin{array}{l} f''(x_0) < 0 \\ f''(x_0) > 0 \end{array} \Rightarrow x_0$ ist $\begin{array}{l} \text{Maximal-} \\ \text{Minimal-} \end{array}$stelle.

   b) $f'(x_0) = 0$ und in x_0 hat f' einen Vorzeichenwechsel

   $$\begin{array}{l} \text{von „+" zu „−"} \\ \text{von „−" zu „+"} \end{array} \Rightarrow x_0 \text{ ist } \begin{array}{l} \text{Maximal-} \\ \text{Minimal-} \end{array}\text{stelle.}$$

Bemerkungen 3.1.19 zu Satz 3.1.18

1. Man nennt die erste Aussage auch *notwendige* und die zweite Aussage *hinreichende Bedingung* für Extremstellen.

2. Mit „Extremstelle" ist genauer gesagt eine *lokale Extremstelle* gemeint, d.h. zum Beispiel bei einer Maximalstelle x_0, dass der Wert $f(x_0)$ maximal in der Nähe der Stelle x_0 ist: es gibt eine Umgebung von x_0, so dass für jedes Argument x aus dieser Umgebung $f(x) \leq f(x_0)$ ist; es kann woanders eine Stelle x_1 mit $f(x_1) > f(x_0)$ geben, s. Abb. 3.6.

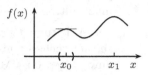

Abb. 3.6 Lokale (x_0) und globale (x_1) Extremstelle.

3. Es ist wichtig, dass x_0 im Inneren des Definitionsbereichs liegt. Bei einer lokalen Extremstelle am Rand muss die Ableitung (einseitig betrachtet) nicht gleich Null sein, s. Abb. 3.7.

Abb. 3.7 Ableitung ungleich Null, aber Extremstelle.

4. Satz 3.1.18 kann benutzt werden, wenn man das Maximum oder Minimum einer differenzierbaren Funktion sucht: Man berechnet die Nullstellen der Ableitung. Liegt die Extremstelle im Inneren des Definitionsbereichs, so muss sie eine der Nullstellen sein. Eventuell sind gesonderte Überlegungen für die Ränder des Definitionsbereichs nötig.

Merkregel:

> *Kandidaten für Extremstellen sind die*
> *Nullstellen der Ableitung und Randstellen.*

Mit Hilfe von Satz 3.1.18, 2., kann bei Nullstellen von f' untersucht werden, ob es sich tatsächlich um Maximal- oder Minimalstellen handelt.

In Anwendungssituationen ist oft aus der Problemstellung aber schon klar, dass es eine Minimal- oder Maximalstelle im Innern des Definitionsbereichs geben muss. Gibt es dann nur eine Nullstelle von f', so ist dieses die gesuchte Stelle.

5. Die Rückrichtungen "$\Leftarrow$" im Satz 3.1.18 gelten nicht.

Beispiele 3.1.19.1

1. Die Funktion $f(x) = x^3$ hat die Ableitung $f'(x) = 3x^2$, also insbesondere $f'(0) = 0$, aber 0 ist keine Extremstelle von f.

Abb. 3.8 Ableitung gleich Null, aber keine Extremstelle.

2. Die Funktion $f(x) = x^4$ hat in $x_0 = 0$ eine Minimalstelle.

Es ist $f'(x) = 4x^3$ und $f''(x) = 12x^2$, also $f''(0) = 0$, so dass die Rückrichtung von 2.a) nicht gilt.

Abb. 3.9 Extremstelle aber zweite Ableitung gleich 0.

Die Ableitung $f'(x) = 4x^3$ hat in 0 einen Vorzeichenwechsel von „$-$" zu „$+$"; Damit ist 2.b) anwendbar: 0 ist Minimalstelle.

Die zweite Ableitung gibt Auskunft über das Krümmungsverhalten:

Satz 3.1.20 (Krümmungsverhalten und Wendestellen)

Für eine Funktion f gilt

1. Ist $\begin{matrix} f''(x) < 0 \\ f''(x) > 0 \end{matrix}$ für alle x, so ist f $\begin{matrix} \text{rechtsgekrümmt (konkav)} \\ \text{linksgekrümmt (konvex)} \end{matrix}$.

2. Ist $f''(x_0) = 0$ und $f'''(x_0) \neq 0$ für eine Stelle x_0 bzw. hat f'' einen Vorzeichenwechsel bei x_0, so ändert sich das Krümmungsverhalten in x_0.

Die Stelle x_0 heißt dann *Wendestelle*.

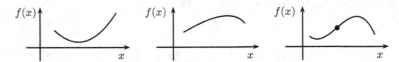

Abb. 3.10 Linksgekrümmte (links) und rechtsgekrümmte (Mitte) Funktion sowie Funktion mit Wendestelle (rechts).

Bemerkung 3.1.21 (Sattelstelle)

Eine Wendestelle x_0 mit $f'(x_0) = 0$ heißt auch *Sattelstelle*, z.B. $x_0 = 0$ bei $f(x) = x^3$, s. Abb. 3.11.

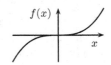

Abb. 3.11 Sattelstelle.

Bemerkung 3.1.22 (Kurvendiskussion)

Eine Kurvendiskussion dient dazu, sich ein Bild von einer Funktion zu machen. Dazu kann man beispielsweise bestimmen:

- den maximal möglichen Definitionsbereich,
- die Nullstellen,
- die Extremstellen,
- die Wendestellen,

- das Krümmungsverhalten,

- Grenzwerte an Definitionslücken und am Rand des Definitionsbereichs. (Grenzwerte werden in diesem Vorkurs allerdings nicht genauer behandelt.)

Mit den gewonnen Informationen kann man schließlich eine Skizze des Funktionsgrafen erstellen.

Beispiel 3.1.22.1

Betrachtet wird die Funktion $f(x) = \dfrac{x}{x^2 + 1}$.

1. Der maximal mögliche Definitionsbereich in den reellen Zahlen ist $D = \mathbb{R}$.

2. Für Nullstellen gilt offensichtlich $f(x) = 0 \Leftrightarrow x = 0$.

3. Extremstellen: Da es keine Randstellen des Definitionsbereichs gibt, ist eine notwendige Bedingung für eine Extremstelle, dass $f'(x) = 0$ ist

   Es ist

$$f'(x) = \frac{1 \cdot (x^2 + 1) - x \cdot 2x}{(x^2 + 1)^2} = \frac{-x^2 + 1}{(x^2 + 1)^2}.$$

Also ist

$$f'(x) = 0 \quad \Leftrightarrow \quad -x^2 + 1 = 0 \quad \Leftrightarrow \quad x = \pm 1.$$

Genauere Untersuchung der Extremstellen-Kandidaten ± 1:

1. Möglichkeit:

   Es ist

$$f''(x) = \frac{-2x(x^2 + 1)^2 - (-x^2 + 1) \cdot 2(x^2 + 1) \cdot 2x}{(x^2 + 1)^4}$$

$$= \frac{-2x(x^2 + 1) + (x^2 - 1) \cdot 4x}{(x^2 + 1)^3} = \frac{2x^3 - 6x}{(x^2 + 1)^3},$$

   also mit Satz 3.1.18, 1.,

$$f''(1) = \tfrac{-4}{2^3} < 0 \quad \Rightarrow \quad 1 \text{ ist Maximalstelle,}$$

$$f''(-1) = \tfrac{4}{2^3} > 0 \quad \Rightarrow \quad -1 \text{ ist Minimalstelle.}$$

2. Möglichkeit:

   Beispielsweise ist $f'(0) = 1 > 0$ und $f'(2) = \frac{-4+1}{(4+1)^2} < 0$. Da es in $[0, 2]$ außer 1 keine weitere Nullstelle von f' gibt, ist $f' > 0$ in $[0, 1[$ und $f' < 0$ in $]1, 2]$, d.h. f' hat in 1 einen Vorzeichenwechsel von „+" zu „−"; nach Satz 3.1.18, 2., ist 1 also eine Maximalstelle von f.

· Entsprechend erhält man mit $f'(-2) < 0$, dass f' in -1 einen Vorzeichenwechsel von „$-$" zu „$+$" also f in -1 ein Minimum hat.

An den Extremstellen ist $f(1) = \frac{1}{2}$ und $f(-1) = -\frac{1}{2}$.

4. Kandidaten für Wendestellen sind die Nullstellen von f'':

$$f''(x) = 0 \Leftrightarrow 2x^3 - 6x = 0 \Leftrightarrow x^3 = 3x$$
$$\Leftrightarrow x = 0 \text{ oder } x = \pm\sqrt{3}.$$

Der Nenner von f'' ist immer positiv; der Zähler ist ein Polynom dritten Grades. Die drei Nullstellen des Zählers müssen daher einfache Nullstellen sein, d.h. es liegt ein Vorzeichenwechsel im Zähler und damit von f'' vor. Satz 3.1.20 besagt dann, dass 0 und $\pm\sqrt{3}$ Wendestellen sind mit den Werten $f(0) = 0$ und $f\left(\pm\sqrt{3}\right) = \pm\frac{\sqrt{3}}{4}$.

5. Für sehr große x ist $f''(x) > 0$. Da die Wendestellen genau die Stellen sind, an denen sich das Vorzeichen der zweiten Ableitung ändert, folgt:

für $x > \sqrt{3}$ ist $f''(x) > 0$, also f linksgekrümmt,

für $0 < x < \sqrt{3}$ ist $f''(x) < 0$, also f rechtsgekrümmt,

für $-\sqrt{3} < x < 0$ ist $f''(x) > 0$, also f linksgekrümmt,

für $x < -\sqrt{3}$ ist $f''(x) < 0$, also f rechtsgekrümmt.

6. Für immer größer werdende Werte x und für immer stärker negativ werdende Werte x wächst der Nenner schneller als der Zähler, so dass sich der Funktionswert $f(x)$ immer mehr der Null annähert.

7. Auf Basis der gewonnenen Informationen erhält man einen Funktionsgraf wie ihn Abb. 3.12 zeigt.

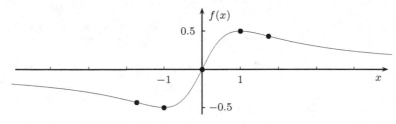

Abb. 3.12 Funktionsgraf zu $f(x) = \frac{x}{x^2+1}$.

3.2 Integralrechnung

Mit Hilfe der Integralrechnung kann man Flächen berechnen. Zentraler Satz ist dazu Satz 3.2.8, der aussagt, dass man Flächen unter dem Funktionsgraf zu einer Funktion f leicht berechnen kann, wenn man eine Stammfunktion F, also eine Funktion mit $F' = f$, kennt. Daher befasst sich der folgende Unterabschnitt 3.2.1 mit der Bestimmung von Stammfunktionen, bevor dann im Unterabschnitt 3.2.2 die Flächenberechnung behandelt wird.

3.2.1 Stammfunktionen

Definition 3.2.1 (Stammfunktion)

Eine Funktion F heißt Stammfunktion zur Funktion f :⇔ $F' = f$.

Beispiele 3.2.2

1. Die Funktion $F(x) = x^2$ ist eine Stammfunktion zur Funktion $f(x) = 2x$, denn $(x^2)' = 2x$.

2. Die Funktion $F(x) = \frac{1}{2}x^2$ ist eine Stammfunktion zur Funktion $f(x) = x$, denn $\left(\frac{1}{2}x^2\right)' = \frac{1}{2} \cdot 2x = x$.

Bemerkungen 3.2.3 zur Stammfunktion

1. Die Bestimmung einer Stammfunktion ist die „Umkehrung" zur Ableitung. Man nennt sie daher manchmal auch „Aufleitung".

   #### Beispiel 3.2.3.1

   Zu den Winkelfunktionen $\sin x$ und $\cos x$ ergibt sich

$$
\text{Ableiten} \begin{array}{c} \uparrow \\ \\ \\ \downarrow \end{array} \left\| \begin{array}{c} \sin x \\ \cos x \\ -\sin x \\ -\cos x \\ \sin x \end{array} \right\| \begin{array}{c} \uparrow \\ \\ \\ \\ \end{array} \text{Aufleiten}
$$

   Eine Stammfunktion zu $f(x) = \cos x$ ist $F(x) = \sin x$, eine Stammfunktion zu $f(x) = \sin x$ ist $F(x) = -\cos x$.

2. Die Stammfunktion ist nicht eindeutig. Mit F ist auch $G(x) = F(x) + c$ eine Stammfunktion.

Beispiel 3.2.3.2

Zur Funktion $f(x) = x$ sind neben $F(x) = \frac{1}{2}x^2$ auch $G_1(x) = \frac{1}{2}x^2 + 1$ und $G_2(x) = \frac{1}{2}x^2 - 2$ Stammfunktionen:

$$G_1'(x) = G_2'(x) = \frac{1}{2} \cdot 2x = x = f(x).$$

Die einfachen Ableitungsregeln

$$(\lambda \cdot F)' = \lambda \cdot F' \quad \text{und} \quad (F + G)' = F' + G'$$

führen zu folgendem Satz:

Satz 3.2.4 (Rechenregeln für Stammfunktionen)

Ist F bzw. G eine Stammfunktion zu der Funktion f bzw. g, so gilt:

1. $\lambda \cdot F$ ist eine Stammfunktion zu $\lambda \cdot f$ ($\lambda \in \mathbb{R}$).
2. $F + G$ ist eine Stammfunktion zu $f + g$.

Beispiel 3.2.5

Zur Funktion $f(x) = x$ ist $F(x) = \frac{1}{2}x^2$ eine Stammfunktion.

Dann erhält man zu $f_1(x) = 3x = 3 \cdot f(x)$ eine Stammfunktion durch

$$F_1(x) = 3 \cdot F(x) = 3 \cdot \frac{1}{2}x^2 = \frac{3}{2}x^2.$$

Ferner ist $G(x) = x$ eine Stammfunktion zu $g(x) = 1$.

Damit ist eine Stammfunktion zu $h(x) = 3x + 1 = f_1(x) + g(x)$

$$H(x) = F_1(x) + G(x) = \frac{3}{2}x^2 + x.$$

Bemerkung 3.2.6

Bei Produkten darf man nicht faktorweise die Stammfunktion bilden!

Beispiel 3.2.6.1

Gesucht ist eine Stammfunktion zur Funktion $f(x) = x \cdot \cos x$.

Der Versuch von $F(x) = \frac{1}{2}x^2 \cdot \sin x$ führt nicht zum Erfolg, da nach der Produktregel gilt:

$$F'(x) = x \cdot \sin x + \frac{1}{2}x^2 \cdot \cos x \neq f(x).$$

Bemerkungen 3.2.7 (Raten der Stammfunktion)

1. Die Bestimmung einer Stammfunktion (Aufleiten) geht nicht so schematisch wie Ableiten.

   Manchmal kann man aber die formelmäßige Gestalt der Stammfunktion raten und durch zurück-Ableiten Konstanten anpassen.

   Beispiele 3.2.7.1

   1. Gesucht ist eine Stammfunktion zur Funktion $f(x) = \sqrt{x} = x^{\frac{1}{2}}$.

      Da sich beim Ableiten der Exponent um Eins erniedrigt, kann man testweise $F_1(x) = x^{\frac{1}{2}+1} = x^{\frac{3}{2}}$ betrachten. Es ist

      $$F_1'(x) \;=\; \left(x^{\frac{3}{2}}\right)' \;=\; \frac{3}{2} \cdot x^{\frac{1}{2}}.$$

      Bis auf den Faktor $\frac{3}{2}$ erhält man das gewünschte Resultat. Den Faktor $\frac{3}{2}$ kann man durch einen zusätzlichen Faktor $\frac{2}{3}$ bei der Stammfunktion eliminieren: Für $F(x) = \frac{2}{3} \cdot x^{\frac{3}{2}}$ ist

      $$F'(x) \;=\; \frac{2}{3} \cdot \left(x^{\frac{3}{2}}\right)' \;=\; \frac{2}{3} \cdot \frac{3}{2} \cdot x^{\frac{1}{2}} \;=\; x^{\frac{1}{2}} \;=\; f(x).$$

      Allgemein gilt: Eine Stammfunktion zu $f(x) = x^a$ ist $F(x) = \frac{1}{a+1} \cdot x^{a+1}$.

   2. Gesucht ist eine Stammfunktion zur Funktion $f(x) = \cos(3x)$.

      Ein Versuch mit $F_1(x) = \sin(3x)$ führt zu $F_1'(x) = \cos(3x) \cdot 3$, also einem gegenüber f zusätzlichen Faktor 3.

      Für $F(x) = \frac{1}{3}\sin(3x)$ ist dann

      $$F'(x) \;=\; \frac{1}{3} \cdot \cos(3x) \cdot 3 \;=\; \cos(3x) \;=\; f(x).$$

2. Das Vorgehen von 1. geht nur, solange nur Konstanten anzupassen sind.

   Beispiel 3.2.7.2

   Gesucht wird eine Stammfunktion zur Funktion $f(x) = \cos(x^2)$.

   Testweises Ableiten von $F_1(x) = \sin(x^2)$ führt zu

   $$F_1'(x) \;=\; \cos(x^2) \cdot 2x,$$

   also einem gegenüber f zusätzlichen Faktor $2x$.

   Ein erneuter Test mit $F_2(x) = \frac{1}{2x} \cdot F_1(x) = \frac{1}{2x} \cdot \sin(x^2)$ führt mit der Produktregel zu

$$F_2'(x) = -\frac{1}{2x^2} \cdot \sin(x^2) + \frac{1}{2x} \cdot \cos(x^2) \cdot 2x$$

$$= \cos(x^2) - \frac{1}{2x^2} \cdot \sin(x^2),$$

so dass dieses Vorgehen nicht zum Erfolg führt.

(Tatsächlich besitzt f keine durch elementare Funktionen ausdrückbare Stammfunktion!)

3. Manchmal kann man mit Hilfe der umgekehrten Kettenregel eine Stammfunktion finden: Eine Funktion der Gestalt $h(x) = g'(x) \cdot f(g(x))$ hat als Stammfunktion $H(x) = F(g(x))$ (mit einer Stammfunktion F zu f), denn nach der Kettenregel ist

$$H'(x) = \big(F(g(x))\big)' = F'(g(x)) \cdot g'(x) = g'(x) \cdot f(g(x)) = h(x).$$

Beispiel 3.2.7.3

Die Funktion $h(x) = 2x \cdot e^{x^2}$ ist von der beschriebenen Gestalt: Mit $g(x) = x^2$, also $g'(x) = 2x$, und $f(x) = e^x$ ist

$$h(x) = 2x \cdot e^{x^2} = g'(x) \cdot f(g(x)).$$

Mit der Stammfunktion $F(x) = e^x$ zu f erhält man also als Stammfunktion zu h

$$H(x) = F(g(x)) = e^{x^2}.$$

Tatsächlich ist

$$H'(x) = \big(e^{x^2}\big)' = e^{x^2} \cdot 2x = h(x).$$

Manchmal fehlen noch Konstanten, die man wie bei 1. durch Versuch-und-Rückableiten anpassen kann.

Beispiel 3.2.7.4

Bei der Bestimmung einer Stammfunktion zu $h(x) = x^2 \cdot \sqrt{x^3 + 1}$ kann man erkennen, dass der Faktor x^2 etwas mit der Ableitung von $x^3 + 1$ zu tun hat. Eine Stammfunktion zu $\sqrt{z} = z^{\frac{1}{2}}$ ist $\frac{2}{3} z^{\frac{3}{2}}$ (s. Beispiel 3.2.7.1, 1.). Der Versuch $\frac{2}{3}(x^3 + 1)^{\frac{3}{2}}$ bringt

$$\left(\tfrac{2}{3}(x^3+1)^{\frac{3}{2}}\right)' = \tfrac{2}{3} \cdot \tfrac{3}{2} \cdot (x^3+1)^{\frac{1}{2}} \cdot 3x^2 = 3x^2 \cdot \sqrt{x^3 + 1},$$

also einen Faktor 3 zuviel, so dass eine richtige Stammfunktion

$$H(x) = \tfrac{1}{3} \cdot \tfrac{2}{3}(x^3+1)^{\frac{3}{2}} = \tfrac{2}{9}(x^3+1)^{\frac{3}{2}}$$

ist.

3.2.2 Flächenbestimmung

Satz 3.2.8 (Flächenberechnung)

Ist die Funktion F eine Stammfunktion zur Funktion f, so ist

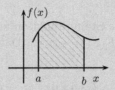

$$\int_a^b f(x)\,dx \;=\; F(b) - F(a) \;=:\; F(x)\Big|_a^b$$

die Fläche unter der von f dargestellten Kurve; Flächenanteile unterhalb der x-Achse werden dabei negativ gewertet.

Abb. 3.13 Fläche unter dem Funktionsgraf.

Bemerkung 3.2.9 (unbestimmtes Integral)

Auf Grund von Satz 3.2.8 bezeichnet man eine Stammfunktion auch als *unbestimmtes Integral*. Wegen der noch möglichen additiven Konstanten notiert man oft ein „$+c$" bei der Angabe des unbestimmten Integrals:

$$\int f(x)\,dx \;=\; F(x) + c,$$

zum Beispiel $\int x\,dx = \frac{1}{2}x^2 + c$.

Im Folgenden wird das unbestimmte Integral im Sinne von „*eine* Stammfunktion" ohne den Zusatz „$+c$" verwendet, und auch kurz nur $\int f = F$ geschrieben.

Beispiele 3.2.10

1. Eine Stammfunktion zur Funktion $f(x) = x$ ist $F(x) = \frac{1}{2}x^2$ (s. Beispiel 3.2.2, 2.). Damit erhält man

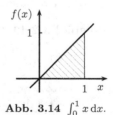

$$\int_0^1 x\,dx \;=\; \frac{1}{2}x^2\Big|_0^1 \;=\; \frac{1}{2}\cdot 1^2 - \frac{1}{2}\cdot 0^2 \;=\; \frac{1}{2}.$$

Abb. 3.14 $\int_0^1 x\,dx$.

Dies ist auch elementargeometrisch klar, denn die berechnete Fläche ist eine Dreiecksfläche mit Grundseite 1 und Höhe 1 (s. Abb. 3.14), also dem Flächeninhalt $\frac{1}{2}\cdot 1 \cdot 1$.

2. Eine Stammfunktion zur Funktion $f(x) = x^2$ ist
   $F(x) = \frac{1}{3}x^3$. Also ist

$$\int\limits_0^1 x^2 \, dx = \frac{1}{3}x^3 \Big|_0^1 = \frac{1}{3} \cdot 1^3 - \frac{1}{3} \cdot 0^3 = \frac{1}{3}.$$

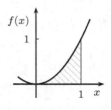

Abb. 3.15 $\int_0^1 x^2 \, dx$.

3. Eine Stammfunktion zur Funktion $f(x) = \sin x$
   ist $F(x) = -\cos x$. Damit erhält man

$$\int\limits_0^\pi \sin x \, dx = -\cos x \Big|_0^\pi$$

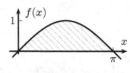

$$= -\cos(\pi) - (-\cos(0))$$
$$= -(-1) - (-1) = 2$$

Abb. 3.16 $\int_0^\pi \sin x \, dx$.

und

$$\int\limits_{-\frac{\pi}{2}}^{\frac{\pi}{2}} \sin x \, dx = -\cos x \Big|_{-\frac{\pi}{2}}^{\frac{\pi}{2}}$$

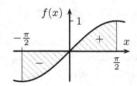

$$= -\cos(\frac{\pi}{2}) - (-\cos(-\frac{\pi}{2}))$$
$$= 0 - 0 = 0.$$

Abb. 3.17 $\int_{-\frac{\pi}{2}}^{\frac{\pi}{2}} \sin x \, dx$.

Der Wert Null des zweiten Integrals ist schon aus Symmetriegründen klar:
Die Fläche unterhalb der x-Achse wird negativ gerechnet und gleicht die
Fläche oberhalb der x-Achse aus (s. Abb. 3.17).

Bemerkungen 3.2.11

1. Nimmt man eine andere Stammfunktion zur Flächenberechnung, so ändert
   sich das Ergebnis der Integralberechnung nach Satz 3.2.8 nicht.

   ### Beispiel 3.2.11.1

   Mit $F(x) = \frac{1}{2}x^2 + 1$ als Stammfunktion zu $f(x) = x$ erhält man

$$\int\limits_0^1 x \, dx = (\tfrac{1}{2}x^2 + 1) \Big|_0^1 = (\tfrac{1}{2} \cdot 1^2 + 1) - (\tfrac{1}{2} \cdot 0^2 + 1) = \tfrac{1}{2},$$

   also das gleiche Ergebnis wie bei Beispiel 3.2.10, 1..

Allgemein ergibt sich bei der Integralberechnung mit einer Stammfunktion
$F(x) + c$ an Stelle von $F(x)$

$$\big(F(x) + c\big)\Big|_a^b = \big(F(b) + c\big) - \big(F(a) + c\big)$$

$$= F(b) + c - F(a) - c = F(b) - F(a) = F(x)\Big|_a^b.$$

2. Will man die nicht vorzeichenbehaftete Fläche zwischen dem Funktionsgraf und der x-Achse berechnen, muss man die Nullstellen bestimmen, die Bereiche zwischen den Nullstellen einzeln betrachten und die Beträge der Flächen addieren.

Beispiel 3.2.11.2

Betrachtet wird die Funktion

$$f(x) = \frac{1}{6}x \cdot (x+3) \cdot (x-2) = \frac{1}{6}x^3 + \frac{1}{6}x^2 - x$$

mit den Nullstellen -3, 0 und 2.

Will man die nicht-vorzeichenbehaftete Fläche zwischen -2 und 3 berechnen (s. Abb. 3.18), so muss man die Teilintervalle $[-2,0]$, $[0,2]$ und $[2,3]$ separat betrachten.

Eine Stammfunktion ist

$$F(x) = \frac{1}{24}x^4 + \frac{1}{18}x^3 - \frac{1}{2}x^2.$$

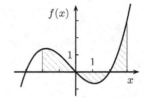

Abb. 3.18 Flächen.

Damit erhält man als nicht vorzeichenbehaftete Fläche

$$\text{Fläche} = \left|\int_{-2}^0 f(x)\,dx\right| + \left|\int_0^2 f(x)\,dx\right| + \left|\int_2^3 f(x)\,dx\right|$$

$$= \big|F(0) - F(-2)\big| + \big|F(2) - F(0)\big| + \big|F(3) - F(2)\big|$$

$$\approx |1.778| + |-0.889| + |1.264|$$

$$= 1.778 + 0.889 + 1.264 = 3.931.$$

Berechnet man das Integral von -2 bis 3, wird der mittlere Flächenteil negativ gewertet, und man erhält einen kleineren Wert:

$$\int_{-2}^3 f(x)\,dx = F(3) - F(-2) \approx 2.153.$$

4 Vektorrechnung

Vektoren kann man sich vorstellen als Pfeile in der Ebene oder im Raum. Man kann Vektoren aber auch verallgemeinern und gewinnt damit eine kraftvolle Möglichkeit der Beschreibung spezieller Strukturen, zum Beispiel bei der Lösung von Gleichungssystemen.

Dieses Kapitel beschränkt sich auf die Beschreibung von Vektoren im zwei- und dreidimensionalen (Anschauungs-)Raum. Auf diesen Vorstellungen aufbauend kann dann im Rahmen einer regulären Mathematik-Vorlesung der Vektor-Begriff verallgemeinert werden.

4.1 Vektoren

Ein Zahlenpaar (a_1, a_2) kann bei festgelegtem Koordinatensystem interpretiert werden

- als Punkt in der Ebene,

- als Pfeil vom Koordinatenursprung zu diesem Punkt; den Pfeil kann man auch verschieben.

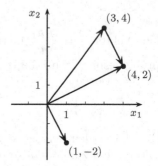

Abb. 4.1 Darstellung von Vektoren in einem Koordinatensystem.

Man spricht von Pfeilen, Tupeln oder Vektoren und nutzt für entsprechende Variablen die Schreibweise „$\vec{a}$".

Eine Addition zweier Vektoren geschieht

- durch Aneinanderhängen der Pfeile,

- rechnerisch durch komponentenweise Addition:

$$(a_1, a_2) + (b_1, b_2) = (a_1 + b_1, a_2 + b_2).$$

Man schreibt die Tupel auch in Spalten: $\begin{pmatrix} a_1 \\ a_2 \end{pmatrix} + \begin{pmatrix} b_1 \\ b_2 \end{pmatrix} = \begin{pmatrix} a_1 + b_1 \\ a_2 + b_2 \end{pmatrix}.$

Beispiel 4.1.1

Es ist $\begin{pmatrix} 3 \\ 4 \end{pmatrix} + \begin{pmatrix} 1 \\ -2 \end{pmatrix} = \begin{pmatrix} 4 \\ 2 \end{pmatrix}$, s. Abb. 4.1.

Eine Skalierung/Vervielfachung eines Vektors mit $\lambda \in \mathbb{R}$ geschieht

- durch eine entsprechende Verlängerung oder Verkürzung des Pfeils, bei $\lambda < 0$ verbunden mit einer Umkehrung der Richtung, s. Abb. 4.2,

- rechnerisch durch komponentenweise Multiplikation:

$$\lambda \cdot \begin{pmatrix} a_1 \\ a_2 \end{pmatrix} = \begin{pmatrix} \lambda \cdot a_1 \\ \lambda \cdot a_2 \end{pmatrix}.$$

Beispiel 4.1.2

Verschiedene Skalierungen ergeben

$$2 \cdot \begin{pmatrix} 1 \\ 2 \end{pmatrix} = \begin{pmatrix} 2 \\ 4 \end{pmatrix},$$

$$1.5 \cdot \begin{pmatrix} 1 \\ 2 \end{pmatrix} = \begin{pmatrix} 1.5 \\ 3 \end{pmatrix},$$

$$(-1) \cdot \begin{pmatrix} 1 \\ 2 \end{pmatrix} = \begin{pmatrix} -1 \\ -2 \end{pmatrix},$$

$$(-0.5) \cdot \begin{pmatrix} 1 \\ 2 \end{pmatrix} = \begin{pmatrix} -0.5 \\ -1 \end{pmatrix}.$$

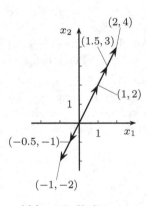

Abb. 4.2 Skalierungen eines Vektors.

Zum Vektor $\vec{a} = \begin{pmatrix} a_1 \\ a_2 \end{pmatrix}$ erhält man den am Ursprung gespiegelten Pfeil (s. Abb. 4.3) als

$$-\vec{a} = -1 \cdot \vec{a} = \begin{pmatrix} -a_1 \\ -a_2 \end{pmatrix}.$$

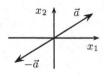

Abb. 4.3 Inverser Vektor.

Abb. 4.4 verdeutlicht, dass man den Verbindungsvektor von $\vec{a}$ zu $\vec{b}$ erhält durch

$$-\vec{a} + \vec{b} = \vec{b} - \vec{a}.$$

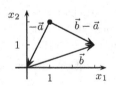

Beispiel 4.1.3

Der Vektor von $(1, 2)$ zu $(3, 1)$ ist

$$\begin{pmatrix} 3 \\ 1 \end{pmatrix} - \begin{pmatrix} 1 \\ 2 \end{pmatrix} = \begin{pmatrix} 2 \\ -1 \end{pmatrix}.$$

Abb. 4.4 Subtraktion von Vektoren.

Bemerkungen 4.1.4

1. Oft wird nicht genau zwischen einem Punkt P im Anschauungsraum und dem zugehörigen *Ortsvektor* $\vec{p}$ unterschieden, der - bei festgelegtem Koordinatensystem - vom Koordinatenursprung zum Punkt P zeigt.

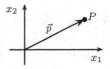

Abb. 4.5 Punkt und Ortsvektor.

2. Bei Betrachtung von Vektoren als Pfeile (mit festgelegter Richtung und Länge), die man verschieben kann, ist eine Interpretation ohne Festlegung eines Koordinatensystems möglich.

3. Punkte bzw. Pfeile im Raum kann man durch 3-Tupel beschreiben und entsprechend addieren und skalieren.

Beispiel 4.1.4.1

Es ist

$$\begin{pmatrix} 1 \\ -1 \\ 0 \end{pmatrix} + \begin{pmatrix} 2 \\ 1 \\ 2 \end{pmatrix} = \begin{pmatrix} 1+2 \\ -1+1 \\ 0+2 \end{pmatrix} = \begin{pmatrix} 3 \\ 0 \\ 2 \end{pmatrix}, \quad 1.5 \cdot \begin{pmatrix} 2 \\ 1 \\ 2 \end{pmatrix} = \begin{pmatrix} 3 \\ 1.5 \\ 3 \end{pmatrix}.$$

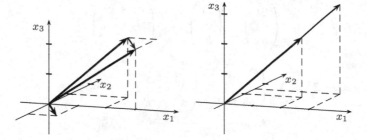

Abb. 4.6 Vektoraddition und skalare Multiplikation im Raum.

Definition 4.1.5 ($\mathbb{R}^2$ und $\mathbb{R}^3$)

Die Mengen $\mathbb{R}^2$ und $\mathbb{R}^3$ werden definiert als

$$\mathbb{R}^2 = \left\{ \begin{pmatrix} a_1 \\ a_2 \end{pmatrix} \mid a_1, a_2 \in \mathbb{R} \right\}$$

(Menge der 2-dimensionalen Vektoren) und

$$\mathbb{R}^3 = \left\{ \begin{pmatrix} a_1 \\ a_2 \\ a_3 \end{pmatrix} \mid a_1, a_2, a_3 \in \mathbb{R} \right\}$$

(Menge der 3-dimensionalen Vektoren).

Bemerkungen 4.1.6 zur Schreibweise

1. Neben der Schreibweise „$\vec{a}$" für Vektoren ist auch Fettdruck („**a**") oder keine besondere Kennzeichnung („a") üblich. Im Folgenden werden zur Kennzeichnung von Vektoren stets Vektorpfeile genutzt.

2. Statt $\left(\begin{smallmatrix} 0 \\ 0 \end{smallmatrix}\right)$ oder $\left(\begin{smallmatrix} 0 \\ 0 \\ 0 \end{smallmatrix}\right)$ schreibt man auch $\vec{0}$.

Definition 4.1.7 (Vektoraddition und skalare Multiplikation)

1. Für Vektoren $\vec{a}, \vec{b} \in \mathbb{R}^2$, $\vec{a} = \left(\begin{smallmatrix} a_1 \\ a_2 \end{smallmatrix}\right)$, $\vec{b} = \left(\begin{smallmatrix} b_1 \\ b_2 \end{smallmatrix}\right)$ und eine Zahl $\lambda \in \mathbb{R}$ wird die *Addition* und *skalare Multiplikation* definiert durch:

$$\vec{a} + \vec{b} = \begin{pmatrix} a_1 \\ a_2 \end{pmatrix} + \begin{pmatrix} b_1 \\ b_2 \end{pmatrix} = \begin{pmatrix} a_1 + b_1 \\ a_2 + b_2 \end{pmatrix},$$

$$\lambda \cdot \vec{a} = \lambda \cdot \begin{pmatrix} a_1 \\ a_2 \end{pmatrix} = \begin{pmatrix} \lambda \cdot a_1 \\ \lambda \cdot a_2 \end{pmatrix}.$$

2. Für Vektoren $\vec{a}, \vec{b} \in \mathbb{R}^3$, $\vec{a} = \left(\begin{smallmatrix} a_1 \\ a_2 \\ a_3 \end{smallmatrix}\right)$, $\vec{b} = \left(\begin{smallmatrix} b_1 \\ b_2 \\ b_3 \end{smallmatrix}\right)$ ist entsprechend:

$$\vec{a} + \vec{b} = \begin{pmatrix} a_1 \\ a_2 \\ a_3 \end{pmatrix} + \begin{pmatrix} b_1 \\ b_2 \\ b_3 \end{pmatrix} = \begin{pmatrix} a_1 + b_1 \\ a_2 + b_2 \\ a_3 + b_3 \end{pmatrix},$$

$$\lambda \cdot \vec{a} = \lambda \cdot \begin{pmatrix} a_1 \\ a_2 \\ a_3 \end{pmatrix} = \begin{pmatrix} \lambda \cdot a_1 \\ \lambda \cdot a_2 \\ \lambda \cdot a_3 \end{pmatrix}.$$

Bemerkungen 4.1.8

1. Eine Addition von zwei Vektoren mit unterschiedlichen Dimensionen, z.B. $\left(\begin{smallmatrix} 1 \\ 2 \end{smallmatrix}\right) + \left(\begin{smallmatrix} 3 \\ 1 \\ 2 \end{smallmatrix}\right)$, ist nicht definiert.

2. Den Multiplikationspunkt bei der skalaren Multiplikation lässt man auch manchmal weg, z.B. $2\vec{a} = 2 \cdot \vec{a}$.

3. Bei der Notation nutzt man weiterhin Punkt-vor-Strich-Rechnung, also z.B. $\lambda \cdot \vec{a} + \lambda \cdot \vec{b} = (\lambda \cdot \vec{a}) + (\lambda \cdot \vec{b})$.

Bezüglich der Addition und der skalaren Multiplikation gelten die üblichen Regeln:

Satz 4.1.9

Für Vektoren $\vec{a}, \vec{b}, \vec{c} \in \mathbb{R}^2$ oder $\vec{a}, \vec{b}, \vec{c} \in \mathbb{R}^3$ und Zahlen $\lambda, \mu \in \mathbb{R}$ gilt:

1. $\qquad \vec{a} + \vec{b} = \vec{b} + \vec{a}$ $\qquad$ (Kommutativität),

2. $\quad \vec{a} + (\vec{b} + \vec{c}) = (\vec{a} + \vec{b}) + \vec{c}$ $\qquad$ (Assoziativität),

3. $\quad \lambda \cdot (\vec{a} + \vec{b}) = \lambda \cdot \vec{a} + \lambda \cdot \vec{b}$

   $\qquad (\lambda + \mu) \cdot \vec{a} = \lambda \cdot \vec{a} + \mu \cdot \vec{a}$ $\qquad$ (Distributivität),

4. $\qquad \lambda \cdot (\mu \cdot \vec{a}) = (\lambda \cdot \mu) \cdot \vec{a}$ $\qquad$ (Verträglichkeit der Multiplikationen).

Bemerkung 4.1.10

In Satz 4.1.9 kommen die Rechensymbole „+" und „·" in zwei verschiedenen Bedeutungen vor: einerseits als Rechenzeichen bei reellen Zahlen, andererseits als Addition und skalarer Multiplikation bei Vektoren.

4.2 Linearkombination

Definition 4.2.1 (Linearkombination)

Zu Zahlen $\lambda_k \in \mathbb{R}$ und Vektoren $\vec{v}_k \in \mathbb{R}^2$ oder $\vec{v}_k \in \mathbb{R}^3$ heißt

$$\sum_{k=1}^{n} \lambda_k \vec{v}_k = \lambda_1 \vec{v}_1 + \lambda_2 \vec{v}_2 + \cdots + \lambda_n \vec{v}_n$$

Linearkombination der $\vec{v}_k$.

Beispiele 4.2.2

1. Eine Linearkombination der Vektoren

$$\vec{v}_1 = \begin{pmatrix} 2 \\ 2 \end{pmatrix} \quad \text{und} \quad \vec{v}_2 = \begin{pmatrix} 2 \\ -1 \end{pmatrix}$$

ist beispielsweise

$$\begin{pmatrix} 1 \\ 4 \end{pmatrix} = 1.5 \cdot \begin{pmatrix} 2 \\ 2 \end{pmatrix} + (-1) \cdot \begin{pmatrix} 2 \\ -1 \end{pmatrix}.$$

wie man an Abb. 4.7 sieht.

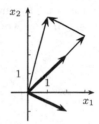

Abb. 4.7 Linearkombination von Vektoren.

2. Abb. 4.8 verdeutlicht, dass sich jeder Vektor $\vec{a} \in \mathbb{R}^2$ als Linearkombination von

$$\vec{v}_1 = \begin{pmatrix} 2 \\ 2 \end{pmatrix} \quad \text{und} \quad \vec{v}_2 = \begin{pmatrix} 2 \\ -1 \end{pmatrix}$$

darstellen lässt

Dies gilt auch bei anderen Vektoren $\vec{v}_1, \vec{v}_2 \in \mathbb{R}^2$, solange $\vec{v}_1$ und $\vec{v}_2$ nicht Vielfache voneinander sind.

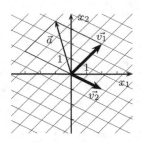

Abb. 4.8 Die Vektoren $\begin{pmatrix} 2 \\ 2 \end{pmatrix}$ und $\begin{pmatrix} 2 \\ -1 \end{pmatrix}$ spannen den $\mathbb{R}^2$ auf.

3. Die Menge aller Linearkombinationen zweier Vektoren im $\mathbb{R}^3$, die nicht auf einer Linie liegen, bilden eine Ebene.

Bemerkung 4.2.3

Mit drei Vektoren im $\mathbb{R}^3$, die nicht in einer Ebene liegen, kann man jeden Vektor $\vec{a} \in \mathbb{R}^3$ darstellen.

Beispiel 4.2.3.1

Mit den *kanonischen* Vektoren $\vec{e}_x = \begin{pmatrix} 1 \\ 0 \\ 0 \end{pmatrix}$, $\vec{e}_y = \begin{pmatrix} 0 \\ 1 \\ 0 \end{pmatrix}$ und $\vec{e}_z = \begin{pmatrix} 0 \\ 0 \\ 1 \end{pmatrix}$ ist

$$\begin{pmatrix} a_1 \\ a_2 \\ a_3 \end{pmatrix} = a_1 \cdot \vec{e}_x + a_2 \cdot \vec{e}_y + a_3 \cdot \vec{e}_z.$$

Beispiel 4.2.3.2

Die drei Vektoren

$$\vec{v}_1 = \begin{pmatrix} 1 \\ 0 \\ 1 \end{pmatrix}, \quad \vec{v}_2 = \begin{pmatrix} 1 \\ 2 \\ -1 \end{pmatrix} \quad \text{und} \quad \vec{v}_3 = \begin{pmatrix} -1 \\ 0 \\ 0 \end{pmatrix}$$

liegen nicht in einer Ebene.

Will man beispielsweise den Vektor $\vec{a} = \begin{pmatrix} 3 \\ 2 \\ 0 \end{pmatrix}$ als Linearkombination der Vektoren $\vec{v}_1, \vec{v}_2$ und $\vec{v}_3$ darstellen, führt dies auf ein lineares Gleichungssystem für die Koeffizienten λ_k zu den Vektoren $\vec{v}_k$:

$$\begin{aligned} \vec{a} &= \lambda_1 \cdot \vec{v}_1 + \lambda_2 \cdot \vec{v}_2 + \lambda_3 \cdot \vec{v}_3 \\ \Leftrightarrow \begin{pmatrix} 3 \\ 2 \\ 0 \end{pmatrix} &= \lambda_1 \cdot \begin{pmatrix} 1 \\ 0 \\ 1 \end{pmatrix} + \lambda_2 \cdot \begin{pmatrix} 1 \\ 2 \\ -1 \end{pmatrix} + \lambda_3 \cdot \begin{pmatrix} -1 \\ 0 \\ 0 \end{pmatrix} \\ \Leftrightarrow \begin{array}{rcl} 3 &=& \lambda_1 + \lambda_2 - \lambda_3 \\ 2 &=& 2 \cdot \lambda_2 \\ 0 &=& \lambda_1 - \lambda_2 \end{array} \end{aligned}$$

Aus der zweiten Gleichung folgt $\lambda_2 = 1$, aus der dritten dann $\lambda_1 = 1$ und aus der ersten $\lambda_3 = -1$ Tatsächlich ist

$$\begin{pmatrix} 3 \\ 2 \\ 0 \end{pmatrix} = 1 \cdot \begin{pmatrix} 1 \\ 0 \\ 1 \end{pmatrix} + 1 \cdot \begin{pmatrix} 1 \\ 2 \\ -1 \end{pmatrix} + (-1) \cdot \begin{pmatrix} -1 \\ 0 \\ 0 \end{pmatrix}.$$

4.3 Geraden und Ebenen

4.3.1 Geraden

Definition 4.3.1 (Gerade)

Durch einen Punkt P und eine Richtung $\vec{v}$ wird eine Gerade g festgelegt:

$$g = \{\vec{p} + \lambda\vec{v} \,|\, \lambda \in \mathbb{R}\}.$$

Der Vektor $\vec{p}$ heißt dabei *Ortsvektor*, der Vektor $\vec{v}$ *Richtungsvektor*.

Bemerkungen 4.3.2 zu Definition 4.3.1

Die Schreibweise $\{\vec{p} + \lambda\vec{v} \,|\, \lambda \in \mathbb{R}\}$ liest man als „Die Menge der $\vec{p} + \lambda\vec{v}$, für die gilt: $\lambda \in \mathbb{R}$". Man betrachtet also alle entsprechenden Vektoren, die man bei Einsetzen beliebiger λ-Werte erhält.

Beispiele 4.3.3

1. Die Gerade g_1 im $\mathbb{R}^2$ durch den Punkt $P = (2,2)$ mit Richtung $\vec{v} = \begin{pmatrix} 2 \\ -1 \end{pmatrix}$ wird beschrieben durch

$$g_1 = \left\{ \begin{pmatrix} 2 \\ 2 \end{pmatrix} + \lambda \begin{pmatrix} 2 \\ -1 \end{pmatrix} \,\Big|\, \lambda \in \mathbb{R} \right\},$$

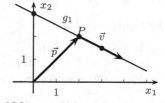

Abb. 4.9 Vektorielle Darstellung einer Geraden im $\mathbb{R}^2$.

s. Abb. 4.9. Geradenpunkte erhält man beispielsweise zu $\lambda = 0.5$ bzw. $\lambda = -1$ als

$$\begin{pmatrix} 2 \\ 2 \end{pmatrix} + 0.5 \cdot \begin{pmatrix} 2 \\ -1 \end{pmatrix} = \begin{pmatrix} 3 \\ 1.5 \end{pmatrix} \quad \text{bzw.} \quad \begin{pmatrix} 2 \\ 2 \end{pmatrix} + (-1) \cdot \begin{pmatrix} 2 \\ -1 \end{pmatrix} = \begin{pmatrix} 0 \\ 3 \end{pmatrix}.$$

2. Im $\mathbb{R}^3$ wird durch

$$g_2 = \left\{ \begin{pmatrix} 1 \\ 1 \\ 2 \end{pmatrix} + \lambda \begin{pmatrix} 3 \\ 1 \\ -1 \end{pmatrix} \,\middle|\, \lambda \in \mathbb{R} \right\}$$

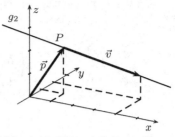

eine Gerade beschrieben, die durch den Punkt $P = (1,1,2)$ verläuft und die Richtung $\begin{pmatrix} 3 \\ 1 \\ -1 \end{pmatrix}$ besitzt, s. Abb. 4.10.

Einen Geradenpunkt erhält man beispielsweise durch

Abb. 4.10 Vektorielle Darstellung einer Geraden im $\mathbb{R}^3$.

$$\begin{pmatrix} 1 \\ 1 \\ 2 \end{pmatrix} + 1 \cdot \begin{pmatrix} 3 \\ 1 \\ -1 \end{pmatrix} = \begin{pmatrix} 4 \\ 2 \\ 1 \end{pmatrix}.$$

Bemerkungen 4.3.4

1. Orts- und Richtungsvektoren einer Geraden g sind nicht eindeutig bestimmt: Jedes $\vec{q} \in g$ kann als Ortsvektor dienen, und ist $\vec{v}$ Richtungsvektor zu g, so kann jedes Vielfache $\vec{w} = \alpha \vec{v}$ von $\vec{v}$ ($\alpha \neq 0$) als Richtungsvektor genutzt werden.

Beispiel 4.3.4.1

Die Gerade g_1 aus Beispiel 4.3.3, kann mit dem Ortsvektor $\begin{pmatrix} 0 \\ 3 \end{pmatrix}$ und dem Richtungsvektor $\begin{pmatrix} 3 \\ -1.5 \end{pmatrix} = 1.5 \cdot \begin{pmatrix} 2 \\ -1 \end{pmatrix}$ auch beschrieben werden als

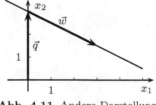

$$g_1 = \left\{ \begin{pmatrix} 0 \\ 3 \end{pmatrix} + \lambda \begin{pmatrix} 3 \\ -1.5 \end{pmatrix} \,\middle|\, \lambda \in \mathbb{R} \right\},$$

Abb. 4.11 Andere Darstellung von g_1.

s. Abb. 4.11.

2. Will man die Gerade g, die durch zwei vorgegebene Punkte P_1 und P_2 führt, bestimmen, so kann man einen der Punkte als Ortsvektor und den Differenzvektor $\vec{v} = \vec{p}_2 - \vec{p}_1$ als Richtungsvektor nutzen.

Beispiel 4.3.4.2

Die Gerade g durch die Punkte $P_1 = (1,-1)$ und $P_2 = (4,1)$ (s. Abb. 4.12) kann mit dem Differenzvektor

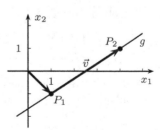

$$\vec{v} = \begin{pmatrix} 4 \\ 1 \end{pmatrix} - \begin{pmatrix} 1 \\ -1 \end{pmatrix} = \begin{pmatrix} 3 \\ 2 \end{pmatrix}$$

beschrieben werden durch

Abb. 4.12 Gerade durch P_1 und P_2.

$$g = \left\{ \begin{pmatrix} 1 \\ -1 \end{pmatrix} + \lambda \begin{pmatrix} 3 \\ 2 \end{pmatrix} \,\middle|\, \lambda \in \mathbb{R} \right\}.$$

3. Will man testen, ob ein Punkt Q auf einer Geraden $g = \{\vec{p} + \lambda\vec{v} \mid \lambda \in \mathbb{R}\}$ liegt, muss man untersuchen, ob es ein $\lambda \in \mathbb{R}$ gibt mit $\vec{q} = \vec{p} + \lambda\vec{v}$.

Beispiel 4.3.4.3

Betrachtet wird die Gerade

$$g = \left\{ \begin{pmatrix} 2 \\ 2 \end{pmatrix} + \lambda \begin{pmatrix} 2 \\ -1 \end{pmatrix} \mid \lambda \in \mathbb{R} \right\}.$$

Liegt $Q_1 = (5, 0.5)$ auf g?

Die Gleichung

$$\begin{pmatrix} 5 \\ 0.5 \end{pmatrix} = \begin{pmatrix} 2 \\ 2 \end{pmatrix} + \lambda \begin{pmatrix} 2 \\ -1 \end{pmatrix}$$

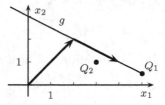

Abb. 4.13 Q_1 liegt auf der Geraden, Q_2 nicht.

besitzt die Lösung $\lambda = 1.5$, also liegt Q_1 auf g.

Liegt $Q_2 = (3, 1)$ auf g?

Bei der Gleichung

$$\begin{pmatrix} 3 \\ 1 \end{pmatrix} = \begin{pmatrix} 2 \\ 2 \end{pmatrix} + \lambda \begin{pmatrix} 2 \\ -1 \end{pmatrix}$$

erzwingt die erste Komponente $\lambda = \frac{1}{2}$, was bei der zweiten Komponente aber zu einem Widerspruch führt. Also ist $Q_2 \notin g$.

4.3.2 Ebenen

Die Menge aller Linearkombinationen zweier nicht paralleler Vektoren $\vec{v_1}$ und $\vec{v_2}$ im $\mathbb{R}^3$ ausgehend vom Ursprung spannen eine Ebene durch den Ursprung auf:

$$E_{\text{Ursprung}} = \{\alpha\vec{v_1} + \beta\vec{v_2} \mid \alpha, \beta \in \mathbb{R}\}$$

(vgl. Beispiel 4.2.2, 3.).

Eine Ebene durch einen beliebigen Punkt $P \in \mathbb{R}^3$ erhält man durch Verschiebung:

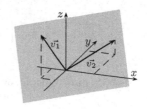

Abb. 4.14 Ebene durch den Ursprung.

Definition 4.3.5 (Parameterdarstellung einer Ebene)

Durch einen Punkt P und zwei nicht-parallele Richtungen $\vec{v_1}$ und $\vec{v_2}$ wird eine Ebene E festgelegt:

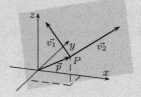

$$E = \{\vec{p} + \alpha\vec{v_1} + \beta\vec{v_2} \,|\, \alpha, \beta \in \mathbb{R}\}.$$

Den Vektor $\vec{p}$ nennt man *Ortsvektor* und $\vec{v_1}, \vec{v_2}$ *Richtungsvektoren*.

Abb. 4.15 Ebene durch P.

Bemerkungen 4.3.6

1. Diese Darstellung nennt man wegen der freien Parameter α und β auch *Parameterdarstellung*.

   Orts- und Richtungsvektoren sind wie bei den Geraden nicht eindeutig bestimmt.

2. Eine Ebene ist durch drei Punkte, die nicht auf einer Geraden liegen, eindeutig festgelegt. Für eine Parameterdarstellung der Ebene kann man einen Punkt als Ortsvektor und zwei Differenzvektoren zwischen den Punkten als Richtungsvektoren wählen.

   Beispiel 4.3.6.1

   Zu der Ebene durch die Punkte

   $$P_1 = \begin{pmatrix} 1 \\ 1 \\ 2 \end{pmatrix}, \quad P_2 = \begin{pmatrix} 4 \\ 1 \\ 1 \end{pmatrix}$$

   und $\quad P_3 = \begin{pmatrix} 3 \\ 2 \\ 2 \end{pmatrix}.$

   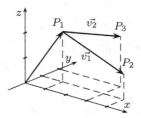

   Abb. 4.16 Ebene durch drei Punkte.

   erhält man beispielsweise Richtungsvektoren durch

   $$\vec{v_1} = \vec{p_2} - \vec{p_1} = \begin{pmatrix} 4 \\ 1 \\ 1 \end{pmatrix} - \begin{pmatrix} 1 \\ 1 \\ 2 \end{pmatrix} = \begin{pmatrix} 3 \\ 0 \\ -1 \end{pmatrix},$$

   $$\vec{v_2} = \vec{p_3} - \vec{p_1} = \begin{pmatrix} 3 \\ 2 \\ 2 \end{pmatrix} - \begin{pmatrix} 1 \\ 1 \\ 2 \end{pmatrix} = \begin{pmatrix} 2 \\ 1 \\ 0 \end{pmatrix}.$$

   Damit ergibt sich eine Parameterdarstellung

$$E = \{ \quad \vec{p_1} \quad + \quad \alpha\vec{v_1} \quad + \quad \beta\vec{v_2} \quad | \alpha,\beta \in \mathbb{R}\}$$

$$= \left\{ \begin{pmatrix} 1 \\ 1 \\ 2 \end{pmatrix} + \alpha \begin{pmatrix} 3 \\ 0 \\ -1 \end{pmatrix} + \beta \begin{pmatrix} 2 \\ 1 \\ 0 \end{pmatrix} \middle| \alpha,\beta \in \mathbb{R} \right\}.$$

Bemerkung 4.3.7

Schnittpunkte zwischen Geraden und Ebenen können durch Gleichsetzen der Parameterdarstellungen berechnet werden.

Beispiel 4.3.7.1

Gesucht ist der Schnittpunkt der Geraden

$$g = \left\{ \begin{pmatrix} 0 \\ 0 \\ -1 \end{pmatrix} + \lambda \begin{pmatrix} 1 \\ 0 \\ 1 \end{pmatrix} \middle| \lambda \in \mathbb{R} \right\}$$

mit der Ebene

$$E = \left\{ \begin{pmatrix} 1 \\ 1 \\ 2 \end{pmatrix} + \alpha \begin{pmatrix} 3 \\ 0 \\ -1 \end{pmatrix} + \beta \begin{pmatrix} 2 \\ 1 \\ 0 \end{pmatrix} \middle| \alpha,\beta \in \mathbb{R} \right\}.$$

Durch Gleichsetzen der Parameterdarstellungen erhält man ein Gleichungssystem für die Parameter:

$$\begin{pmatrix} 1 \\ 1 \\ 2 \end{pmatrix} + \alpha \begin{pmatrix} 3 \\ 0 \\ -1 \end{pmatrix} + \beta \begin{pmatrix} 2 \\ 1 \\ 0 \end{pmatrix} = \begin{pmatrix} 0 \\ 0 \\ -1 \end{pmatrix} + \lambda \begin{pmatrix} 1 \\ 0 \\ 1 \end{pmatrix}$$

$$\Rightarrow \quad \begin{array}{rclr} 3\alpha + 2\beta - \lambda & = -1 & \text{(I)} \\ + \beta \quad\quad & = -1 & \text{(II)} \\ -\alpha \quad\quad - \lambda & = -3 & \text{(III)} \end{array}$$

Aus der Gleichung (II) erhält man $\beta = -1$; in Gleichung (I) eingesetzt, ergibt sich $3\alpha - \lambda = 1$. Subtrahiert man hiervon Gleichung (III), erhält man $4\alpha = 4$, also $\alpha = 1$, und dann aus Gleichung (III): $\lambda = 3 - \alpha = 3 - 1 = 2$.

Die Lösung ist also

$$\alpha = 1, \quad \beta = -1, \quad \lambda = 2.$$

Den Schnittpunkt erhält man nun mit diesen Parameterwerten einerseits in der Ebenendarstellung

$$\begin{pmatrix} 1 \\ 1 \\ 2 \end{pmatrix} + 1 \cdot \begin{pmatrix} 3 \\ 0 \\ -1 \end{pmatrix} + (-1) \cdot \begin{pmatrix} 2 \\ 1 \\ 0 \end{pmatrix} = \begin{pmatrix} 2 \\ 0 \\ 1 \end{pmatrix}$$

oder andererseits in der Geradendarstellung

$$\begin{pmatrix} 0 \\ 0 \\ -1 \end{pmatrix} + 2 \cdot \begin{pmatrix} 1 \\ 0 \\ 1 \end{pmatrix} = \begin{pmatrix} 2 \\ 0 \\ 1 \end{pmatrix}.$$

4.4 Länge von Vektoren

Definition 4.4.1

Die Länge/Norm/der Betrag eines Vektors $\vec{a}$ ist

für $\vec{a} = \begin{pmatrix} a_1 \\ a_2 \end{pmatrix} \in \mathbb{R}^2$: $\|\vec{a}\| := |\vec{a}| := \sqrt{a_1{}^2 + a_2{}^2}.$

für $\vec{a} = \begin{pmatrix} a_1 \\ a_2 \\ a_3 \end{pmatrix} \in \mathbb{R}^3$: $\|\vec{a}\| := |\vec{a}| := \sqrt{a_1{}^2 + a_2{}^2 + a_3{}^2}.$

Bemerkung 4.4.2 zur Schreibweise

In der Literatur ist sowohl eine Schreibweise mit einem als auch mit doppeltem Betragsstrich üblich. Im Folgenden wird zur Kennzeichnung der Länge eines Vektors der doppelte Betragsstrich genutzt ($\|\vec{a}\|$), während der einfache Betragsstrich ($|\lambda|$) den Betrag einer Zahl $\lambda \in \mathbb{R}$ kennzeichnet.

Beispiele 4.4.3

1. Nach dem Satz des Pythagoras ist

$$\left\| \begin{pmatrix} 2 \\ 1 \end{pmatrix} \right\| = \sqrt{2^2 + 1^2} = \sqrt{5}$$

tatsächlich die gewöhnliche Länge des Vektors $\begin{pmatrix} 2 \\ 1 \end{pmatrix}$, s. Abb. 4.17.

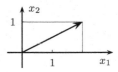

Abb. 4.17 Betrag eines Vektors im $\mathbb{R}^2$.

2. Es ist $\left\| \begin{pmatrix} 2 \\ 1 \\ 3 \end{pmatrix} \right\| = \sqrt{2^2 + 1^2 + 3^2} = \sqrt{14}$.

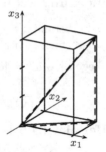

Durch zweifache Anwendung des Satzes von Pythagoras sieht man, dass dies tatsächlich die gewöhnliche Länge ist, s. Abb. 4.18:

Die Diagonale in der (x_1, x_2)-Ebene besitzt die Länge $l = \sqrt{2^2 + 1^2}$; damit ergibt sich die Gesamtlänge als Hypothenuse in dem gestrichelten Dreieck zu

$$\sqrt{l^2 + 3^2} = \sqrt{2^2 + 1^2 + 3^2}.$$

Abb. 4.18 Betrag eines Vektors im $\mathbb{R}^3$.

Satz 4.4.4

Für einen Vektor $\vec{a} \in \mathbb{R}^2$ oder $\vec{a} \in \mathbb{R}^3$ und eine Zahl $\lambda \in \mathbb{R}$ gilt:

$$\|\lambda \cdot \vec{a}\| = |\lambda| \cdot \|\vec{a}\|.$$

Beispiele 4.4.5

1. Satz 4.4.4 behauptet

$$\left\| 2 \cdot \begin{pmatrix} 3 \\ 4 \end{pmatrix} \right\| = 2 \cdot \left\| \begin{pmatrix} 3 \\ 4 \end{pmatrix} \right\|.$$

Dies kann man elementar nachrechnen: Einerseits ist

$$\left\| 2 \cdot \begin{pmatrix} 3 \\ 4 \end{pmatrix} \right\| = \left\| \begin{pmatrix} 6 \\ 8 \end{pmatrix} \right\| = \sqrt{6^2 + 8^2} = \sqrt{100} = 10$$

und andererseits

$$2 \cdot \left\| \begin{pmatrix} 3 \\ 4 \end{pmatrix} \right\| = 2 \cdot \sqrt{3^2 + 4^2} = 2 \cdot \sqrt{25} = 2 \cdot 5 = 10.$$

2. Ein gespiegelter Vektor hat die gleiche Länge wie der ursprüngliche:

$$\| -\vec{a} \| = \|(-1) \cdot \vec{a}\| = |-1| \cdot \|\vec{a}\| = 1 \cdot \|\vec{a}\| = \|\vec{a}\|.$$

Man sieht an diesem Beispiel, dass die Betragsstriche bei $|\lambda|$ auf der rechten Seite der Gleichung von Satz 4.4.4 wichtig sind.

Bemerkung 4.4.6 (Abstand zweier Punkte)

Der Abstand d zweier Punkte P und Q mit zugehörigen Ortsvektoren $\vec{p}$ und $\vec{q}$ berechnet sich als Länge des Differenzvektors: $d = \|\vec{q} - \vec{p}\|$.

Wegen $\| - \vec{a}\| = \|\vec{a}\|$ (s. Beispiel 4.4.5, 2.) ist auch:

$$d = \| - (\vec{q} - \vec{p})\| = \| - \vec{q} + \vec{p}\| = \|\vec{p} - \vec{q}\|.$$

Beispiel 4.4.6.1

Der Abstand d der Punkte $(1,2)$ und $(3,1)$ ist

$$d = \left\| \begin{pmatrix} 3 \\ 1 \end{pmatrix} - \begin{pmatrix} 1 \\ 2 \end{pmatrix} \right\| = \left\| \begin{pmatrix} 2 \\ -1 \end{pmatrix} \right\|$$

$$= \sqrt{2^2 + (-1)^2} = \sqrt{5}$$

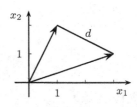

Abb. 4.19 Abstand zwischen zwei Punkten.

und ebenso

$$d = \left\| \begin{pmatrix} 1 \\ 2 \end{pmatrix} - \begin{pmatrix} 3 \\ 1 \end{pmatrix} \right\| = \left\| \begin{pmatrix} -2 \\ 1 \end{pmatrix} \right\| = \sqrt{(-2)^2 + 1^2} = \sqrt{5}.$$

4.5 Das Skalarprodukt

Definition 4.5.1 (Skalarprodukt)

Zu Vektoren $\vec{a}, \vec{b} \in \mathbb{R}^2$, $\vec{a} = \begin{pmatrix} a_1 \\ a_2 \end{pmatrix}$, $\vec{b} = \begin{pmatrix} b_1 \\ b_2 \end{pmatrix}$ wird das Skalarprodukt definiert durch:

$$\vec{a} \cdot \vec{b} = \begin{pmatrix} a_1 \\ a_2 \end{pmatrix} \cdot \begin{pmatrix} b_1 \\ b_2 \end{pmatrix} = a_1 \cdot b_1 + a_2 \cdot b_2.$$

Zu Vektoren $\vec{a}, \vec{b} \in \mathbb{R}^3$, $\vec{a} = \begin{pmatrix} a_1 \\ a_2 \\ a_3 \end{pmatrix}$, $\vec{b} = \begin{pmatrix} b_1 \\ b_2 \\ b_3 \end{pmatrix}$ ist entsprechend:

$$\vec{a} \cdot \vec{b} = \begin{pmatrix} a_1 \\ a_2 \\ a_3 \end{pmatrix} \cdot \begin{pmatrix} b_1 \\ b_2 \\ b_3 \end{pmatrix} = a_1 \cdot b_1 + a_2 \cdot b_2 + a_3 \cdot b_3.$$

Beispiele 4.5.2

Es ist

$$\begin{pmatrix} 2 \\ 1 \end{pmatrix} \cdot \begin{pmatrix} 0 \\ 3 \end{pmatrix} \ = \ 2 \cdot 0 + 1 \cdot 3 \ = \ 3,$$

$$\begin{pmatrix} 2 \\ 1 \end{pmatrix} \cdot \begin{pmatrix} 2 \\ -4 \end{pmatrix} \ = \ 2 \cdot 2 + 1 \cdot (-4) \ = \ 0,$$

$$\begin{pmatrix} 2 \\ 1 \end{pmatrix} \cdot \begin{pmatrix} 2 \\ 1 \end{pmatrix} \ = \ 2 \cdot 2 + 1 \cdot 1 \ = \ 5,$$

$$\begin{pmatrix} 1 \\ 3 \\ 0 \end{pmatrix} \cdot \begin{pmatrix} 2 \\ -1 \\ 3 \end{pmatrix} \ = \ 1 \cdot 2 + 3 \cdot (-1) + 0 \cdot 3 \ = \ -1.$$

Bemerkung 4.5.3

Ein Skalarprodukt zwischen Vektoren mit unterschiedlichen Dimensionen, z.B. $\begin{pmatrix} 1 \\ 2 \end{pmatrix} \cdot \begin{pmatrix} 3 \\ 1 \\ 2 \end{pmatrix}$, ist nicht definiert.

Satz 4.5.4

Für Vektoren $\vec{a}, \vec{b} \in \mathbb{R}^2$ oder $\vec{a}, \vec{b} \in \mathbb{R}^3$ und eine Zahl $\lambda \in \mathbb{R}$ gilt:

1. $\quad \|\vec{a}\| \ = \ \sqrt{\vec{a} \cdot \vec{a}} \quad$ bzw. $\quad \|\vec{a}\|^2 \ = \ \vec{a} \cdot \vec{a},$

2. $\quad \vec{a} \cdot \vec{b} \ = \ \vec{b} \cdot \vec{a},$

3. $\quad (\vec{a} + \vec{b}) \cdot \vec{c} \ = \ (\vec{a} \cdot \vec{c}) + (\vec{b} \cdot \vec{c}),$

$\quad (\lambda \cdot \vec{a}) \cdot \vec{b} \ = \ \lambda \cdot (\vec{a} \cdot \vec{b}) \ = \ \vec{a} \cdot (\lambda \cdot \vec{b}).$

Bemerkungen 4.5.5 zu Satz 4.5.4

1. Wie in den reellen Zahlen gilt Punkt-vor-Strich-Rechnung.

   Man schreibt z.B. „$\vec{a} \cdot \vec{c} + \vec{b} \cdot \vec{c}$" statt „$(\vec{a} \cdot \vec{c}) + (\vec{b} \cdot \vec{c})$".

2. Bei Satz 4.5.4, 3., haben die „+"- und „·"-Zeichen unterschiedliche Bedeutungen: Das „+" in der ersten Gleichung links betrifft die Addition von Vektoren, das rechte „+" die Addition reeller Zahlen. Das „·"-Zeichen in der zweiten Gleichung hat sogar drei verschiedene Bedeutungen:

   1. Multiplikation reeller Zahlen,

   2. skalare Multiplikation (reelle Zahl · Vektor),

   3. Skalarprodukt (Vektor · Vektor).

Beispiel 4.5.6

Im Folgenden werden die linke und rechte Seite der Gleichungen aus Satz 4.5.4, 3., jeweils beispielhaft separat berechnet.

Die Gleichung $(\vec{a} + \vec{b}) \cdot \vec{c} = (\vec{a} \cdot \vec{c}) + (\vec{b} \cdot \vec{c})$ liefert zum Beispiel

$$\left(\begin{pmatrix}0\\3\\2\end{pmatrix}+\begin{pmatrix}1\\0\\-2\end{pmatrix}\right)\cdot\begin{pmatrix}2\\-1\\3\end{pmatrix}=\begin{pmatrix}0\\3\\2\end{pmatrix}\cdot\begin{pmatrix}2\\-1\\3\end{pmatrix}+\begin{pmatrix}1\\0\\-2\end{pmatrix}\cdot\begin{pmatrix}2\\-1\\3\end{pmatrix}$$

$$=\begin{pmatrix}1\\3\\0\end{pmatrix}\cdot\begin{pmatrix}2\\-1\\3\end{pmatrix}\qquad\bigg|\qquad (0\cdot 2+3\cdot(-1)+2\cdot 3)$$

$$\qquad\qquad\qquad\qquad +(1\cdot 2+0\cdot(-1)+(-2)\cdot 3)$$

$$=1\cdot 2+3\cdot(-1)+0\cdot 3\qquad\bigg|\qquad =3-4$$

$$=-1. \qquad\qquad\qquad\qquad\qquad =-1.$$

Die Gleichung $(\lambda\cdot\vec{a})\cdot\vec{b}=\lambda\cdot(\vec{a}\cdot\vec{b})$ wird konkret zu

$$\left(2\cdot\begin{pmatrix}-1\\3\\0\end{pmatrix}\right)\cdot\begin{pmatrix}4\\1\\5\end{pmatrix}=2\cdot\left(\begin{pmatrix}-1\\3\\0\end{pmatrix}\cdot\begin{pmatrix}4\\1\\5\end{pmatrix}\right)$$

$$=\begin{pmatrix}-2\\6\\0\end{pmatrix}\cdot\begin{pmatrix}4\\1\\5\end{pmatrix}\qquad\bigg|\qquad 2\cdot((-1)\cdot 4+3\cdot 1+0\cdot 5)$$

$$=-2\cdot 4+6\cdot 1+0\cdot 5\qquad\bigg|\qquad =2\cdot(-1)$$

$$=-2. \qquad\qquad\qquad\qquad\qquad =-2.$$

Bemerkung 4.5.7

Im Allgemeinen ist $(\vec{a}\cdot\vec{b})\cdot\vec{c}\neq\vec{a}\cdot(\vec{b}\cdot\vec{c})$!

Beispiel 4.5.7.1

Es ist

$$\left(\begin{pmatrix}1\\0\end{pmatrix}\cdot\begin{pmatrix}2\\3\end{pmatrix}\right)\cdot\begin{pmatrix}-1\\2\end{pmatrix}=2\cdot\begin{pmatrix}-1\\2\end{pmatrix}=\begin{pmatrix}-2\\4\end{pmatrix},$$

aber

$$\begin{pmatrix}1\\0\end{pmatrix}\cdot\left(\begin{pmatrix}2\\3\end{pmatrix}\cdot\begin{pmatrix}-1\\2\end{pmatrix}\right)=\begin{pmatrix}1\\0\end{pmatrix}\cdot 4=\begin{pmatrix}4\\0\end{pmatrix}.$$

Satz 4.5.8

Für Vektoren $\vec{a},\vec{b}\in\mathbb{R}^2$ oder $\vec{a},\vec{b}\in\mathbb{R}^3$ gilt

$$\vec{a}\cdot\vec{b}=\|\vec{a}\|\cdot\|\vec{b}\|\cdot\cos\varphi,$$

wobei φ der von $\vec{a}$ und $\vec{b}$ eingeschlossene Winkel ist.

Beispiel 4.5.9

Zu $\vec{a} = \begin{pmatrix} 2 \\ 1 \end{pmatrix}$, $\vec{b} = \begin{pmatrix} -3 \\ 4 \end{pmatrix}$ ist

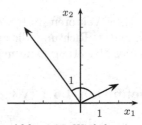

$$\cos\varphi = \frac{\vec{a} \cdot \vec{b}}{||\vec{a}|| \cdot ||\vec{b}||}$$

$$= \frac{-2}{\sqrt{5} \cdot \sqrt{25}} \approx -0.179,$$

also

Abb. 4.20 Winkel zwischen zwei Vektoren.

$$\varphi \approx \arccos(-0.179) \approx 1.75 \stackrel{\wedge}{\approx} 100°.$$

Bemerkungen 4.5.10 (Spezialfälle von Winkeln)

1. Für $\vec{a} = \vec{b}$ ist der eingeschlossene Winkel gleich 0 und man erhält wegen $\cos 0 = 1$

$$\vec{a} \cdot \vec{a} = ||\vec{a}|| \cdot ||\vec{a}|| \cdot \cos 0 = ||\vec{a}||^2$$

(vgl. Satz 4.5.4, 1.).

2. Stehen zwei Vektoren senkrecht aufeinander, so ist $\varphi = \frac{\pi}{2} \stackrel{\wedge}{=} 90°$, also $\cos\varphi = 0$ und damit das Skalarprodukt der Vektoren gleich Null:

Satz 4.5.11

Zwei Vektoren $\vec{a}$ und $\vec{b}$ stehen senkrecht aufeinander / sind orthogonal zueinander ($\vec{a} \perp \vec{b}$) genau dann, wenn $\vec{a} \cdot \vec{b} = 0$ gilt.

Beispiele 4.5.12

1. Die Vektoren $\begin{pmatrix} 2 \\ 1 \end{pmatrix}$ und $\begin{pmatrix} -2 \\ 4 \end{pmatrix}$ stehen senkrecht aufeinander:

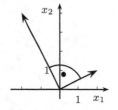

$$\begin{pmatrix} 2 \\ 1 \end{pmatrix} \cdot \begin{pmatrix} -2 \\ 4 \end{pmatrix} = 2 \cdot (-2) + 1 \cdot 4 = 0.$$

Abb. 4.21 Orthogonale Vektoren.

2. Die Vektoren $\begin{pmatrix} 1 \\ 3 \\ -2 \end{pmatrix}$ und $\begin{pmatrix} 2 \\ 0 \\ 1 \end{pmatrix}$ stehen senkrecht aufeinander:

$$\begin{pmatrix} 1 \\ 3 \\ -2 \end{pmatrix} \cdot \begin{pmatrix} 2 \\ 0 \\ 1 \end{pmatrix} = 1 \cdot 2 + 3 \cdot 0 + (-2) \cdot 1 = 0.$$

4.6 Das Vektorprodukt

Zu zwei Vektoren im $\mathbb{R}^3$, die nicht in die gleiche Richtung zeigen, gibt es eine eindeutige Richtung, die zu den beiden Vektoren senkrecht steht. Einen Vektor in diese Richtung kann man direkt angeben:

Definition 4.6.1 (Vektor-/Kreuzprodukt)

Zu zwei Vektoren $\vec{a}, \vec{b} \in \mathbb{R}^3$, $\vec{a} = \begin{pmatrix} a_1 \\ a_2 \\ a_3 \end{pmatrix}$, $\vec{b} = \begin{pmatrix} b_1 \\ b_2 \\ b_3 \end{pmatrix}$ ist

$$\vec{a} \times \vec{b} := \begin{pmatrix} a_2 b_3 - a_3 b_2 \\ a_3 b_1 - a_1 b_3 \\ a_1 b_2 - a_2 b_1 \end{pmatrix}$$

das *Kreuz*- oder *Vektorprodukt*.

Bemerkungen 4.6.2 zu Definition 4.6.1

1. Das Vektorprodukt gibt es nur im $\mathbb{R}^3$.

2. Die Berechnung kann man sich beispielsweise auf die folgenden zwei Weisen merken:

   a) Zyklische Fortsetzung der Vektoren und kreuzweise Produkt-Differenz-Bildung, s. Abb. 4.22, links.

   b) Kreuzweise Produkt-Differenz-Bildung bei Ausblenden einer Komponente und „$-$" in der Mitte, s. Abb. 4.22, rechts.

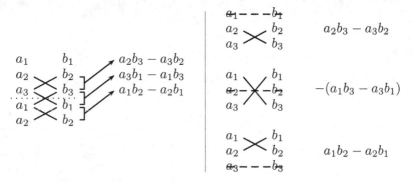

Abb. 4.22 Merkregeln zur Bildung des Kreuzprodukts.

Beispiele 4.6.3

Mit zyklischer Fortsetzung und der Berechnungsmethode von Bemerkung 4.6.2, 2.a) ist

$$\begin{pmatrix} 3 \\ 0 \\ -1 \end{pmatrix} \times \begin{pmatrix} 2 \\ 1 \\ 0 \end{pmatrix} = \begin{pmatrix} 0\cdot 0 - (-1)\cdot 1 \\ -1\cdot 2 - 3\cdot 0 \\ 3\cdot 1 - 0\cdot 2 \end{pmatrix} = \begin{pmatrix} 1 \\ -2 \\ 3 \end{pmatrix},$$

$$\begin{matrix} 3 & & 2 \\ 0 & & 1 \end{matrix}$$

Mit der Berechnungsmethode von Bemerkung 4.6.2, 2.b) ist

$$\begin{pmatrix} 5 \\ 0 \\ 3 \end{pmatrix} \times \begin{pmatrix} -1 \\ 2 \\ 3 \end{pmatrix} = \begin{pmatrix} 0\cdot 3 - 3\cdot 2 \\ -(5\cdot 3 - 3\cdot(-1)) \\ 5\cdot 2 - 0\cdot(-1) \end{pmatrix} = \begin{pmatrix} -6 \\ -18 \\ 10 \end{pmatrix}.$$

Satz 4.6.4 (Eigenschaften des Vektorprodukts)

Für Vektoren $\vec{a}, \vec{b} \in \mathbb{R}^3$ und $\vec{c} = \vec{a} \times \vec{b}$ gilt:

1. Der Vektor $\vec{c}$ ist orthogonal zu den Vektoren $\vec{a}$ und $\vec{b}$.

   Die drei Vektoren $\vec{a}$, $\vec{b}$, $\vec{c}$ bilden ein Rechtssystem.

2. Ist φ der von den Vektoren $\vec{a}$ und $\vec{b}$ eingeschlossene Winkel, so gilt

$$\|\vec{c}\| = \|\vec{a}\| \cdot \|\vec{b}\| \cdot \sin\varphi.$$

Bemerkungen 4.6.5 zu Satz 4.6.4

1. „Rechtssystem" bedeutet, dass $\vec{a}$, $\vec{b}$ und $\vec{c}$ in Richtungen wie Daumen, Zeige- und Mittelfinger der rechten Hand zeigen.

Beispiel 4.6.5.1

Die Vektoren $\vec{a} = \begin{pmatrix} 3 \\ 0 \\ -1 \end{pmatrix}$, $\vec{b} = \begin{pmatrix} 2 \\ 1 \\ 0 \end{pmatrix}$ und $\vec{c} = \vec{a}\times\vec{b} = \begin{pmatrix} 1 \\ -2 \\ 3 \end{pmatrix}$ aus Beispiel 4.6.3 bilden ein Rechtssystem, s. Abb. 4.23.

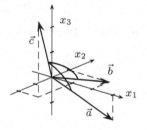

Abb. 4.23 Veranschaulichung des Kreuzprodukts.

2. Der Wert

$$\|\vec{a} \times \vec{b}\| = \|\vec{a}\| \cdot \|\vec{b}\| \cdot \sin\varphi$$

ist genau der Flächeninhalt des von $\vec{a}$ und $\vec{b}$ aufgespannten Parallelogramms, denn dessen Fläche berechnet sich als Grundseite mal Höhe, wobei $\|\vec{b}\| \cdot \sin\varphi$ der Höhe entspricht, wenn man $\vec{a}$ als Grundseite ansieht, s. Abb. 4.24.

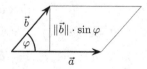

Abb. 4.24 Das von $\vec{a}$ und $\vec{b}$ aufgespannte Parallelogramm.

3. Bei vorgegebener Länge von $\vec{a}$ und $\vec{b}$ wird $\|\vec{a} \times \vec{b}\|$ maximal, wenn $\vec{a}$ und $\vec{b}$ orthogonal sind. Sind $\vec{a}$ und $\vec{b}$ parallel, so ist $\vec{a} \times \vec{b} = \vec{0}$.

Beispiel 4.6.6

Zu den Vektoren $\vec{a} = \begin{pmatrix} 3 \\ 0 \\ -1 \end{pmatrix}$ und $\vec{b} = \begin{pmatrix} 2 \\ 1 \\ 0 \end{pmatrix}$ ist $\vec{c} := \vec{a} \times \vec{b} = \begin{pmatrix} 1 \\ -2 \\ 3 \end{pmatrix}$ (s. Beispiel 4.6.3).

Der Vektor $\vec{c}$ steht tatsächlich senkrecht auf $\vec{a}$ und $\vec{b}$ (s. auch Abb. 4.23), denn es gilt

$$\vec{a} \cdot \vec{c} = \begin{pmatrix} 3 \\ 0 \\ -1 \end{pmatrix} \cdot \begin{pmatrix} 1 \\ -2 \\ 3 \end{pmatrix} = 3 + 0 - 3 = 0,$$

$$\vec{b} \cdot \vec{c} = \begin{pmatrix} 2 \\ 1 \\ 0 \end{pmatrix} \cdot \begin{pmatrix} 1 \\ -2 \\ 3 \end{pmatrix} = 2 - 2 + 0 = 0.$$

Für den von $\vec{a}$ und $\vec{b}$ eingeschlossenen Winkel φ gilt

$$\cos \varphi = \frac{\vec{a} \cdot \vec{b}}{\|\vec{a}\| \cdot \|\vec{b}\|} = \frac{3 \cdot 2 + 0 \cdot 1 + (-1) \cdot 0}{\sqrt{3^2 + 0^2 + (-1)^2} \cdot \sqrt{2^2 + 1^2 + 0^2}}$$

$$= \frac{6}{\sqrt{10} \cdot \sqrt{5}}.$$

Damit kann man die Formel von Satz 4.6.4, 2., verifizieren: Es ist

$$\sin \varphi = \sqrt{1 - \cos^2 \varphi} = \sqrt{1 - \frac{6^2}{10 \cdot 5}} = \sqrt{1 - \frac{36}{50}} = \sqrt{\frac{14}{50}}$$

und damit tatsächlich

$$\|\vec{a}\| \cdot \|\vec{b}\| \cdot \sin \varphi = \sqrt{10} \cdot \sqrt{5} \cdot \sqrt{\frac{14}{50}} = \sqrt{14}$$

$$= \sqrt{1^2 + (-2)^2 + 3^2} = \|\vec{a} \times \vec{b}\|.$$

Satz 4.6.7

Für Vektoren $\vec{a}, \vec{b}, \vec{c} \in \mathbb{R}^3$ und $\lambda \in \mathbb{R}$ gilt:

1. $\vec{a} \times \vec{b} = -(\vec{b} \times \vec{a}),$

2. $\lambda \cdot (\vec{a} \times \vec{b}) = (\lambda \cdot \vec{a}) \times \vec{b} = \vec{a} \times (\lambda \cdot \vec{b}),$

3. $\vec{a} \times (\vec{b} + \vec{c}) = (\vec{a} \times \vec{b}) + (\vec{a} \times \vec{c}).$

Bemerkungen 4.6.8

1. Man nutzt hier wieder „Punkt"-vor-Strich-Rechnung und schreibt „$\vec{a} \times \vec{b} + \vec{a} \times \vec{c}$" statt „$(\vec{a} \times \vec{b}) + (\vec{a} \times \vec{c})$".

2. Im Allgemeinen ist $(\vec{a} \times \vec{b}) \times \vec{c} \neq \vec{a} \times (\vec{b} \times \vec{c})$!

II Aufgaben

1 Grundlagen

1.1 Terme und Aussagen

Aufgabe 1.1.1

Wie kann man die zweite und dritte binomische Formel grafisch veranschaulichen?

Aufgabe 1.1.2

Vereinfachen Sie die folgenden Terme soweit wie möglich durch Ausmultiplizieren und Zusammenfassen.

a) $(x+1)^2 - (x-1)^2,$

b) $3(a+4) - 4(a+2),$

c) $x(y+z) - y(x+z),$

d) $(a+b)(a-2b).$

Aufgabe 1.1.3

a) Ein Produzent erhöht den Preis seines Produkts um 10%. Daraufhin sinken die Verkaufszahlen um 10%.

Wie ändert sich der Umsatz? Bleibt er gleich, sinkt er, oder steigt er?

Wie ist es bei einer 10%-igen Preissenkung und Erhöhung der Verkaufszahlen um 10%?

b) Der Aktienkurs einer Aktie sinkt an einem Tag um 20%. Am darauffolgenden Tag steigt er wieder um 20%. Ist er nun höher, gleich hoch oder niedriger als zu Beginn?

Wie ist die Situation allgemein bei einer Änderung um p Prozent? Stellen Sie einen Bezug zur dritten binomischen Formel her!

Aufgabe 1.1.4

Berechnen Sie

a) $\displaystyle\sum_{n=1}^{5} n,$ b) $\displaystyle\sum_{k=0}^{3}(2k+1),$ c) $\displaystyle\sum_{r=1}^{10} 3,$ d) $\displaystyle\sum_{n=1}^{3}\sum_{m=2}^{4} n \cdot m,$ e) $\displaystyle\sum_{k=1}^{3}\sum_{l=1}^{k} l.$

Aufgabe 1.1.5

Gelten die folgenden Regeln für das Summensymbol?

a) $\displaystyle\sum_{k=1}^{n}(a_k + c) = \left(\sum_{k=1}^{n} a_k\right) + c,$

b) $\displaystyle\sum_{k=1}^{n}(c \cdot a_k) = c \cdot \left(\sum_{k=1}^{n} a_k\right),$

c) $\displaystyle\sum_{k=1}^{n}(a_k + b_k) = \left(\sum_{k=1}^{n} a_k\right) + \left(\sum_{k=1}^{n} b_k\right),$

d) $\displaystyle\sum_{k=1}^{n}(a_k \cdot b_k) = \left(\sum_{k=1}^{n} a_k\right) \cdot \left(\sum_{k=1}^{n} b_k\right).$

Aufgabe 1.1.6

Tragen Sie jeweils den Folgerungspfeil in der richtigen Richtung bzw. im Falle der Äquivalenz den Äquivalenzpfeil in die Tabelle ein.

		$\Rightarrow, \Leftarrow$ oder $\Leftrightarrow$	
a)	x ist eine rationale Zahl.		x ist eine natürliche Zahl.
b)	$x = n^2$ mit einem $n \in \mathbb{N}$.		x ist eine natürliche Zahl.
c)	$x = a \cdot b$ mit geeigneten $a, b \in \mathbb{N}$.		x ist eine natürliche Zahl.
d)	$x^2 = 4$		$x = 2$
e)	$x^2 = 4$		$x = 2$ oder $x = -2$
f)	$x = \sqrt{4}$		$x = 2$
g)	$x = \sqrt{4}$		$x = 2$ oder $x = -2$

1.2 Bruchrechnen

Aufgabe 1.2.1

Berechnen Sie

a) $\dfrac{1}{2} + \dfrac{3}{4}$,

b) $\dfrac{5}{6} + \dfrac{7}{18} + \dfrac{2}{3}$,

c) $\dfrac{9}{4} - \dfrac{7}{6} + \dfrac{4}{9}$,

d) $\dfrac{8}{9} \cdot \dfrac{15}{4}$,

e) $\dfrac{3}{7} \cdot \dfrac{4}{9} \cdot \dfrac{15}{8}$,

f) $\dfrac{9}{8} \cdot \dfrac{6}{54} \cdot \dfrac{24}{36}$,

g) $\dfrac{\frac{2}{7} \cdot \frac{5}{6}}{\frac{15}{4}}$,

h) $\dfrac{\frac{1}{2} - \frac{3}{4}}{\frac{1}{2}}$,

i) $\dfrac{\frac{3}{4} \cdot \left(\frac{7}{3} - \frac{2}{6} + \frac{4}{18} \right)}{\frac{3}{5} - \frac{5}{5} + \frac{3}{10}}$.

Aufgabe 1.2.2

Lösen Sie die folgenden Gleichungen nach der vorkommenden Variablen auf.

a) $\dfrac{x}{3} + \dfrac{3}{4} = \dfrac{5}{6}$,

b) $\dfrac{2}{3} - \dfrac{4}{c} = \dfrac{5}{6}$,

c) $\dfrac{2}{3} \cdot \dfrac{y}{4} = \dfrac{5}{6}$,

d) $\dfrac{2}{3} \cdot \dfrac{4}{d} = \dfrac{5}{6}$,

e) $\dfrac{2}{3} : \dfrac{s}{4} = \dfrac{5}{6}$,

f) $\dfrac{2}{3} : \dfrac{4}{a} = \dfrac{5}{6}$.

Aufgabe 1.2.3

Welche Brüche auf der rechten Seite sind gleich dem vorgegebenen Bruch links? Streichen Sie in der Tabelle die falschen Darstellungen durch!

a)	$\dfrac{24}{36}$	$\dfrac{5}{15}$	$\dfrac{4}{6}$	$\dfrac{3}{10}$	$\dfrac{16}{27}$
b)	$\dfrac{18}{24}$	$\dfrac{6}{8}$	$\dfrac{16}{20}$	$\dfrac{12}{16}$	$\dfrac{2}{3}$
c)	$\dfrac{72}{24}$	$\dfrac{6}{2}$	3	$\dfrac{45}{20}$	$\dfrac{30}{10}$
d)	$\dfrac{13}{49} \cdot \dfrac{7}{2}$	$\dfrac{13}{14}$	$\dfrac{1}{2}$	$\dfrac{39}{42}$	$\dfrac{49}{50}$

Aufgabe 1.2.4

Vereinfachen Sie die folgenden Brüche.

a) $\dfrac{x^3 y - y x^2 + x}{xy + x}$,

b) $\dfrac{2a^3 c^2 - 5a^2 c^3 + 3a^4 c^3}{a^3 c}$,

c) $\dfrac{a^2 + 2a + 1}{a^2 - 1}$,

d) $\dfrac{3r^2 s}{\frac{9r}{s^2}}$,

e) $\dfrac{\frac{3x^3 y}{xz}}{xyz}$,

f) $\dfrac{\frac{xy^2}{x^2 z}}{\frac{yz}{x}}$,

g) $\dfrac{2c - 6}{3 - c}$.

Aufgabe 1.2.5

Bringen Sie die folgenden Ausdrücke auf einen möglichst kleinen Hauptnenner.

a) $\dfrac{1}{k-1} - \dfrac{1}{k}$,

b) $\dfrac{4}{x^2} - \dfrac{5}{x} + \dfrac{2}{x^4}$,

c) $\dfrac{x}{yz} + \dfrac{y}{xz}$,

d) $\dfrac{5}{x^2 y} - \dfrac{6}{xz^2} + \dfrac{4}{yz^3}$,

e) $\dfrac{1}{a^2 - 1} + \dfrac{1}{a^2 - a}$,

f) $\dfrac{2x}{x-1} + \dfrac{x}{1-x}$.

Aufgabe 1.2.6

Vereinfachen Sie

a) $\left(1 + \dfrac{a}{b}\right) : \left(1 - \dfrac{a}{b}\right)$,

b) $\left(\dfrac{1}{x} - \dfrac{2}{x^2} + \dfrac{1}{x^3}\right) : \left(\dfrac{1}{x^2} - 1\right)$.

Aufgabe 1.2.7

Gibt es positive Zahlen a, b, c und d, so dass gilt

a) $\dfrac{a}{b} + \dfrac{c}{d} = \dfrac{a+c}{b+d}$,

b) $\dfrac{\frac{a}{b}}{c} = \dfrac{a}{\frac{b}{c}}$?

Aufgabe 1.2.8

Lösen Sie die folgenden Gleichungen nach x auf; c und a sind Parameter.

a) $\dfrac{x}{x+3} = \dfrac{x+1}{x-2}$,

b) $\dfrac{2}{1-x} = \dfrac{1}{c-x}$,

c) $\dfrac{\frac{1}{x} + \frac{1}{a}}{\frac{1}{x} - \frac{1}{a}} = 2$.

Testen Sie Ihre Ergebnisse durch Einsetzen.

Aufgabe 1.2.9

Welche der jeweiligen Ausdrücke ist am kleinsten bzw. am größten?

a) $a_1 = \dfrac{3}{4} + \dfrac{5}{6}$, $a_2 = \dfrac{3}{4} - \dfrac{5}{6}$, $a_3 = \dfrac{3}{4} \cdot \dfrac{5}{6}$, $a_4 = \dfrac{3}{4} : \dfrac{5}{6}$.

b) $b_1 = \dfrac{4}{3} + \dfrac{1}{2}$, $b_2 = \dfrac{4}{3} - \dfrac{1}{2}$, $b_3 = \dfrac{4}{3} \cdot \dfrac{1}{2}$, $b_4 = \dfrac{4}{3} : \dfrac{1}{2}$.

Aufgabe 1.2.10

Zu Werten $a, b, c, d > 0$ werden die folgenden vier Ausdrücke betrachtet:

$$x_1 = \frac{a}{b} + \frac{c}{d}, \qquad x_2 = \frac{a}{b} - \frac{c}{d}, \qquad x_3 = \frac{a}{b} \cdot \frac{c}{d}, \qquad x_4 = \frac{a}{b} : \frac{c}{d}.$$

Tragen Sie in die folgende Tabelle ein, ob sich der Wert der Ausdrücke vergrößert („>") oder verkleinert („<"), wenn man die einzelnen Variablen vergrößert.

Beispiel: x_1 vergrößert sich, wenn man a vergrößert.

	x_1	x_2	x_3	x_4
a vergrößern	>			
b vergrößern				
c vergrößern				
d vergrößern				

2 Funktionen

2.1 Lineare Funktionen

Aufgabe 2.1.1

Skizzieren Sie die folgenden Geraden und bestimmen Sie deren Nullstelle:

a) $y = 3 - 2x$,   b) $y = \frac{1}{3}x + 1$,   c) $y = x - 2$,

d) $y = -x$,   e) $y = -\frac{1}{2}x - 1$,   f) $y = 3x + 1$.

Aufgabe 2.1.2

Wie lauten die Geradengleichungen zu den skizzierten Geraden?

(Orientieren Sie sich an den Schnittpunkten mit dem ganzzahligen Gitterpunkten.)

a)
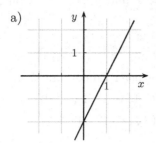

b)
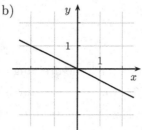

c)
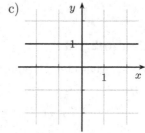

d)
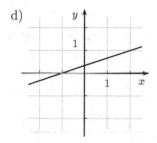

e)
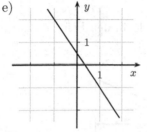

f)
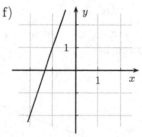

Aufgabe 2.1.3

Zeichnen Sie ein Bild und bestimmen Sie die Geradengleichung zu einer Geraden,

a) die durch $(1,0)$ und $(3,2)$ führt,

b) die durch $(-2,3)$ und $(1,-1)$ führt,

c) die durch $(1,-1)$ führt und die Steigung 2 hat,

d) die durch $(2,0)$ führt und die Steigung -1 hat,

e) die die x-Achse bei 3 und die y-Achse bei -2 schneidet.

Aufgabe 2.1.4

Bestimmen Sie die Schnittpunkte der folgenden Geraden rechnerisch und zeichnerisch.

a) $f_1(x) = 3x + 1$ und $f_2(x) = \frac{1}{4}x - \frac{3}{2}$,

b) $g_1(x) = -x$ und $g_2(x) = -2$,

c) $h_1(x) = 1.5x - 1$ und $h_2(x) = \frac{3}{2}x + \frac{3}{4}$.

Aufgabe 2.1.5

Sei $f(x) = 2x - 1$.

a) Für welche Geraden g gilt $g(x) > f(x)$ für alle $x \in \mathbb{R}$?

b) Für welche Geraden g gilt $g(x) > f(x)$ für $x < 0$ und $g(x) < f(x)$ für $x > 0$?

c) Für welche Geraden g gilt $g(x) > f(x)$ für $x < 1$ und $g(x) < f(x)$ für $x > 1$?

Aufgabe 2.1.6

Gibt es jeweils eine Gerade, die durch die drei angegebenen Punkte führt?

a) Durch $(-1,2)$, $(1,-1)$, $(3,-3)$,   b) durch $(-1,3)$, $(1,1)$, $(2,0)$,

c) durch $(-1,3)$, $(1,2)$, $(5,0)$,   d) durch $(-1,2)$, $(2,1)$, $(4,2)$.

Aufgabe 2.1.7

Wo kommt das schwarze Feld in den beiden aus gleichen Teilen bestehenden Figuren her?

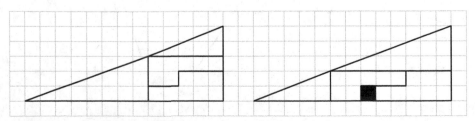

Aufgabe 2.1.8

a) Auf Meereshöhe ist der Luftdruck 1013 hPa (Hektopascal). Pro 8 m Höhe nimmt er um ca. 1 hPa ab.

Geben Sie den funktionalen Zusammenhang zwischen Höhe und Luftdruck an. Wie groß ist der Druck in 500 m Höhe?

(Bei größeren Höhendifferenzen ($\sim$ km) ist der Zusammenhang nicht mehr linear.)

b) Herr Müller gründet ein Gewerbe: Er produziert und verkauft Lebkuchen. Die Anschaffung der Produktionsmaschine kostet 10000€. Jeder verkaufte Lebkuchen bringt ihm einen Gewinn von 0,58€.

Wie hoch ist sein Gesamtgewinn/-verlust in Abhängigkeit von der Anzahl der verkauften Lebkuchen? Wieviel Lebkuchen muss er verkaufen, um den break-even (Gesamtgewinn/-verlust = 0) zu erreichen?

c) Ein Jogurthbecher hat eine Höhe von 8 cm, einen unteren Radius von 2 cm und einen oberen Radius von 3 cm.

Wie groß ist der Radius in Abhängigkeit von der Höhe?

Aufgabe 2.1.9

a) Bei der Klausur gibt es 80 Punkte. Ab 34 Punkten hat man bestanden (4.0), ab 67 Punkten gibt es eine 1.0. Dazwischen ist der Notenverlauf linear.

a1) Ab wieviel Punkten gibt es eine 3.0?

a2) Welche Note erhält man mit 53 Punkten?

b) Daniel Fahrenheit nutzte zur Festlegung seiner Temperaturskala als untere Festlegung (0°F) die Temperatur einer Kältemischung und als obere Festlegung (96°F) die normale Körpertemperatur. Nach heutiger Standardisierung gilt:

$$0°F \text{ entspricht } -\frac{160}{9}°C \approx -17.8°C \text{ und } 96°F \text{ entspricht } \frac{320}{9}°C \approx 35.6°C.$$

b1) Wieviel Grad Fahrenheit entspricht der Gefrierpunkt des Wassers?

b2) Wieviel Grad Celsius sind 50°F?

2.2 Quadratische Funktionen

Aufgabe 2.2.1

Bestimmen Sie die Scheitelpunktform und zeichnen Sie den Funktionsgraf zu

a) $f(x) = x^2 - x + 1$,   b) $h(x) = x^2 + 4x + 1$,

c) $g(z) = \frac{1}{3}z^2 - 2z + 2$,   d) $f(a) = -a^2 + 2a + 3$,

e) $g(c) = 2c^2 - 4$,   f) $h(r) = -2r^2 - 5r$.

Aufgabe 2.2.2

Bestimmen Sie die Nullstellen der folgenden Funktionen. Faktorisieren Sie die Darstellungen (falls möglich).

a) $f(x) = x^2 - x - 2$,   b) $h(x) = -x^2 + 2x + 8$,

c) $g(z) = -\frac{1}{2}z^2 - 3z - 4$,   d) $f(a) = a^2 - 2a + 3$,

e) $g(c) = -0.75 + c + c^2$,   f) $h(r) = 6r + 3r^2$.

Aufgabe 2.2.3

Geben Sie eine Funktionsvorschrift für die folgenden Parabeln an!

(Die markierten Punkte deuten ganzzahlige Koordinatenwerte an.)

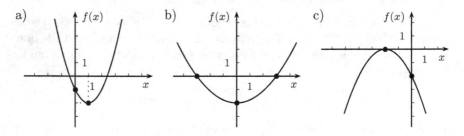

Aufgabe 2.2.4

Welche Parabel führt durch die Punkte $(0,1)$, $(1,2)$ und $(3,1)$?

Aufgabe 2.2.5

Geben Sie eine Gleichung für eine Parabel an, die

a) durch $(-1,1)$ und $(3,4)$ führt, und deren Scheitelpunkt auf der y-Achse liegt,

b) durch $(0, \frac{4}{3})$ und $(5,3)$ führt, und deren Scheitelpunkt auf der x-Achse liegt.

Aufgabe 2.2.6

Für welche Variablenwerte sind die folgenden Gleichungen erfüllt?

a) $z^2 + z + 1 = 2z^2 - 5z + 6$,   b) $\dfrac{1}{x} = \dfrac{1}{x+1} + \dfrac{1}{x+2}$,

c) $\dfrac{c+5}{c+2} = \dfrac{c+1}{2-c}$,   d) $x^4 - 3x^2 - 4 = 0$,

e) $\frac{1}{8}z^6 - \frac{7}{8}z^3 - 1 = 0$,   f) $\dfrac{1}{w+2} - \dfrac{1}{w-2} = w^2$,

(Tipp: Bei d), e) und f) führt eine geschickte Variablenersetzung auf eine quadratische Gleichung.)

Aufgabe 2.2.7

Peter steht auf einer Klippe 50m über dem Meer. Er schießt einen Stein über's Meer, der horizontal 10m von Peter entfernt den höchsten Punkt, nämlich 60m über dem Meer, erreicht.

Wieviel Meter vom Land entfernt fällt der Stein ins Wasser, wenn man davon ausgeht, dass die Flugkurve eine Parabel ist?

Aufgabe 2.2.8

Eine altbekannte Faustformel für das Idealgewicht eines Menschen in Abhängigkeit von seiner Größe ist

Idealgewicht in kg = Körpergröße in cm minus 100.

In den letzten Jahren wurde mehr der *Bodymass-Index* (BMI) propagiert:

$$\text{BMI} = \frac{\text{Gewicht in kg}}{(\text{Körpergröße in m})^2}.$$

Ein BMI zwischen 20 und 25 bedeutet Normalgewicht.

a) Zeichnen Sie ein Diagramm, das in Abhängigkeit von der Körpergröße

    1) das Idealgewicht nach der ersten Formel,

    2) das Gewicht bei einem BMI von 20 und

    3) das Gewicht bei einem BMI von 25

    angibt.

b) Für welche Körpergröße liegt beim Idealgewicht entsprechend der ersten Formel der BMI zwischen 20 und 25?

Aufgabe 2.2.9

Für welche Parameterwerte c gibt es reelle Lösungen x zu $x^2 + cx + c = 0$?

2.3 Polynome, gebrochen rationale Funktionen und Wurzelfunktionen

2.3.1 Polynome

Aufgabe 2.3.1

Bearbeiten Sie die folgenden Aufgaben für die beiden Polynome

$$p(x) \;=\; x^3 - 4x^2 + x + 6 \qquad \text{und} \qquad p(x) \;=\; x^4 - 11x^2 + 18x - 8.$$

a) Berechnen Sie den Wert von p an den Stellen $x = -1$, $x = 1$ und $x = 2$ mit Hilfe des Horner-Schemas.

b) Berechnen Sie $\frac{p(x)}{q(x)}$ zu

$$q(x) = x + 1, \quad q(x) = x - 1, \quad \text{bzw.} \quad q(x) = x - 2.$$

Tipp: Horner Schema, vergleiche a)!

c) Bestimmen Sie sämtliche Nullstellen von p und stellen Sie p als Produkt von Linearfaktoren dar.

Aufgabe 2.3.2

Berechnen Sie für $p(x) = 2x^4 - x^3 - 2x + 1$ die Polynomdivision $\dfrac{p(x)}{q(x)}$ durch

$$q(x) \;=\; x - 1, \qquad q(x) \;=\; x^2 + x + 1 \qquad \text{bzw.} \qquad q(x) \;=\; x^2 + 1.$$

Aufgabe 2.3.3

Bestimmen Sie die Vielfachheit der Nullstelle 1 des Polynoms

$$p(x) \;=\; x^4 - x^3 - 3x^2 + 5x - 2.$$

Aufgabe 2.3.4

Die folgenden Polynome lassen sich vollständig in Linearfaktoren mit ganzzahligen Nullstellen zerlegen (das brauchen Sie nicht zu zeigen):

a) $p(x) \;=\; x^3 - 7x^2 - 10x + 16$,

b) $p(x) \;=\; x^4 - 8x^3 + 18x^2 - 16x + 5$,

c) $p(x) \;=\; 5x^3 - 35x + 30$.

Entscheiden Sie, ob 1, 3, -3, 5 oder 8 jeweils Nullstellen von p sind. Welche Werte müssen Sie tatsächlich einsetzen?

Aufgabe 2.3.5

Ist die folgende Aussage richtig oder falsch?

> Hat ein Polynom dritten Grades zwei Nullstellen,
> so gibt es auch eine dritte Nullstelle.

Aufgabe 2.3.6

Die in der Skizze dargestellte Funktion hat die Gestalt

$$f(x) = a \cdot (x+1)^{p_1}(x-1)^{p_2}(x-4)^{p_3}$$

mit einem Vorfaktor a, der gleich plus oder minus Eins ist, und mit Potenzen p_k, die gleich 1, 2 oder 3 sind.

Wie lautet die korrekte Darstellung von f?

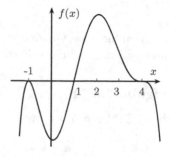

Aufgabe 2.3.7

Skizzieren Sie die Funktionsgrafen zu

a) $f(x) = -x^2 \cdot (x-1)$,

b) $f(x) = (x+2)^2 \cdot (x-1) \cdot (x-2)^2$.

2.3.2 Gebrochen rationale Funktionen

Aufgabe 2.3.8

Zerlegen Sie die folgenden gebrochen rationalen Ausdrücke in die Summe eines Polynoms und einer echt gebrochen rationalen Funktion:

a) $\dfrac{x^3 + x^2 - 1}{x^2 + 1}$,

b) $\dfrac{2x^4 - x^3 + 2x^2 - 1}{x^2 + 2x + 3}$,

c) $\dfrac{x^3 + 1}{x^3 + 2x + 4}$.

2.3.3 Wurzelfunktionen

Aufgabe 2.3.9

Geben Sie (ohne Gebrauch eines Taschenrechners) jeweils zwei ganze Zahlen an, zwischen denen die folgenden Werte liegen:

$$\sqrt{20}, \quad \sqrt{80}, \quad \sqrt[3]{20} \quad \sqrt[3]{80}, \quad \sqrt[5]{100}.$$

Aufgabe 2.3.10

Bestimmen Sie die reellen Werte x, für die gilt:

a) $\sqrt{2+3x} = 2$,   b) $\sqrt{x-2} = \frac{1}{3}x$,

c) $\sqrt{1-x} = x-2$,   d) $\sqrt{32-16x} = x-5$,

e) $\sqrt{x+2} = x$,   f) $\sqrt{8-4x} = x-3$.

(Beachten Sie, dass Quadrieren keine Äquivalenzumformung ist; es können sich „falsche Lösungen" einschleichen!)

Aufgabe 2.3.11

Gibt es Zahlen $a, b > 0$ mit

$$\sqrt{a+b} = \sqrt{a} + \sqrt{b}?$$

Aufgabe 2.3.12

Für welche Variablenwerte sind die folgenden Gleichungen erfüllt?

a) $\sqrt[5]{x^3+5} = 2$,   b) $\sqrt[4]{s+2} = \sqrt{s}$,

c) $\sqrt[3]{a^3+7} - a = 1$,   d) $\sqrt{2c-2} = 1 + \sqrt{c}$.

2.4 Exponentialfunktionen und Logarithmen

2.4.1 Potenzregeln und Exponentialfunktionen

Aufgabe 2.4.1

Welche der folgenden Aussagen sind richtig? (Nicht rechnen sondern denken!)

a) $2^3 \cdot 2^3 = 4^3$,   b) $\left(\frac{1}{2}\right)^4 = (-2)^4$,   c) $\frac{6^{10}}{6^2} = 6^5$,   d) $3^4 \cdot 3^5 = 3^{20}$,

e) $5^3 \cdot 5^3 = 5^9$,   f) $4^3 \cdot 5^3 = 20^3$,   g) $\frac{6^3}{2^3} = 3^3$,   h) $(3^4)^5 = (3^5)^4$,

i) $3^3 \cdot 3^3 = 3^9$,   j) $3^3 \cdot 3^3 = 9^3$,   k) $3^3 \cdot 3^3 = 3^6$,   l) $3^3 \cdot 3^3 = 6^3$.

Aufgabe 2.4.2

Geben Sie Zahlen $a, b, c > 0$ an, für die gilt

a) $a^b \cdot a^c = a^{b \cdot c}$,   b) $(a^b)^c = a^{(b^c)}$.

Aufgabe 2.4.3

Bringen Sie die Ausdrücke auf einen Bruchstrich:

a) $\dfrac{1}{2^4} + \dfrac{1}{2^6}$,   b) $\dfrac{1}{\sqrt{x}} + \dfrac{1}{x}$,   c) $\dfrac{1}{\sqrt{a}} + \dfrac{1}{\sqrt[3]{a}} + \dfrac{1}{\sqrt[6]{a}}$.

Aufgabe 2.4.4

Für welche Variablenwerte sind die folgenden Gleichungen erfüllt?

a) $x^2 \cdot x^4 = 9x^8$,   b) $(4y)^{1.5} = \sqrt{y}$,   c) $\dfrac{s}{\sqrt[3]{s}} = 2\sqrt[6]{s}$,

d) $\dfrac{\sqrt[3]{x^2} \cdot x^{\frac{1}{3}}}{x^3} = \dfrac{1}{4}$,   e) $6^a = 9 \cdot 2^a$,   f) $6^{2c} = \frac{1}{2} \cdot 18^c$.

2.4.2 Der Logarithmus

Aufgabe 2.4.5

Überlegen Sie sich, zwischen welchen zwei ganzen Zahlen die Lösungen x zu den folgenden Gleichungen liegen.

a) $10^x = 20$,   b) $2^x = 10$,   c) $3^x = 0.5$,   d) $8^x = 3$,

e) $0.7^x = 0.3$,   f) $4^x = 1.1$,   g) $0.5^x = 4$,   h) $0.2^x = 0.5$.

Wie kann man die Lösung mit Hilfe des Logarithmus ausdrücken?

Berechnen Sie die genaue Lösung mit einem Taschenrechner.

Aufgabe 2.4.6

Wer ist größer? (Nicht rechnen sondern denken!)

a) $\log_4 8$ oder $\log_4 10$,   b) $\log_2 5$ oder $\log_3 5$?

Aufgabe 2.4.7

a) Welche Werte haben $\log_2 8$ und $\log_8 2$ bzw. $\log_{0.1} 100$ und $\log_{100} 0.1$?

b) Sehen Sie bei a) einen Zusammenhang zwischen $\log_a b$ und $\log_b a$?
   Gilt dieser Zusammenhang allgemein?

Aufgabe 2.4.8

Für welche Variablenwerte sind die folgenden Gleichungen erfüllt?

(Tipp: Nutzen Sie Logarithmenregeln zur Umformung!)

a) $\log_c 8 = 3$,

b) $\log_2 z = 4$,

c) $\log_5(b^2) + \log_5 b = 6$,

d) $\log_2(8x) + \log_2(4x) + \log_2 \frac{x}{2} = 1$,

e) $3 \cdot \log_{10} x + \log_{10} \sqrt{x} = 7$,

f) $\log_3 \sqrt{a} - \log_3 \sqrt[3]{a} = \frac{1}{3}$,

g) $\log_3 x - \log_9 x = 1$,

h) $\log_a 4 + \log_a 9 = 2$.

2.4.3 Vermischte Aufgaben

Aufgabe 2.4.9

a) Falten Sie eine $\frac{1}{2}$ cm dicke Zeitung 10 bzw. 20 mal. Auf welche Dicken kommen Sie?

b) Wie oft müssen Sie eine $\frac{1}{2}$ cm dicke Zeitung falten, um auf dem Mond (Entfernung ca. 300000km) zu landen, wie oft, um die Sonne (ca. 150 Millionen km entfernt) zu erreichen?

Versuchen Sie, die Lösungen ohne Taschenrechner abzuschätzen.

Aufgabe 2.4.10

Bei einem Zinssatz p, erhält man nach einem Jahr Zinsen in Höhe von $p \cdot G$, d.h., das Guthaben wächst auf $G + p \cdot G = (1 + p) \cdot G$.

a) Wie groß ist das Guthaben nach n Jahren

    1) ohne Zinseszinsen,   2) mit Zinseszinsen?

    Berechnen Sie konkret das Guthaben in den beiden Fällen nach 20 Jahren mit $G = 1000€$, $p = 3\% = 0.03$.

b) Wann hat sich (ohne bzw. mit Zinseszins) das Guthaben verdoppelt?

c) Wie groß muss der Zinssatz sein, damit sich das Guthaben nach 15 Jahren verdoppelt hat?

(Nutzen Sie einen Taschenrechner.)

Aufgabe 2.4.11

Welche der folgenden Aussagen sind richtig?

(Entscheiden Sie sich, ohne den Taschenrechner zu benutzen!)

a) $\sqrt{8} = 2\sqrt{2}$, b) $\dfrac{1}{\sqrt{2}} = \dfrac{\sqrt{2}}{2}$,

c) für alle $x > 0$ gilt $\sqrt[3]{x^2} = x\sqrt{x}$, d) für alle $x > 0$ gilt $\sqrt{x^3} = x\sqrt{x}$,

e) $\log_5 9 = 3 \cdot \log_5 3$, f) $\log_2 10 = 2 \cdot \log_4 10$.

Aufgabe 2.4.12

Für welche Variablenwerte sind die folgenden Gleichungen erfüllt?

Tipp: Nach einer geeigneten Ersetzung muss jeweils zunächst eine quadratische Gleichung gelöst werden.

a) $x - 4\sqrt{x} + 3 = 0$, b) $\log_3 x - (\log_3 x)^2 = \frac{1}{4}$,

c) $3^{2a} - 10 \cdot 3^a + 9 = 0$, d) $2^{2r} - 2^{r+1} - 3 = 0$,

e) $4^x - 3 \cdot 2^x - 4 = 0$, f) $e^x + e^{-x} = 4$.

2.5 Trigonometrische Funktionen

2.5.1 Trigonometrische Funktionen im Dreieck

Aufgabe 2.5.1

Berechnen Sie die fehlenden Größen in den rechtwinkligen Dreiecken.

(Die Skizzen sind nicht maßstabsgetreu. Nutzen Sie einen Taschenrechner.)

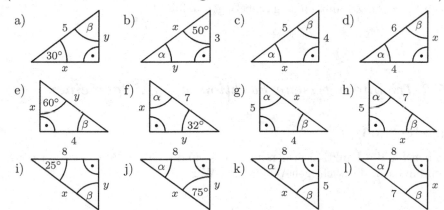

Aufgabe 2.5.2

a) Welchen Winkel schließt die Gerade $y = \frac{1}{2}x$ mit der x-Achse ein?

b) Wie lautet der Zusammenhang zwischen der Steigung einer Geraden und dem Winkel zwischen der x-Achse und der Geraden allgemein.

Aufgabe 2.5.3

15% Steigung einer Straße bedeutet, dass die Straße bei 100m in horizontaler Richtung um 15m ansteigt.

a) Welchem Winkel zwischen Straße und der Waagerechten entspricht eine Steigung von 15%, welchem Winkel eine Steigung von 100%?

b) Welche Steigung ergibt sich bei einem Winkel von 10°, 30° bzw. 45° zur Horizontalen?

2.5.2 Winkel im Bogenmaß

Aufgabe 2.5.4

a) Wandeln Sie die Gradzahlen 90°, 180°, 45°, 30°, 270° und 1° in Bogenmaß um und veranschaulichen Sie sich die Bogenmaße im Einheitskreis.

b) Wandeln Sie die folgenden Bogenmaß-Angaben in Gradzahlen um:
$$\pi, \quad 2\pi, \quad -\frac{\pi}{2}, \quad \frac{\pi}{6}, \quad \frac{\pi}{3}, \quad \frac{3}{4}\pi, \quad 1.$$

Aufgabe 2.5.5

Eine Kirchturmuhr besitze einen ca. 2 m langen Minutenzeiger. Welche Entfernung legt die Zeigerspitze in fünf Minuten zurück?

Stellen Sie einen Zusammenhang zum Bogenmaß her!

2.5.3 Trigonometrische Funktionen im Allgemeinen

Aufgabe 2.5.6

Zeichnen Sie die Funktionsgrafen zur Sinus- und Cosinus-Funktion und markieren Sie darin die wichtigen Winkel und Werte.

Aufgabe 2.5.7

Veranschaulichen Sie sich die folgenden Beziehungen für $x \in [0, \frac{\pi}{2}]$ anhand der Definitionen der Winkelfunktionen im Einheitskreis:

a) $\sin(-x) = -\sin(x)$,

b) $\cos(-x) = \cos(x)$,

c) $\sin(\pi - x) = \sin(x)$,

d) $\cos(\pi - x) = -\cos(x)$.

Aufgabe 2.5.8

Sind folgende Gleichungen lösbar? Falls ja: Geben Sie eine Lösung an!

Tipp: Nutzen Sie ggf. Substitutionen und Umformungen zwischen den trigonometrischen Funktionen.

a) $\cos^2 x - 5 \cos x + 6 = 0$,

b) $\sin^2 y - 2 \sin y + \frac{3}{4} = 0$,

c) $\cos^2 a + 2 \sin a - 2 = 0$,

d) $\tan r = 2 \sin r$.

3 Differenzial- und Integralrechnung

3.1 Differenzialrechnung

3.1.1 Ableitungsregeln

Aufgabe 3.1.1

Berechnen Sie die Ableitung zu den folgenden Funktionen. (Zum Teil kommen zusätzliche Parameter vor.)

a) $f(x) = x^2 - 3x + 2$,

b) $f(y) = -\frac{1}{4}y^4 + \frac{1}{2}y^3 - 2y + 1$,

c) $f(x) = \frac{1}{x^3} - \frac{2}{x^2} + \frac{3}{x}$,

d) $f(z) = a \cdot z^4 + \frac{b}{z^3}$,

e) $f(x) = cx + \sqrt[3]{x} + 3\sqrt{x} + d$,

f) $f(a) = \sqrt[3]{a} + \sqrt[4]{a} + \sqrt[5]{c}$,

g) $f(x) = 2\,e^x - d \cdot \ln x$,

h) $f(t) = x \cdot \sin(t) + y \cdot \cos(t)$.

Aufgabe 3.1.2

Geben Sie die Geradengleichung der Tangenten an die Funktionsgrafen

a) von $f(x) = x^2$ in $x_0 = \frac{1}{2}$

b) von $f(x) = \frac{1}{x}$ in $x_0 = 2$

c) von $f(x) = e^x$ in $x_0 = 0$

an und fertigen Sie entsprechende Zeichnungen an.

Aufgabe 3.1.3

Berechnen Sie die Ableitungen der folgenden Funktionen mit der Produkt- bzw. Quotientenregel.

Finden Sie auch einen einfacheren Weg zur Ableitungsberechnung?

a) $f(x) = x \cdot e^x$, b) $f(t) = t^2 \cdot \sin t$, c) $f(a) = (a^2 - 1) \cdot (1 + a^2)$,

d) $f(z) = \sqrt{z} \cdot z$, e) $f(x) = x \cdot \ln x$, f) $f(\omega) = \cos \omega \cdot \tan \omega$,

g) $f(x) = \dfrac{x^2 + 2x}{3x + 1}$, h) $f(x) = \dfrac{1}{x^2 + x + 1}$, i) $f(s) = \dfrac{s^2 + 4s + 5}{s^3}$,

j) $f(x) = \dfrac{\sqrt[3]{x}}{x}$, k) $f(s) = \dfrac{\ln s}{s}$, l) $f(w) = \dfrac{\tan w}{\sin w}$.

Aufgabe 3.1.4

a) Berechnen Sie die Ableitung von $f(x) = x^2 \cdot \sin x \cdot \ln x$.

b) Leiten Sie allgemein eine Produktregel zur Ableitung von $f \cdot g \cdot h$ her.

   Vergleichen Sie die Formel mit Ihrer Berechnung aus a).

Aufgabe 3.1.5

Nutzen Sie die Kettenregel zur Ableitung der folgenden Funktionen. (Zum Teil kommen zusätzliche Parameter vor.)

a) $f(x) = \sin(3x)$, b) $f(y) = \sin(y + 3)$, c) $f(z) = \sin(z^3)$,

d) $f(s) = \sin^3(s)$, e) $f(x) = \sin(ax + b)$, f) $f(t) = (2t + 1)^3$,

g) $f(r) = e^{5r-2}$, h) $f(x) = \left(e^x\right)^2$, i) $f(x) = e^{x^2}$,

j) $f(y) = \ln(a \cdot y)$, k) $f(r) = \ln(r^2)$, l) $f(t) = \ln \dfrac{1}{t}$,

m) $f(x) = (\sin^4 x + 1)^3$, n) $f(t) = \sin(e^{ct})$, o) $f(z) = \sqrt[3]{\sqrt{z^2 + 1}}$.

Aufgabe 3.1.6

Berechnen Sie die Ableitung zu den folgenden Funktionen; beachten Sie was die freie Variable ist; der Rest sind Konstanten.

a) $f(x) = \dfrac{x}{y} + y^2$ b) $f(y) = \dfrac{x}{y} + y^2$

c) $f(a) = ab + \sin(ab)$ d) $f(b) = ab + \sin(ab)$

Aufgabe 3.1.7

Berechnen Sie die Ableitungen der folgenden Funktionen. (Zum Teil kommen zusätzliche Paramter vor.)

Welche Regeln muss man anwenden?

a) $f(y) = y \cdot \sin(y^2)$,   b) $f(x) = e^{x \cdot \ln x}$,   c) $f(t) = t^2 e^{at}$,

d) $f(x) = \dfrac{1}{(3x+1)^2}$,   e) $f(y) = \dfrac{2y}{(y^2+1)^2}$,   f) $f(\omega) = \dfrac{1}{\sin(c\omega + d)}$,

g) $f(y) = y^4 \cdot \cos(ay) \cdot e^{by}$,   h) $f(x) = \sin\left(x \cdot \ln(x^2+1)\right)$.

Aufgabe 3.1.8

Berechnen Sie die Ableitungen der folgenden Funktionen. (Zum Teil kommen zusätzliche Paramter vor.)

Welche Regeln kann man anwenden? Finden Sie alternative Berechnungswege!

a) $f(x) = (x^2 + c)^2$,   b) $f(x) = \sqrt{x \cdot e^x}$,   c) $f(s) = \sqrt{c \cdot s}$,

d) $f(a) = (2a + 1) \cdot \sqrt{a}$,   e) $f(z) = e^{cz + d}$,   f) $f(x) = \frac{1}{\sin^2 x}$,

Aufgabe 3.1.9

Berechnen Sie die ersten drei Ableitungen zu

a) $f(x) = x^2 + 4x - 2$,   b) $f(x) = x \cdot e^x$,   c) $f(x) = \sin(x^2)$.

Aufgabe 3.1.10

Sei

$$f(x) = \frac{1}{2}\left(e^x + e^{-x}\right) \quad \text{und} \quad g(x) = \frac{1}{2}\left(e^x - e^{-x}\right).$$

Berechnen Sie die ersten beiden Ableitungen von f und g.

3.1.2 Kurvendiskussion

Aufgabe 3.1.11

Führen Sie eine Kurvendiskussion durch zu

a) $f(x) = x^4 - 4x^3 - 2x^2 + 12x - 7$ (Tipp: 1 ist mehrfache Nullstelle),

b) $f(x) = \dfrac{x}{(x-1)^2}$.

Aufgabe 3.1.12

Sei $f(x) = x^3 + cx$ mit einem Parameter c.

a) Welchen Wert muss der Parameter c haben, damit die Funktion f bei $x = 1$ eine Extremstelle hat?

   Welcher Art ist diese Extremstelle?

b) Gibt es einen Parameter c, so dass die Funktion f in $x = -2$ eine Minimalstelle hat?

c) Für welchen Parameter c hat die Funktion f in $x = 0$ eine Wendestelle?

Aufgabe 3.1.13

Welche der oberen Graphen hat als Ableitung die untere Funktion?

Wie sehen die Ableitungen der anderen Funktionen aus?

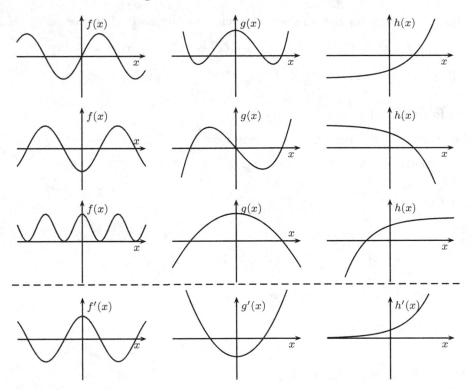

Aufgabe 3.1.14

Zeigen Sie mit Hilfe der Ableitung, dass der Scheitelpunkt der Parabel zur Funktion $f(x) = x^2 + px + q$ bei $x = -\frac{p}{2}$ liegt.

Aufgabe 3.1.15

Für welche Stelle $a \geq 0$ wird die Fläche des Rechtecks unter der Geraden (s. Skizze) maximal?

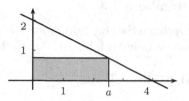

Aufgabe 3.1.16

Sie wollen eine oben offene Kiste mit quadratischer Grundfläche herstellen, die 1000 Liter fasst. Wie müssen Sie die Seitenlänge und die Höhe wählen, um minimalen Materialverbrauch (für den Boden und die Seitenwände) zu haben?

Aufgabe 3.1.17

Aus drei 10cm breiten Brettern soll eine Rinne gebaut werden. Wie ist der Winkel α zu wählen, damit die Rinne möglichst viel Wasser fasst (s. Skizze)?

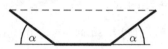

3.2 Integralrechnung

3.2.1 Stammfunktionen

Aufgabe 3.2.1

Bestimmen Sie eine Stammfunktion zu den folgenden Funktionen.

a) $f(x) = x^2 + x + 1,$

b) $h(x) = 2x^2 + 8x + 4,$

c) $g(z) = (z - 2) \cdot (3z + \frac{1}{2}),$

d) $f(a) = (a + 3)^2.$

Aufgabe 3.2.2

Bestimmen Sie eine Stammfunktion zu den folgenden Funktionen.

Tipp: Nutzen Sie die Potenzschreibweise.

a) $f(y) = \dfrac{1}{y^3} - \dfrac{2}{y^2},$

b) $f(z) = z^4 + \dfrac{1}{z^3},$

c) $g(x) = x + \sqrt{x},$

d) $h(a) = \sqrt[3]{a} + \sqrt[4]{a},$

e) $f(x) = \dfrac{x^4 + 2x^3 + 3x - 2}{2x^3},$

f) $f(y) = \dfrac{y^2 - 3y + 2}{\sqrt{y}}.$

Aufgabe 3.2.3

Berechnen Sie eine Stammfunktion zu den folgenden Funktionen; beachten Sie was die freie Variable ist; der Rest sind Konstanten.

a) $f(x) = cx^2 + dx$,

b) $f(z) = az^3 + \dfrac{1}{a}z$,

c) $g(x) = (2c - x) \cdot (2x - c)$,

d) $h(a) = ca^2 + ac^2$,

e) $f(x) = x^2 y + \dfrac{x}{y^2} + y^2$,

f) $f(y) = x^2 y + \dfrac{x}{y^2} + y^2$.

Aufgabe 3.2.4

„Raten" Sie eine Stammfunktion, d.h., stellen Sie eine Vermutung auf, überprüfen Sie durch Ableiten Ihre Vermutung und passen Sie ggf. Konstanten geeignet an.

a) $f(x) = \sin x$,

b) $g(x) = \cos(3x + c)$,

c) $h(x) = \sin(ax + b)$,

d) $f(x) = e^{2x}$,

e) $f(z) = (z + 1)^4$,

f) $g(y) = (2y - 5)^3$,

g) $h(x) = \sqrt{cx + d}$,

h) $h(a) = \dfrac{3}{(a + 1)^2}$,

i) $g(r) = \dfrac{1}{(5r + 4)^3}$.

Aufgabe 3.2.5

Leiten Sie die Funktionen in der linken Spalte ab (Kettenregel!), um dann eine Idee zu bekommen, wie Sie bei den Funktionen in der mittleren und rechten Spalte eine Stammfunktion durch Raten, zurück Ableiten und ggf. Anpassen von Konstanten bestimmen können.

	Ableiten	Stammfunktion bilden	
a)	$F(x) = e^{x^3}$	$f_1(x) = x^3 \cdot e^{x^4}$	$f_2(x) = x \cdot e^{x^2}$
b)	$G(x) = \sin^3 x$	$g_1(x) = \cos^2 x \cdot \sin x$	$g_2(x) = \sin^3 x \cdot \cos x$
c)	$H(x) = \sin(x^3)$	$h_1(x) = x \cdot \cos(x^2)$	$h_2(x) = x^2 \cdot \sin(x^3)$
d)	$F(x) = (x^2 + 1)^2$	$f_1(x) = x \cdot (x^2 + 2)^3$	$f_2(x) = x^2 \cdot \left(4x^3 - 1\right)^2$

3.2.2 Flächenbestimmung

Aufgabe 3.2.6

Berechnen Sie die folgenden Integrale. Zeichnen Sie die Integranden und machen Sie sich die Bedeutung des Ergebnisses Ihrer Rechnung grafisch klar.

a) $\displaystyle\int_{2}^{4}\left(\frac{1}{2}x - 1\right)\mathrm{d}x,$ b) $\displaystyle\int_{0}^{2}(-x + 1)\,\mathrm{d}x,$ c) $\displaystyle\int_{-1}^{1}(y^2 - 1)\,\mathrm{d}y$

d) $\displaystyle\int_{0}^{3}(z + 1)\cdot(z - 2)\,\mathrm{d}z,$ e) $\displaystyle\int_{0}^{\pi}\cos x\,\mathrm{d}x,$ f) $\displaystyle\int_{0}^{2\pi}\sin t\,\mathrm{d}t.$

Aufgabe 3.2.7

Sei $f(x) = x^3 - 3x^2 - 4x + 12$.

Bestimmen Sie die drei Nullstellen von f (Tipp: die Nullstellen sind ganzzahlig), skizzieren Sie den Funktionsgraf, und berechnen Sie die von f und der x-Achse zwischen den (äußeren) Nullstellen eingeschlossene (nicht vorzeichenbehaftete) Fläche sowie das Integral von f zwischen den (äußeren) Nullstellen.

4   Vektorrechnung

4.1 Vektoren

Aufgabe 4.1.1

a) Zeichnen Sie die Punkte $P = \begin{pmatrix} 3 \\ 1 \end{pmatrix}$, $Q = \begin{pmatrix} 1 \\ -2 \end{pmatrix}$ und $S = \begin{pmatrix} -2 \\ 3 \end{pmatrix}$ und die zugehörigen Ortsvektoren $\vec{p}$, $\vec{q}$ und $\vec{s}$.

b) Was ergibt $\vec{p} + \vec{q}$, was $\vec{p} - \vec{s}$?

c) Welcher Vektor führt von P zu S, welcher von Q zu P?

d) Bestimmen und zeichnen Sie $2 \cdot \vec{p}$, $-\frac{1}{2} \cdot \vec{p}$, $2 \cdot (\vec{p} + \vec{q})$.

e) Wie erhält man den Punkt T, der genau zwischen P und Q liegt?

Aufgabe 4.1.2

Berechnen Sie

$$\vec{a} + \vec{b}, \qquad \vec{a} - \vec{b}, \qquad -\vec{a}, \qquad 3\vec{b}, \qquad 2 \cdot (\vec{a} + \vec{b}), \qquad 2\vec{a} + 2\vec{b}$$

für die folgenden Fälle:

a) im Vektorraum $\mathbb{R}^2$ mit $\vec{a} = \begin{pmatrix} 1 \\ -2 \end{pmatrix}$, $\vec{b} = \begin{pmatrix} 1 \\ 1 \end{pmatrix}$. Zeichnen Sie die Vektoren.

b) im Vektorraum $\mathbb{R}^3$ mit $\vec{a} = \begin{pmatrix} 1 \\ 0 \\ -2 \end{pmatrix}$, $\vec{b} = \begin{pmatrix} 0 \\ 1 \\ 3 \end{pmatrix}$. Versuchen Sie, sich die Vektoren vorzustellen.

4.2 Linearkombination

Aufgabe 4.2.1

a) Stellen Sie die Vektoren $\begin{pmatrix} 2 \\ 5 \end{pmatrix}$, $\begin{pmatrix} 3 \\ 0 \end{pmatrix}$, $\begin{pmatrix} 1 \\ 0 \end{pmatrix}$ und $\begin{pmatrix} 0 \\ 1 \end{pmatrix}$ als Linearkombina-

tion von $\begin{pmatrix} 2 \\ 2 \end{pmatrix}$ und $\begin{pmatrix} 2 \\ -1 \end{pmatrix}$ dar.

Zeichnen Sie die Situation.

b) Stellen Sie $\vec{a} = \begin{pmatrix} 1 \\ 1 \\ 1 \end{pmatrix}$ und $\vec{b} = \begin{pmatrix} 0 \\ 3 \\ 2 \end{pmatrix}$ als Linearkombination von

$$\vec{v}_1 = \begin{pmatrix} 1 \\ 0 \\ 1 \end{pmatrix}, \quad \vec{v}_2 = \begin{pmatrix} 2 \\ 1 \\ 0 \end{pmatrix} \quad \text{und} \quad \vec{v}_3 = \begin{pmatrix} 0 \\ -1 \\ 0 \end{pmatrix}$$

dar. Versuchen Sie, sich die Situation vorzustellen.

Aufgabe 4.2.2

Ein Roboter kann auf einer Schiene entlang der x-Achse fahren und hat einen diagonalen Greifarm (Richtung $\begin{pmatrix} 1 \\ 1 \end{pmatrix}$), den er aus- und einfahren kann.

In welcher Position muss der Roboter stehen, um einen Gegenstand bei $\begin{pmatrix} 1 \\ 3 \end{pmatrix}$ zu fassen?

Formulieren Sie das Problem mittels Linearkombination von Vektoren.

4.3 Geraden und Ebenen

Aufgabe 4.3.1

Sei g_1 die Gerade durch die Punkte $P_1 = (-2, -1)$ und $P_2 = (2, 2)$ und g_2 die Gerade durch die Punkte $Q_1 = (2, -1)$ und $Q_2 = (0, 3)$.

a) Stellen Sie Geradengleichungen für g_1 und g_2 in vektorieller Form auf.

b) Geben Sie alternative Darstellungen (mit anderen Orts- und/oder anderen Richtungsvektoren) für g_1 an.

c) Liegt der Punkt $(1, 1)$ auf der Geraden g_1 bzw. auf g_2?

d) Berechnen Sie den Schnittpunkt von g_1 und g_2.

e) Wird g_1 bzw. g_2 auch dargestellt durch

$$g = \left\{ \begin{pmatrix} 3 \\ -3 \end{pmatrix} + \lambda \begin{pmatrix} -1 \\ 2 \end{pmatrix} \,\middle|\, \lambda \in \mathbb{R} \right\}?$$

Was müssen Sie dazu alles überprüfen?

f) Beschreiben Sie die Geraden in funktionaler Form $y = m \cdot x + a$, und lösen Sie mit dieser Darstellung c) und d).

Zeichnen Sie die Situation.

Aufgabe 4.3.2

Sei g_1 die Gerade im $\mathbb{R}^3$ durch die Punkte $P_1 = (0,1,0)$ und $P_2 = (0,1,3)$ und g_2 die Gerade durch die Punkte $Q_1 = (-1,1,-1)$ und $Q_2 = (2,0,3)$.

a) Stellen Sie Geradengleichungen für g_1 und g_2 in vektorieller Form auf.

b) Geben Sie alternative Darstellungen (mit anderen Orts- und/oder anderen Richtungsvektoren) für g_1 an.

c) Liegt der Punkt $(0,1,1)$ auf g_1 bzw. auf g_2?

d) Schneiden sich g_1 und g_2?

e) Wird g_1 bzw. g_2 auch dargestellt durch

$$g = \left\{ \begin{pmatrix} 0 \\ 1 \\ 2 \end{pmatrix} + \lambda \begin{pmatrix} -3 \\ 1 \\ -4 \end{pmatrix} \,\middle|\, \lambda \in \mathbb{R} \right\}?$$

Was müssen Sie dazu alles überprüfen?

Versuchen Sie, sich die Situation vorzustellen.

Aufgabe 4.3.3

Sei E die Ebene durch die Punkte

$$P_1 = (2,1,0), \qquad P_2 = (0,1,3) \qquad \text{und} \qquad P_3 = (2,0,3).$$

a) Geben Sie mehrere Darstellungen (mit verschiedenen Orts- bzw. Richtungsvektoren) für E an.

b) Wird die Ebene E auch beschrieben durch

$$E_1 = \left\{ \begin{pmatrix} -2 \\ 3 \\ 0 \end{pmatrix} + \gamma \begin{pmatrix} 2 \\ -2 \\ 3 \end{pmatrix} + \delta \begin{pmatrix} -4 \\ 2 \\ 0 \end{pmatrix} \,\middle|\, \gamma, \delta \in \mathbb{R} \right\}?$$

Was müssen Sie dazu alles überprüfen?

Aufgabe 4.3.4

Berechnen Sie die Schnittmenge von

$$E = \left\{ \begin{pmatrix} 3 \\ -1 \\ 0 \end{pmatrix} + \alpha \begin{pmatrix} -1 \\ 2 \\ 3 \end{pmatrix} + \beta \begin{pmatrix} 0 \\ 0 \\ 1 \end{pmatrix} \,\middle|\, \alpha, \beta \in \mathbb{R} \right\}$$

mit der Geraden

$$g = \left\{ \begin{pmatrix} 1 \\ -1 \\ -1 \end{pmatrix} + \lambda \begin{pmatrix} 0 \\ 2 \\ 1 \end{pmatrix} \,\middle|\, \lambda \in \mathbb{R} \right\}.$$

4.4 Länge von Vektoren

Aufgabe 4.4.1

Sei $\vec{a} = \begin{pmatrix} 3 \\ 2 \end{pmatrix}$ bzw. $\vec{a} = \begin{pmatrix} 2 \\ 1 \\ -2 \end{pmatrix}$.

a) Berechnen Sie $\|\vec{a}\|$.

b) Berechnen Sie $\|5\vec{a}\|$ und $\|-2\vec{a}\|$ einerseits, indem Sie zunächst die entsprechenden Vektoren $5\vec{a}$ und $-2\vec{a}$ und dann deren Norm berechnen und andererseits mit Hilfe von Satz 4.4.4.

c) Oft will man zu einem Vektor $\vec{a}$ einen *normalisierten* Vektor haben, d.h. einen Vektor $\vec{b}$, der in die gleiche Richtung wie $\vec{a}$ zeigt und die Länge 1 hat.

Geben Sie jeweils einen normalisierten Vektor $\vec{b} \in \mathbb{R}^2$ zu den angegebenen $\vec{a}$ an. Wie muss man dazu allgemein λ wählen?

Aufgabe 4.4.2

Welchen Abstand haben

a) die Punkte $P_1 = (1, 3)$ und $P_2 = (4, -1)$ im $\mathbb{R}^2$,

b) die Punkte $Q_1 = (1, 1, -1)$ und $Q_2 = (0, 0, 1)$ im $\mathbb{R}^3$?

Aufgabe 4.4.3

Gegeben ist die Gerade $g = \left\{ \begin{pmatrix} 2 \\ 1 \end{pmatrix} + \lambda \begin{pmatrix} -3 \\ 4 \end{pmatrix} \mid \lambda \in \mathbb{R} \right\}$.

a) Welche Punkte auf der Geraden g haben

     a1) von $\begin{pmatrix} 2 \\ 1 \end{pmatrix}$ den Abstand 3,   a2) von $\begin{pmatrix} 0 \\ -3 \end{pmatrix}$ den Abstand 5?

b) Welcher Punkt auf der Geraden g liegt am nächsten an $R = \begin{pmatrix} 1 \\ -6 \end{pmatrix}$?

     Berechnen Sie dazu den Abstand $d(\lambda)$ von R zu einem allgemeinen Punkt der Geraden g in Abhängigkeit von dem Parameter λ und bestimmen Sie die Minimalstelle der Funktion $d(\lambda)$.

4.5 Das Skalarprodukt

Aufgabe 4.5.1

Berechnen Sie die folgenden Skalarprodukte.

a) $\begin{pmatrix} 2 \\ -1 \end{pmatrix} \cdot \begin{pmatrix} 2 \\ 3 \end{pmatrix}$,   b) $\begin{pmatrix} 2 \\ 1 \end{pmatrix} \cdot \begin{pmatrix} -2 \\ 4 \end{pmatrix}$,   c) $\begin{pmatrix} 1 \\ 0 \end{pmatrix} \cdot \begin{pmatrix} 0 \\ 1 \end{pmatrix}$,

d) $\begin{pmatrix} 1 \\ 0 \\ 3 \end{pmatrix} \cdot \begin{pmatrix} 0 \\ 1 \\ -1 \end{pmatrix}$,   e) $\begin{pmatrix} 2 \\ -1 \\ 3 \end{pmatrix} \cdot \begin{pmatrix} 2 \\ 1 \\ -1 \end{pmatrix}$,   f) $\begin{pmatrix} 1 \\ -2 \\ 5 \end{pmatrix} \cdot \begin{pmatrix} 1 \\ -2 \\ 5 \end{pmatrix}$.

Bei welchen Produkten erhält man Null? Wie sehen die entsprechenden Vektoren aus?

Aufgabe 4.5.2

Berechnen Sie (wo nötig unter Benutzung eines Taschenrechners) den Winkel, den die Vektoren $\vec{a}$ und $\vec{b}$ einschließen.

a) $\vec{a} = \begin{pmatrix} -1 \\ 3 \end{pmatrix}$, $\vec{b} = \begin{pmatrix} 3 \\ -1 \end{pmatrix}$,   b) $\vec{a} = \begin{pmatrix} 3 \\ 6 \end{pmatrix}$, $\vec{b} = \begin{pmatrix} 2 \\ -1 \end{pmatrix}$,

c) $\vec{a} = \begin{pmatrix} 1 \\ 2 \end{pmatrix}$, $\vec{b} = \begin{pmatrix} 3 \\ 1 \end{pmatrix}$,   d) $\vec{a} = \begin{pmatrix} 4 \\ 2 \end{pmatrix}$, $\vec{b} = \begin{pmatrix} 2 \\ 1 \end{pmatrix}$,

e) $\vec{a} = \begin{pmatrix} 2 \\ 1 \\ 0 \end{pmatrix}$, $\vec{b} = \begin{pmatrix} 1 \\ 0 \\ 1 \end{pmatrix}$,   f) $\vec{a} = \begin{pmatrix} 2 \\ -1 \\ -1 \end{pmatrix}$, $\vec{b} = \begin{pmatrix} 1 \\ 1 \\ 1 \end{pmatrix}$.

Zeichnen Sie die Vektoren bei a) bis d) und messen Sie die berechneten Werte nach.

Aufgabe 4.5.3

Geben Sie orthogonale Vektoren an zu

a) $\begin{pmatrix} 3 \\ 1 \end{pmatrix}$, b) $\begin{pmatrix} 2 \\ -1 \end{pmatrix}$, c) $\begin{pmatrix} 1 \\ 0 \\ 2 \end{pmatrix}$, d) $\begin{pmatrix} 3 \\ 1 \\ -2 \end{pmatrix}$.

Überlegen Sie auch anschaulich, welche Vektoren in Frage kommen.

4.6 Das Vektorprodukt

Aufgabe 4.6.1

Berechnen Sie die folgenden Vektorprodukte und prüfen Sie nach, dass das Ergebnis senkrecht auf den ursprünglichen Vektoren steht.

a) $\begin{pmatrix} 2 \\ 3 \\ 1 \end{pmatrix} \times \begin{pmatrix} 0 \\ 1 \\ 2 \end{pmatrix}$, b) $\begin{pmatrix} 3 \\ -1 \\ 0 \end{pmatrix} \times \begin{pmatrix} 2 \\ 1 \\ 3 \end{pmatrix}$,

c) $\begin{pmatrix} 2 \\ 1 \\ 3 \end{pmatrix} \times \begin{pmatrix} 3 \\ -1 \\ 0 \end{pmatrix}$, d) $\begin{pmatrix} 1 \\ -2 \\ 3 \end{pmatrix} \times \begin{pmatrix} -2 \\ 4 \\ -6 \end{pmatrix}$.

Versuchen Sie, sich die Vektoren und das Ergebnis vorzustellen.

Aufgabe 4.6.2

Sei $\vec{a} = \begin{pmatrix} 2 \\ 2 \\ -1 \end{pmatrix}$ und $\vec{b} = \begin{pmatrix} 4 \\ 0 \\ 3 \end{pmatrix}$.

a) Berechnen Sie den Winkel φ zwischen $\vec{a}$ und $\vec{b}$ mit Hilfe des Skalarprodukts.

b) Berechnen Sie $\vec{a} \times \vec{b}$.

c) Verifizieren Sie die Gleichung $\|\vec{a} \times \vec{b}\| = \|\vec{a}\| \cdot \|\vec{b}\| \cdot \sin \varphi$.

Aufgabe 4.6.3

Berechnen Sie den Flächeninhalt des Parallelogramms, das durch $\vec{a} = \begin{pmatrix} 4 \\ 2 \end{pmatrix}$ und $\vec{b} = \begin{pmatrix} 2 \\ 3 \end{pmatrix}$ aufgespannt wird,

a) durch die Formel „Seite mal Höhe", wobei Sie die Höhe berechnen, indem Sie vom Punkt $B = (2,3)$ das Lot auf die Seite, die durch $\vec{a}$ gegeben ist, fällen,

b) durch die Formel „Seite mal Höhe", indem Sie mit dem Winkel zwischen $\vec{a}$ und $\vec{b}$ die Höhe berechnen,

c) indem Sie die Situation ins Dreidimensionale übertragen und das Vektorprodukt zu Hilfe nehmen.

III Lösungen

1 Grundlagen

1.1 Terme und Aussagen

Aufgabe 1.1.1

Wie kann man die zweite und dritte binomische Formel grafisch veranschaulichen?

Lösung:

Die zweite binomische Formel

$$(a - b)^2 = a^2 - 2ab + b^2$$

kann man sich wie in Abb. 1.1 veranschaulichen:

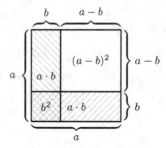

Das Quadrat mit der Seitenlänge $(a - b)$, also dem Flächeninhalt $(a-b)^2$, erhält man aus dem Quadrat der Fläche a^2, indem man die schraffierten Rechtecke mit jeweils der Fläche $a \cdot b$ abzieht; dabei hat man allerdings das doppelt schraffierte Quadrat mit der Fläche b^2 doppelt abgezogen, muss dieses zur Korrektur also nochmals hinzufügen.

Abb. 1.1 Veranschaulichung der zweiten binomischen Formel.

Alternativ kann man vom Quadrat der Fläche a^2 zunächst links das Rechteck mit der Fläche $a \cdot b$ abziehen und dann unten das verbleibende Rechteck (ohne das kleine Quadrat) mit der Fläche $a \cdot b - b^2$ und erhält damit

$$(a - b)^2 = a^2 - a \cdot b - (a \cdot b - b^2) = a^2 - 2ab + b^2.$$

Die dritte binomische Formel

$$(a+b) \cdot (a-b) \; = \; a^2 - b^2$$

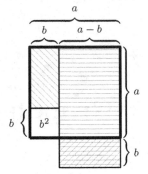

kann man sich (für $a > b$) wie in Abb. 1.2 veranschaulichen:

Zieht man von dem (dick gezeichneten) Quadrat mit der Seitenlänge a, also dem Flächeninhalt a^2, das Quadrat der Fläche b^2 ab, erhält man eine Figur, die man durch Verschiebung des diagonal schraffierten Rechtecks an die Unterseite zu dem horizontal schraffierten Rechteck mit den Seitenlängen $a-b$ und $a+b$, also dem Flächeninhalt $(a+b) \cdot (a-b)$ verändern kann.

Abb. 1.2 Veranschaulichung der dritten binomischen Formel.

Aufgabe 1.1.2

Vereinfachen Sie die folgenden Terme soweit wie möglich durch Ausmultiplizieren und Zusammenfassen.

a) $(x+1)^2 - (x-1)^2$, b) $3(a+4) - 4(a+2)$,

c) $x(y+z) - y(x+z)$, d) $(a+b)(a-2b)$.

Lösung:

a) $(x+1)^2 + (x-1)^2 \; = \; (x^2 + 2x + 1) + (x^2 - 2x + 1) \; = \; 2x^2 + 2$.

b) $3(a+4) - 4(a+2) \; = \; 3a + 12 - 4a - 8 \; = \; -a + 4$.

c) $x(y+z) - z(x+y) \; = \; \cancel{xy} + xz - \cancel{zx} - zy \; = \; xz - yz$.

d) $(a+b)(a-2b) \; = \; a^2 - a \cdot 2b + b \cdot a - 2b^2 \; = \; a^2 - ab - 2b^2$.

Aufgabe 1.1.3

a) Ein Produzent erhöht den Preis seines Produkts um 10%. Daraufhin sinken die Verkaufszahlen um 10%.

  Wie ändert sich der Umsatz? Bleibt er gleich, sinkt er, oder steigt er?

  Wie ist es bei einer 10%-igen Preissenkung und Erhöhung der Verkaufszahlen um 10%?

b) Der Aktienkurs einer Aktie sinkt an einem Tag um 20%. Am darauffolgenden Tag steigt er wieder um 20%. Ist er nun höher, gleich hoch oder niedriger als zu Beginn?

Wie ist die Situation allgemein bei einer Änderung um p Prozent? Stellen Sie einen Bezug zur dritten binomischen Formel her!

Lösung:

a) Der Umsatz berechnet sich aus dem Preis pro Stück multipliziert mit der Verkaufszahl. Bei einem Preis P_0 und der Verkaufszahl V_0 zu Beginn ist der Umsatz

$$U_0 = P_0 \cdot V_0.$$

Nach den Änderungen ist der Preis $P_1 = 1.1 \cdot P_0$ und die Verkaufszahl $V_1 = 0.9 \cdot V_0$, also der Umsatz

$$U_1 = P_1 \cdot V_1 = (1.1 \cdot P_0) \cdot (0.9 \cdot V_0) = 0.99 \cdot P_0 \cdot V_0$$
$$= 0.99 \cdot U_0 < U_0.$$

Bei der angegebenen Preissenkung mit entsprechender Verkaufszahl-Erhöhung ist $P_1 = 0.9 \cdot P_0$ und die Verkaufszahl $V_1 = 1.1 \cdot V_0$, also der Umsatz

$$U_1 = P_1 \cdot V_1 = 0.9 \cdot P_0 \cdot 1.1 \cdot V_0 = 0.99 \cdot U_0 < U_0$$

wie vorher.

b) Sei K der Kurs der Aktie zu Beginn. Dann ist der Kurs am folgenden Tag $K_1 = 0.8 \cdot K$ und am darauf folgenden Tag

$$K_2 = 1.2 \cdot K_1 = 1.2 \cdot 0.8 \cdot K = 0.96 \cdot K < K.$$

In beiden Fällen wird der Ausgangswert mit $(1+p) \cdot (1-p)$ multipliziert, wobei p der anteilige Änderungswert ist (bei a) 10%, also $p = 0.1$, bei b) 20%, also $p = 0.2$). Nach der dritten binomischen Formel ist

$$(1+p) \cdot (1-p) = 1 - p^2 < 1,$$

so dass man jeweils einen kleineren Wert erhält.

Aufgabe 1.1.4

Berechnen Sie

a) $\sum_{n=1}^{5} n$,   b) $\sum_{k=0}^{3} (2k+1)$,   c) $\sum_{r=1}^{10} 3$,   d) $\sum_{n=1}^{3} \sum_{m=2}^{4} n \cdot m$,   e) $\sum_{k=1}^{3} \sum_{l=1}^{k} l$.

Lösung:

a) $\sum_{n=1}^{5} n = 1 + 2 + 3 + 4 + 5 = 15.$

b) $\sum_{k=0}^{3} (2k+1) = (2 \cdot 0 + 1) + (2 \cdot 1 + 1) + (2 \cdot 2 + 1) + (2 \cdot 3 + 1)$
$$= 1 + 3 + 5 + 7 = 16.$$

c) Der Summand 3 wird von $r = 1$ bis 10 summiert, also

$$\sum_{r=1}^{10} 3 = \underbrace{3 + 3 + \ldots + 3}_{10 \text{ mal}} = 10 \cdot 3 = 30.$$

d) Dies ist eine Doppelsumme. Löst man zunächst das linke Summensymbol auf, so erhält man

$$\sum_{n=1}^{3} \sum_{m=2}^{4} n \cdot m = \sum_{m=2}^{4} 1 \cdot m + \sum_{m=2}^{4} 2 \cdot m + \sum_{m=2}^{4} 3 \cdot m$$
$$= (1 \cdot 2 + 1 \cdot 3 + 1 \cdot 4) + (2 \cdot 2 + 2 \cdot 3 + 2 \cdot 4)$$
$$+ (3 \cdot 2 + 3 \cdot 3 + 3 \cdot 4)$$
$$= 9 + 18 + 27 = 54.$$

Man kann auch zunächst das innere Summensymbol auflösen:

$$\sum_{n=1}^{3} \sum_{m=2}^{4} n \cdot m = \sum_{n=1}^{3} (n \cdot 2 + n \cdot 3 + n \cdot 4)$$
$$= (1 \cdot 2 + 1 \cdot 3 + 1 \cdot 4) + (2 \cdot 2 + 2 \cdot 3 + 2 \cdot 4)$$
$$+ (3 \cdot 2 + 3 \cdot 3 + 3 \cdot 4);$$

dies ist die gleiche Summe wie oben.

Wie man sieht, wird bei einer Doppelsumme über alle Kombinationen der Laufvariablen summiert.

e) Dies ist eine Doppelsumme, bei der das linke Summensymbol die Obergrenze der inneren Summe steuert. Daher sollte man zunächst das äußere Summensymbol auflösen:

$$\sum_{k=1}^{3} \sum_{l=1}^{k} l = \sum_{l=1}^{1} l + \sum_{l=1}^{2} l + \sum_{l=1}^{3} l$$
$$= 1 + (1 + 2) + (1 + 2 + 3) = 10.$$

Aufgabe 1.1.5

Gelten die folgenden Regeln für das Summensymbol?

a) $\displaystyle\sum_{k=1}^{n} (a_k + c) = \left(\sum_{k=1}^{n} a_k \right) + c,$

b) $\displaystyle\sum_{k=1}^{n} (c \cdot a_k) = c \cdot \left(\sum_{k=1}^{n} a_k \right),$

c) $\displaystyle\sum_{k=1}^{n}(a_k + b_k) = \left(\sum_{k=1}^{n} a_k\right) + \left(\sum_{k=1}^{n} b_k\right),$

d) $\displaystyle\sum_{k=1}^{n}(a_k \cdot b_k) = \left(\sum_{k=1}^{n} a_k\right) \cdot \left(\sum_{k=1}^{n} b_k\right).$

Lösung:

a) Die Aussage gilt nicht, denn

$$\sum_{k=1}^{n}(a_k + c) = (a_1 + c) + (a_2 + c) + \ldots + (a_n + c)$$

$$= a_1 + a_2 + \ldots + a_n + n \cdot c = \left(\sum_{k=1}^{n} a_k\right) + n \cdot c.$$

In der in der Aufgabenstellung angegebenen Formel fehlt der Faktor „n".

b) Die Regel gilt und entspricht dem Ausklammern eines festen Faktors:

$$\sum_{k=1}^{n}(c \cdot a_k) = (c \cdot a_1) + (c \cdot a_2) + \ldots + (c \cdot a_n)$$

$$= c \cdot (a_1 + a_2 + \ldots + a_n) = c \cdot \left(\sum_{k=1}^{n} a_k\right).$$

c) Die Regel gilt; die Summanden sind nur anders sortiert:

$$\sum_{k=1}^{n}(a_k + b_k) = (a_1 + b_1) + (a_2 + b_2) + \ldots + (a_n + b_n)$$

$$= a_1 + a_2 + \ldots + a_n + b_1 + b_2 + \ldots + b_n$$

$$= \left(\sum_{k=1}^{n} a_k\right) + \left(\sum_{k=1}^{n} b_k\right).$$

d) Die Aussage gilt nicht. Für $n = 2$ ist beispielsweise der linke Ausdruck

$$\sum_{k=1}^{2}(a_k \cdot b_k) = a_1 b_1 + a_2 b_2,$$

der rechte hingegen

$$\left(\sum_{k=1}^{2} a_k\right) \cdot \left(\sum_{k=1}^{2} b_k\right) = (a_1 + a_2) \cdot (b_1 + b_2) = a_1 b_1 + a_1 b_2 + a_2 b_1 + a_2 b_2.$$

Aufgabe 1.1.6

Tragen Sie jeweils den Folgerungspfeil in der richtigen Richtung bzw. im Falle der Äquivalenz den Äquivalenzpfeil in die Tabelle ein.

		$\Rightarrow, \Leftarrow$ oder $\Leftrightarrow$	
a)	x ist eine rationale Zahl.		x ist eine natürliche Zahl.
b)	$x = n^2$ mit einem $n \in \mathbb{N}$.		x ist eine natürliche Zahl.
c)	$x = a \cdot b$ mit geeigneten $a, b \in \mathbb{N}$.		x ist eine natürliche Zahl.
d)	$x^2 = 4$		$x = 2$
e)	$x^2 = 4$		$x = 2$ oder $x = -2$
f)	$x = \sqrt{4}$		$x = 2$
g)	$x = \sqrt{4}$		$x = 2$ oder $x = -2$

Lösung:

a) Jede natürliche Zahl ist auch eine rationale Zahl, aber beispielsweise ist die rationale Zahl $\frac{1}{2}$ keine natürliche Zahl. Daher gilt nur „$\Leftarrow$".

b) Ist $x = n^2$ mit einer natürlichen Zahl n, so ist x eine Quadratzahl und damit insbesondere auch eine natürliche Zahl. Allerdings ist nicht jede natürliche Zahl eine Quadratzahl. Daher gilt nur „$\Rightarrow$".

c) Ist x das Produkt zweier natürlicher Zahlen, so ist x selbst auch eine natürliche Zahl. Umgekehrt kann man jede natürliche Zahl x schreiben als $1 \cdot x$ und hat damit eine Darstellung wie auf der linken Seite gefordert. Also gilt „$\Leftrightarrow$".

d) Wenn $x = 2$ gilt, so ist $x^2 = 4$, aber $x^2 = 4$ gilt auch, falls $x = -2$ ist. Also gilt nur „$\Leftarrow$".

e) Hier gilt nun „$\Leftrightarrow$".

f) Die Zahl $\sqrt{4}$ ist die eindeutige positive Lösung von $x^2 = 4$, also gleich 2. Die Aussagen sind also gleichwertig, d.h., es gilt „$\Leftrightarrow$".

g) Es gilt „$\Rightarrow$", denn wenn $x = \sqrt{4} = 2$ ist, so gilt auch die (allgemeinere) Aussage „$x = 2$ oder $x = -2$", aber nicht umgekehrt.

1.2 Bruchrechnen

Aufgabe 1.2.1

Berechnen Sie

a) $\dfrac{1}{2} + \dfrac{3}{4}$,

b) $\dfrac{5}{6} + \dfrac{7}{18} + \dfrac{2}{3}$,

c) $\dfrac{9}{4} - \dfrac{7}{6} + \dfrac{4}{9}$,

d) $\dfrac{8}{9} \cdot \dfrac{15}{4}$,

e) $\dfrac{3}{7} \cdot \dfrac{4}{9} \cdot \dfrac{15}{8}$,

f) $\dfrac{9}{8} \cdot \dfrac{6}{54} \cdot \dfrac{24}{36}$,

g) $\dfrac{\frac{2}{7} \cdot \frac{5}{6}}{\frac{15}{4}}$,

h) $\dfrac{\frac{1}{2} - \frac{3}{4}}{\frac{1}{2}}$,

i) $\dfrac{\frac{3}{4} \cdot \left(\frac{7}{3} - \frac{2}{6} + \frac{4}{18} \right)}{\frac{3}{5} - \frac{5}{5} + \frac{3}{10}}$.

Lösung:

a) Um die Brüche zu addieren, muss man die Nenner gleichnamig machen. Ein gemeinsamer Nenner ist das Produkt $2 \cdot 4 = 8$, aber auch schon 4 ist ein gemeinsamer Nenner, so dass man nur den ersten Bruch zu erweitern braucht:

$$\frac{1}{2} + \frac{3}{4} = \frac{1 \cdot 2}{2 \cdot 2} + \frac{3}{4} = \frac{2 + 3}{4} = \frac{5}{4}.$$

b) Wie bei a) ist auch hier das Produkt der Nenner kein guter Hauptnenner: 18 ist Vielfaches von 6 und von 3, bietet sich also als Hauptnenner an:

$$\frac{5}{6} + \frac{7}{18} + \frac{2}{3} = \frac{5 \cdot 3}{6 \cdot 3} + \frac{7}{18} + \frac{2 \cdot 6}{3 \cdot 6} = \frac{15 + 7 + 12}{18} = \frac{34}{18} = \frac{17}{9}.$$

c) Das kleinste gemeinsame Vielfache von $4 = 2 \cdot 2$, $6 = 2 \cdot 3$ und $9 = 3 \cdot 3$ ist $2 \cdot 2 \cdot 3 \cdot 3 = 36$. Dies kann man also als Hauptnenner nutzen:

$$\frac{9}{4} - \frac{7}{6} + \frac{4}{9} = \frac{9 \cdot 9}{4 \cdot 9} - \frac{7 \cdot 6}{6 \cdot 6} + \frac{4 \cdot 4}{9 \cdot 4} = \frac{81 - 42 + 16}{36} = \frac{55}{36}.$$

d) Bei der Multiplikation von Brüchen sollte man vor dem Multiplizieren wenn möglich kürzen:

$$\frac{8}{9} \cdot \frac{15}{4} = \frac{{}^2\cancel{8} \cdot 15}{9 \cdot {}^1\cancel{4}} = \frac{2 \cdot {}^5\cancel{15}}{{}^3\cancel{9} \cdot 1} = \frac{2 \cdot 5}{3 \cdot 1} = \frac{10}{3}.$$

e) Wie bei d) kann man vor dem Multiplizieren kürzen. Dazu kann man sich auch das Notieren auf *einem* Bruchstrich sparen und ferner direkt mehrere Faktoren kürzen, hier eine 3 aus dem Zähler des ersten und Nenner des zweiten Bruchs, eine weitere 3 aus dem Zähler des dritten und Nenner des zweiten Bruchs und schließlich eine 4 aus dem Zähler des zweiten und

Nenner des dritten Bruchs:

$$\frac{3}{7} \cdot \frac{4}{9} \cdot \frac{15}{8} = \frac{1 \cdot 1 \cdot 5}{7 \cdot 1 \cdot 2} = \frac{5}{14}.$$

f) Hier gibt es verschiedene Möglichkeiten zu kürzen, beispielsweise eine 9 aus dem Zähler des ersten und Nenner des zweiten Bruchs, eine 6 im zweiten Bruch (es ist $54 = 9 \cdot 6$) und eine 12 im dritten Bruch; schließlich kann man noch eine 2 kürzen:

$$\frac{9}{8} \cdot \frac{6}{54} \cdot \frac{24}{36} = \frac{1 \cdot 1 \cdot 2}{8 \cdot 1 \cdot 3} = \frac{1}{4 \cdot 3} = \frac{1}{12}.$$

Eine andere Möglichkeit ist, die 9 wie oben aus dem Zähler des ersten und Nenner des zweiten Bruchs zu kürzen, dann aber die 6 aus dem Zähler des zweiten und dem Nenner des dritten Bruchs und eine 8 aus dem Zähler des dritten und Nenner des ersten Bruchs zu kürzen:

$$\frac{9}{8} \cdot \frac{6}{54} \cdot \frac{24}{36} = \frac{1 \cdot 1 \cdot 3}{1 \cdot 6 \cdot 6} = \frac{1}{6 \cdot 2} = \frac{1}{12}.$$

Egal welche Kürzungen und welche Reihenfolgen man nutzt: Das vollständig gekürzte Ergebnis ist immer das gleiche.

g) Den Doppelbruch kann man auflösen, indem man mit dem Kehrwert des Nenners multipliziert. Man erhält dann ein Produkt von Brüchen, bei dem man zunächst kürzen sollte:

$$\frac{\frac{2}{7} \cdot \frac{5}{6}}{\frac{15}{4}} = \frac{1 \cdot 5}{7 \cdot 3} \cdot \frac{4}{15} = \frac{4}{7 \cdot 3 \cdot 3} = \frac{4}{63}.$$

h) Der Kehrwert des Nenners ist $\frac{2}{1} = 2$. Bei der Multiplikation muss man den Zähler in Klammern setzen oder vorher ausrechnen:

$$\frac{\frac{1}{2} - \frac{3}{4}}{\frac{1}{2}} = \left(\frac{1}{2} - \frac{3}{4}\right) \cdot 2 = 1 - \frac{3}{2} = -\frac{1}{2}.$$

i) Zunächst müssen die Summen berechnet werden:

$$\frac{\frac{3}{4} \cdot \left(\frac{7}{3} - \frac{2}{6} + \frac{4}{18}\right)}{\frac{3}{5} - \frac{5}{5} + \frac{3}{10}} = \frac{\frac{1}{4} \cdot \left(\frac{7}{1} - \frac{2}{21} + \frac{4}{63}\right)}{-\frac{2}{5} + \frac{3}{10}} = \frac{\frac{1}{4} \cdot \left(\frac{21-3+2}{3}\right)}{\frac{-4+3}{10}}$$

$$= \frac{1}{4} \cdot \frac{20}{3} \cdot \left(-\frac{10}{1}\right) = -\frac{5 \cdot 10}{3} = -\frac{50}{3}.$$

Aufgabe 1.2.2

Lösen Sie die folgenden Gleichungen nach der vorkommenden Variablen auf.

a) $\dfrac{x}{3} + \dfrac{3}{4} = \dfrac{5}{6}$,   b) $\dfrac{2}{3} - \dfrac{4}{c} = \dfrac{5}{6}$,   c) $\dfrac{2}{3} \cdot \dfrac{y}{4} = \dfrac{5}{6}$,

d) $\dfrac{2}{3} \cdot \dfrac{4}{d} = \dfrac{5}{6}$,   e) $\dfrac{2}{3} : \dfrac{s}{4} = \dfrac{5}{6}$,   f) $\dfrac{2}{3} : \dfrac{4}{a} = \dfrac{5}{6}$.

Lösung:

Es gibt verschiedene Möglichkeiten, die Lösung zu bestimmen. Im Folgenden wird jeweils ein Lösungsweg vorgeführt.

a) Man könnte die linke Seite auf einen Hauptnenner bringen. Geschickter ist es aber, den konstanten Bruch $\frac{3}{4}$ auf die rechte Seite zu bringen und die Gleichung dann aufzulösen:

$$\frac{x}{3} + \frac{3}{4} = \frac{5}{6} \quad \Leftrightarrow \quad \frac{x}{3} = \frac{5}{6} - \frac{3}{4} = \frac{10 - 9}{12} = \frac{1}{12}$$

$$\Leftrightarrow \quad x = \frac{3}{12} = \frac{1}{4}.$$

b) Wie bei a) bietet es sich an, den Bruch mit der Variablen zunächst allein zu stellen. Nach dem Zusammenfassen der konstanten Brüche kann man dann auf beiden Seiten den Kehrwert bilden:

$$\frac{2}{3} - \frac{4}{c} = \frac{5}{6} \quad \Leftrightarrow \quad \frac{2}{3} - \frac{5}{6} = \frac{4}{c} \quad \Leftrightarrow \quad \frac{4}{c} = \frac{4 - 5}{6} = -\frac{1}{6}$$

$$\Leftrightarrow \quad \frac{c}{4} = -6 \quad \Leftrightarrow \quad c = -6 \cdot 4 = -24.$$

c) Durch Multiplikation mit dem Kehrwert $\frac{3}{2}$ von $\frac{2}{3}$ und mit 4 kann man y direkt freistellen:

$$\frac{2}{3} \cdot \frac{y}{4} = \frac{5}{6} \quad \Leftrightarrow \quad y = \frac{5}{6} \cdot 4 \cdot \frac{3}{2} = \frac{5 \cdot 2 \cdot 1}{2 \cdot 1} = 5.$$

d) Man könnte ähnlich zu c) $\frac{1}{d}$ freistellen und dann den Kehrwert auf beiden Seiten bilden. Alternativ kann man mit d und anschließend mit $\frac{6}{5}$ multiplizieren:

$$\frac{2}{3} \cdot \frac{4}{d} = \frac{5}{6} \quad \Leftrightarrow \quad \frac{2}{3} \cdot 4 = \frac{5}{6} \cdot d \quad \Leftrightarrow \quad \frac{2}{3} \cdot 4 \cdot \frac{6}{5} = d$$

$$\Leftrightarrow \quad d = \frac{2 \cdot 4 \cdot 2}{5} = \frac{16}{5}.$$

e) Man kann zunächst mit dem Bruch $\frac{s}{4}$ multiplizieren:

$$\frac{2}{3} : \frac{s}{4} = \frac{5}{6} \quad \Leftrightarrow \quad \frac{2}{3} = \frac{5}{6} \cdot \frac{s}{4} \quad \Leftrightarrow \quad \frac{2}{3} \cdot \frac{6}{5} \cdot 4 = s$$

$$\Leftrightarrow \quad s = \frac{2 \cdot 2 \cdot 4}{5} = \frac{16}{5}.$$

f) Man könnte wie bei e) zunächst mit dem Bruch $\frac{4}{a}$ multiplizieren. Geschickter ist es aber, die Division durch $\frac{4}{a}$ als Multiplikation mit $\frac{a}{4}$ zu schreiben und dann aufzulösen:

$$\frac{2}{3} : \frac{4}{a} = \frac{5}{6} \quad \Leftrightarrow \quad \frac{2}{3} \cdot \frac{a}{4} = \frac{5}{6}$$

$$\Leftrightarrow \quad a = \frac{5}{6} \cdot \frac{3}{2} \cdot 4 = \frac{5 \cdot 3}{3 \cdot 1} = 5.$$

Aufgabe 1.2.3

Welche Brüche auf der rechten Seite sind gleich dem vorgegebenen Bruch links? Streichen Sie in der Tabelle die falschen Darstellungen durch!

a)	$\frac{24}{36}$	$\frac{5}{15}$	$\frac{4}{6}$	$\frac{3}{10}$	$\frac{16}{27}$
b)	$\frac{18}{24}$	$\frac{6}{8}$	$\frac{16}{20}$	$\frac{12}{16}$	$\frac{2}{3}$
c)	$\frac{72}{24}$	$\frac{6}{2}$	3	$\frac{45}{20}$	$\frac{30}{10}$
d)	$\frac{13}{49} \cdot \frac{7}{2}$	$\frac{13}{14}$	$\frac{1}{2}$	$\frac{39}{42}$	$\frac{49}{50}$

Lösung:

Eine Möglichkeit, die richtigen Darstellungen zu finden, ist, alle Brüche so weit wie möglich zu kürzen. Da die vollständig gekürzte Darstellung eindeutig ist, sieht man dann, welche Darstellungen richtig sind.

Eine andere Möglichkeit ist, nur den vorgegebenen Bruch so weit wie möglich zu kürzen, z.B. bei a) $\frac{24}{36} = \frac{2}{3}$. Richtige Darstellungen muss man durch Erweitern dieses vollständig gekürzten Bruchs erhalten.

Ein Bruch, dessen Zähler bzw. Nenner kein Vielfaches des vollständig gekürzten Zählers bzw. Nenners ist, kann damit keine richtige Darstellung sein. So scheidet bei a) $\frac{5}{15}$ (der Zähler ist kein Vielfaches von 2) und $\frac{3}{10}$ (der Nenner ist kein Vielfaches von 3) aus.

Durch entsprechendes Erweitern kann man die anderen Darstellungen testen, beispielsweise $\frac{2}{3} = \frac{4}{6}$ aber $\frac{2}{3} = \frac{18}{27} \neq \frac{16}{27}$.

Alternativ kann man, falls der Zähler bzw. der Nenner einer vorgeschlagenen Darstellung ein Teiler des Zählers bzw. des Nenners des vorgegebenen Bruchs ist, direkt testen, ob man durch entsprechendes Kürzen die Darstellung erhält. Beispielsweise ergibt sich bei a) die Darstellung $\frac{4}{6}$ direkt aus $\frac{24}{36}$ durch Kürzen mit 6, wohingegen $\frac{3}{10}$ keine richtige Darstellung ist (bei Betrachtung der Zähler müsste man mit 8 kürzen, was aber im Nenner zu einem Widerspruch führt).

In der folgenden Tabelle sind die falschen Darstellungen durchgestrichen.

a)	$\dfrac{24}{36}$	$\dfrac{5}{15}$ ~~~~	$\dfrac{4}{6}$	$\dfrac{3}{10}$ ~~~~	$\dfrac{16}{27}$ ~~~~
b)	$\dfrac{18}{24}$	$\dfrac{6}{8}$	$\dfrac{16}{20}$ ~~~~	$\dfrac{12}{16}$	$\dfrac{2}{3}$ ~~~~
c)	$\dfrac{72}{24}$	$\dfrac{6}{2}$	3	$\dfrac{45}{20}$ ~~~~	$\dfrac{30}{10}$
d)	$\dfrac{13}{49} \cdot \dfrac{7}{2}$	$\dfrac{13}{14}$	$\dfrac{1}{2}$ ~~~~	$\dfrac{39}{42}$	$\dfrac{49}{50}$ ~~~~

Aufgabe 1.2.4

Vereinfachen Sie die folgenden Brüche.

a) $\dfrac{x^3 y - yx^2 + x}{xy + x}$,   b) $\dfrac{2a^3 c^2 - 5a^2 c^3 + 3a^4 c^3}{a^3 c}$,   c) $\dfrac{a^2 + 2a + 1}{a^2 - 1}$,

d) $\dfrac{3r^2 s}{\frac{9r}{s^2}}$,   e) $\dfrac{\frac{3x^3 y}{xz}}{xyz}$,   f) $\dfrac{\frac{xy^2}{x^2 z}}{\frac{yz}{x}}$,   g) $\dfrac{2c - 6}{3 - c}$.

Lösung:

a) Im Zähler und im Nenner kann man x ausklammern und kürzen:

$$\frac{x^3 y - yx^2 + x}{xy + x} = \frac{x(x^2 y - yx + 1)}{x(y + 1)} = \frac{x^2 y - yx + 1}{y + 1}.$$

b) Es bietet sich an, soviel wie möglich auszuklammern (hier $a^2 c^2$ im Zähler), um dann zu sehen, was man kürzen kann (hier $a^2 c$):

$$\frac{2a^3 c^2 - 5a^2 c^3 + 3a^4 c^3}{a^3 c} = \frac{a^2 c^2 (2a - 5c + 3a^2 c)}{a^3 c} = \frac{c(2a - 5c + 3a^2 c)}{a}.$$

Man könnte den Zähler nun wieder ausmultiplizieren, allerdings ist eine faktorisierte Darstellung oft für weitere Rechnungen besser.

c) Nach Anwendung der ersten und dritten binomischen Formel kann man kürzen:

$$\frac{a^2 + 2a + 1}{a^2 - 1} = \frac{(a+1)^2}{(a+1) \cdot (a-1)} = \frac{a+1}{a-1}.$$

d) Indem man mit dem Kehrwert des Nenners multipliziert, erhält man

$$\frac{3r^2 s}{\frac{9r}{s^2}} = 3r^2 s \cdot \frac{s^2}{39r} = r \cdot \frac{s^3}{3} = \frac{rs^3}{3}.$$

e) Den Nenner kann man sich als $\frac{xyz}{1}$ vorstellen und dann mit seinem Kehrwert multiplizieren:

$$\frac{\frac{3x^3 y}{xz}}{xyz} = \frac{3x^3 y}{xz} \cdot \frac{1}{xyz} = \frac{3x}{z^2}.$$

(Allgemein gilt: Steht im Zähler ein Bruch, so rutscht der Nenner in den Nenner des Zählers.)

f) Auflösen des Doppelbruchs ergibt

$$\frac{\frac{xy^2}{x^2 z}}{\frac{yz}{x}} = \frac{1 \cdot y^2}{x \cdot z} \cdot \frac{x}{y \cdot z} = \frac{y}{z^2}.$$

g) Nach Ausklammern der 2 im Zähler stehen im Zähler und Nenner die gleichen Differenzen, nur in anderer Reihenfolge. Durch Ausklammern von -1 in einer der Differenzen kann man diese umdrehen und dann kürzen:

$$\frac{2c - 6}{3 - c} = \frac{2 \cdot (c-3)}{3 - c} = \frac{2 \cdot (c-3)}{-(c-3)} = \frac{2}{-1} = -2.$$

Aufgabe 1.2.5

Bringen Sie die folgenden Ausdrücke auf einen möglichst kleinen Hauptnenner.

a) $\dfrac{1}{k-1} - \dfrac{1}{k}$,

b) $\dfrac{4}{x^2} - \dfrac{5}{x} + \dfrac{2}{x^4}$,

c) $\dfrac{x}{yz} + \dfrac{y}{xz}$,

d) $\dfrac{5}{x^2 y} - \dfrac{6}{xz^2} + \dfrac{4}{yz^3}$,

e) $\dfrac{1}{a^2 - 1} + \dfrac{1}{a^2 - a}$,

f) $\dfrac{2x}{x-1} + \dfrac{x}{1-x}$.

Lösung:

a) Der kleinste Hauptnenner ist hier das Produkt $(k-1) \cdot k$ der Nenner:

$$\frac{1}{k-1} - \frac{1}{k} = \frac{k}{(k-1) \cdot k} - \frac{k-1}{(k-1) \cdot k}$$
$$= \frac{k-(k-1)}{(k-1) \cdot k} = \frac{1}{(k-1) \cdot k}.$$

b) Der kleinste Hauptnenner richtet sich nach der höchsten auftretenden x-Potenz, hier also x^4:

$$\frac{4}{x^2} - \frac{5}{x} + \frac{2}{x^4} = \frac{4x^2}{x^4} - \frac{5x^3}{x^4} + \frac{2}{x^4} = \frac{4x^2 - 5x^3 + 2}{x^4}.$$

c) Da z ein gemeinsamer Faktor in beiden Nennern ist, ist der kleinste Hauptnenner xyz:

$$\frac{x}{yz} + \frac{y}{xz} = \frac{x^2 + y^2}{xyz}.$$

d) Die höchsten im Nenner auftretenden Potenzen sind x^2, y und z^3. Deren Produkt bildet den kleinsten Hauptnenner:

$$\frac{5}{x^2 y} - \frac{6}{xz^2} + \frac{4}{yz^3} = \frac{5z^3}{x^2 yz^3} - \frac{6xyz}{x^2 yz^3} + \frac{4x^2}{x^2 yz^3} = \frac{5z^3 - 6xyz + 4x^2}{x^2 yz^3}.$$

e) Mit der dritten binomischen Formel bzw. durch Ausklammern sieht man, dass der Faktor $a-1$ beiden Nennern gemeinsam ist und daher beim Hauptnenner nur einmal berücksichtigt werden muss:

$$\frac{1}{a^2 - 1} + \frac{1}{a^2 - a} = \frac{1}{(a-1) \cdot (a+1)} + \frac{1}{a \cdot (a-1)}$$
$$= \frac{a}{(a-1) \cdot (a+1) \cdot a} + \frac{a+1}{(a-1) \cdot (a+1) \cdot a}$$
$$= \frac{a+(a+1)}{(a-1) \cdot (a+1) \cdot a} = \frac{2a+1}{(a-1) \cdot (a+1) \cdot a}.$$

f) Die Differenzen in den Nennern sind gleich, nur in anderer Reihenfolge. Man kann die Reihenfolge vertauschen, indem man -1 ausklammert (oder alternativ den Bruch mit -1 erweitert):

$$\frac{2x}{x-1} + \frac{x}{1-x} = \frac{2x}{x-1} + \frac{x}{-(x-1)} = \frac{2x}{x-1} - \frac{x}{x-1}$$
$$= \frac{2x-x}{x-1} = \frac{x}{x-1}.$$

Statt den zweiten Bruch zu modifizieren, kann man auch die Differenz im ersten Bruch ändern:

$$\frac{2x}{x-1} + \frac{x}{1-x} = \frac{2x}{-(1-x)} + \frac{x}{1-x} = \frac{-2x+x}{1-x} = \frac{-x}{1-x}.$$

Dass beide Resultate gleich sind, sieht man durch Erweiterung des einen mit -1.

Aufgabe 1.2.6

Vereinfachen Sie

a) $\left(1+\dfrac{a}{b}\right):\left(1-\dfrac{a}{b}\right),$ b) $\left(\dfrac{1}{x}-\dfrac{2}{x^2}+\dfrac{1}{x^3}\right):\left(\dfrac{1}{x^2}-1\right).$

Lösung:

a) Indem man den Dividenden und den Divisor als Bruch schreibt, erhält man

$$\left(1+\frac{a}{b}\right):\left(1-\frac{a}{b}\right) = \frac{b+a}{b} : \frac{b-a}{b} = \frac{b+a}{b} \cdot \frac{b}{b-a} = \frac{b+a}{b-a}.$$

b) Nachdem man den Dividenden auf den Hauptnenner gebracht und den Divisor als Bruch geschrieben hat, kann man die zweite und dritte binomische Formel anwenden.

$$\left(\frac{1}{x}-\frac{2}{x^2}+\frac{1}{x^3}\right):\left(\frac{1}{x^2}-1\right) = \frac{x^2-2x+1}{x^3} : \frac{1-x^2}{x^2}$$

$$= \frac{x^2-2x+1}{x^3} \cdot \frac{x^2}{1-x^2} = \frac{(x-1)^2}{x} \cdot \frac{1}{(1-x)\cdot(1+x)}. \qquad (*)$$

Nutzt man $(1-x) = (-1)\cdot(x-1)$, so kann man kürzen:

$$(*) = \frac{(x-1)^2}{x\cdot(-1)\cdot(x-1)\cdot(1+x)} = -\frac{x-1}{x\cdot(1+x)} = \frac{1-x}{x\cdot(1+x)}.$$

Alternativ kann man

$$(x-1)^2 = \left((-1)\cdot(1-x)\right)^2 = (-1)^2\cdot(1-x)^2 = (1-x)^2$$

nutzen und dann aus $(*)$ durch direktes Kürzen von $(1-x)$ zum Ergebnis kommen.

Aufgabe 1.2.7

Gibt es positive Zahlen a, b, c und d, so dass gilt

a) $\dfrac{a}{b} + \dfrac{c}{d} = \dfrac{a+c}{b+d}$,

b) $\dfrac{\frac{a}{b}}{c} = \dfrac{a}{\frac{b}{c}}$?

Lösung:

a) Es gilt

$$\frac{a}{b} + \frac{c}{d} = \frac{a+c}{b+d} \quad\Leftrightarrow\quad \frac{ad+cb}{bd} = \frac{a+c}{b+d}$$

$$\Leftrightarrow \quad (ad+cb)\cdot(b+d) = (a+c)\cdot bd$$

$$\Leftrightarrow \quad \cancel{adb} + ad^2 + cb^2 + \cancel{cbd} = \cancel{adb} + \cancel{cbd}$$

$$\Leftrightarrow \qquad\qquad ad^2 + cb^2 \quad = \; 0.$$

Wegen $a, b, c, d > 0$ ist die linke Seite immer positiv, kann also nicht Null werden. also gibt es keine solchen Werte a, b, c und d.

b) Es ist

$$\frac{\frac{a}{b}}{c} = \frac{a}{\frac{b}{c}} \quad\Leftrightarrow\quad \frac{a}{b\cdot c} = a\cdot\frac{c}{b} \quad\Leftrightarrow\quad \frac{1}{c} = c \quad\Leftrightarrow\quad 1 = c^2.$$

Wegen $c > 0$ ist dies genau für $c = 1$ erfüllt; a und b können beliebig sein.

Tatsächlich ist für $c = 1$

$$\frac{\frac{a}{b}}{1} = \frac{a}{b} = \frac{a}{\frac{b}{1}}.$$

Aufgabe 1.2.8

Lösen Sie die folgenden Gleichungen nach x auf; c und a sind Parameter.

a) $\dfrac{x}{x+3} = \dfrac{x+1}{x-2}$,

b) $\dfrac{2}{1-x} = \dfrac{1}{c-x}$,

c) $\dfrac{\frac{1}{x} + \frac{1}{a}}{\frac{1}{x} - \frac{1}{a}} = 2$.

Testen Sie Ihre Ergebnisse durch Einsetzen.

Lösung:

a) Indem man auf beiden Seiten mit den Nennern multipliziert, dann die Klammern auflöst und zusammenfasst, erhält man

$$\frac{x}{x+3} = \frac{x+1}{x-2} \quad \Leftrightarrow \quad x \cdot (x-2) = (x+1) \cdot (x+3)$$

$$\Leftrightarrow \quad x^2 - 2x = x^2 + x + 3x + 3$$

$$\Leftrightarrow \quad -6x = 3 \quad \Leftrightarrow \quad x = -\frac{1}{2}.$$

Tatsächlich erhält man für $x = -\frac{1}{2}$ auf der linken Seite

$$\frac{-\frac{1}{2}}{-\frac{1}{2}+3} = \frac{-\frac{1}{2}}{\frac{5}{2}} = -\frac{1}{2} \cdot \frac{2}{5} = -\frac{1}{5}$$

und auf der rechten Seite

$$\frac{-\frac{1}{2}+1}{-\frac{1}{2}-2} = \frac{\frac{1}{2}}{-\frac{5}{2}} = \frac{1}{2} \cdot \left(-\frac{2}{5}\right) = -\frac{1}{5}.$$

b) Ähnlich zu a) ist

$$\frac{2}{1-x} = \frac{1}{c-x} \quad \Leftrightarrow \quad 2 \cdot (c-x) = 1 - x$$

$$\Leftrightarrow \quad 2c - 2x = 1 - x$$

$$\Leftrightarrow \quad -x = 1 - 2c$$

$$\Leftrightarrow \quad x = 2c - 1.$$

Einsetzen ergibt auf der linken Seite

$$\frac{2}{1-(2c-1)} = \frac{2}{1-2c+1} = \frac{2}{2-2c} = \frac{1}{1-c}$$

und rechts

$$\frac{1}{c-(2c-1)} = \frac{1}{c-2c+1} = \frac{1}{1-c}.$$

c) Man kann zunächst den Ausdruck auf der linken Seite umformen:

$$\frac{\frac{1}{x}+\frac{1}{a}}{\frac{1}{x}-\frac{1}{a}} = 2 \quad \Leftrightarrow \quad \frac{\frac{a+x}{x \cdot a}}{\frac{a-x}{x \cdot a}} = 2 \quad \Leftrightarrow \quad \frac{a+x}{x \cdot a} \cdot \frac{x \cdot a}{a-x} = 2$$

$$\Leftrightarrow \quad a + x = 2 \cdot (a - x)$$

$$\Leftrightarrow \quad a + x = 2a - 2x$$

$$\Leftrightarrow \quad 3x = a \quad \Leftrightarrow \quad x = \frac{1}{3}a.$$

Alternativ könnte man auch mit dem Nenner $\frac{1}{x} - \frac{1}{a}$ multiplizieren und dann die Brüche auf beiden Seiten umformen.

Einsetzen liefert wegen $\frac{1}{x} = \frac{3}{a}$

$$\frac{\frac{1}{x}+\frac{1}{a}}{\frac{1}{x}-\frac{1}{a}} = \frac{\frac{3}{a}+\frac{1}{a}}{\frac{3}{a}-\frac{1}{a}} = \frac{\frac{4}{a}}{\frac{2}{a}} = \frac{4}{a}\cdot\frac{a}{2} = 2.$$

Aufgabe 1.2.9

Welche der jeweiligen Ausdrücke ist am kleinsten bzw. am größten?

a) $a_1 = \dfrac{3}{4}+\dfrac{5}{6}$, $a_2 = \dfrac{3}{4}-\dfrac{5}{6}$, $a_3 = \dfrac{3}{4}\cdot\dfrac{5}{6}$, $a_4 = \dfrac{3}{4}:\dfrac{5}{6}.$

b) $b_1 = \dfrac{4}{3}+\dfrac{1}{2}$, $b_2 = \dfrac{4}{3}-\dfrac{1}{2}$, $b_3 = \dfrac{4}{3}\cdot\dfrac{1}{2}$, $b_4 = \dfrac{4}{3}:\dfrac{1}{2}.$

Lösung:

a) Um die Werte zu vergleichen, kann man sie als Bruch auf einem gemeinsamen Nenner darstellen.

Die einzelnen Werte a_n sind

$$a_1 = \frac{9+10}{12} = \frac{19}{12}, \qquad a_2 = \frac{9-10}{12} = -\frac{1}{12},$$

$$a_3 = \frac{1\cdot5}{4\cdot2} = \frac{5}{8}, \qquad a_4 = \frac{3}{4}\cdot\frac{6}{5} = \frac{3\cdot3}{2\cdot5} = \frac{9}{10}.$$

Als Hauptnenner kann man $120 = 12\cdot10 = 8\cdot15$ wählen und erhält durch entsprechende Erweiterung

$$a_1 = \frac{190}{120}, \qquad a_2 = -\frac{10}{120}, \qquad a_3 = \frac{75}{120}, \qquad a_4 = \frac{108}{120}.$$

Also ist a_1 am größten und a_2 ist am kleinsten.

Das hätte man alternativ auch ohne Erweiterung sehen können, da a_1 offensichtlich der einzige Wert größer als 1 und a_2 der einzige negative Wert ist.

b) Die einzelnen Werte b_n sind

$$b_1 = \frac{8+3}{6} = \frac{11}{6}, \qquad b_2 = \frac{8-3}{6} = \frac{5}{6},$$

$$b_3 = \frac{2}{3} = \frac{4}{6}, \qquad b_4 = \frac{4}{3}\cdot2 = \frac{8}{3} = \frac{16}{6}.$$

Also ist b_3 am kleinsten und b_4 am größten.

Aufgabe 1.2.10

Zu Werten $a, b, c, d > 0$ werden die folgenden vier Ausdrücke betrachtet:

$$x_1 = \frac{a}{b} + \frac{c}{d}, \qquad x_2 = \frac{a}{b} - \frac{c}{d}, \qquad x_3 = \frac{a}{b} \cdot \frac{c}{d}, \qquad x_4 = \frac{a}{b} : \frac{c}{d}.$$

Tragen Sie in die folgende Tabelle ein, ob sich der Wert der Ausdrücke vergrößert („>") oder verkleinert („<"), wenn man die einzelnen Variablen vergrößert.

Beispiel: x_1 vergrößert sich, wenn man a vergrößert.

	x_1	x_2	x_3	x_4
a vergrößern	>			
b vergrößern				
c vergrößern				
d vergrößern				

Lösung:

Wenn man den Zähler eines Bruchs vergrößert, so vergrößert sich der Bruch; vergrößert man den Nenner, so verkleinert sich der Bruch.

Bei Vergrößerung von a vergrößert sich also $\frac{a}{b}$. Da bei allen Ausdrücken zu diesem Bruch etwas festes addiert, subtrahiert, multipliziert oder dividiert wird, erhält man stets eine Vergrößerung des Ausdrucks. (Hierbei ist es wichtig, dass alle Werte positiv sind, denn bei einer Multiplikation mit negativen Zahlen würde sich eine Vergrößerung in eine Verkleinerung umwandeln.)

Bei Vergrößerung von b verkleinert sich $\frac{a}{b}$ und damit verkleinern sich (mit gleicher Argumentation wie oben) alle Ausdrücke.

Bei c und d verhält es sich ähnlich, allerdings muss man beachten, dass bei x_2 der Bruch $\frac{c}{d}$ abgezogen und bei x_4 dividiert wird, und sich damit eine Vergrößerung des Bruchs als Verkleinerung des Ausdrucks auswirkt und umgekehrt.

Insgesamt erhält man folgende Tabelle:

	x_1	x_2	x_3	x_4
a vergrößern	>	>	>	>
b vergrößern	<	<	<	<
c vergrößern	>	<	>	<
d vergrößern	<	>	<	>

2 Funktionen

2.1 Lineare Funktionen

Aufgabe 2.1.1

Skizzieren Sie die folgenden Geraden und bestimmen Sie deren Nullstelle:

a) $y = 3 - 2x$,

b) $y = \frac{1}{3}x + 1$,

c) $y = x - 2$,

d) $y = -x$,

e) $y = -\frac{1}{2}x - 1$,

f) $y = 3x + 1$.

Lösung:

Die Geraden kann man entsprechend des jeweiligen y-Achsenabschnitts und der Steigung direkt in ein Koordinatensystem einzeichnen (vgl. Bemerkung 2.1.2).

a)

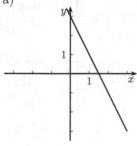

Abb. 2.1 $y = 3 - 2x$.

b)

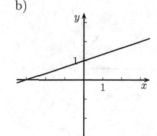

Abb. 2.2 $y = \frac{1}{3}x + 1$.

c)

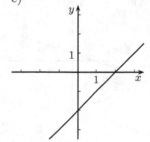

Abb. 2.3 $y = x - 2$.

d)

Abb. 2.4 $y = -x$.

e)

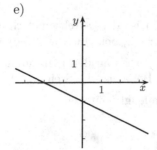

Abb. 2.5 $y = -\frac{1}{2}x - 1$.

f)

Abb. 2.6 $y = 3x + 1$.

Zur Nullstellenberechnung wird y gleich 0 gesetzt und die entstehende Gleichung nach x umgeformt.

a) $0 = 3 - 2x \quad \Leftrightarrow \quad 2x = 3 \quad \Leftrightarrow \quad x = \frac{3}{2} = 1.5$.

b) $0 = \frac{1}{3}x + 1 \quad \Leftrightarrow \quad -1 = \frac{1}{3}x \quad \Leftrightarrow \quad x = -3$.

c) $0 = x - 2 \quad \Leftrightarrow \quad x = 2$.

d) $0 = -x \quad \Leftrightarrow \quad x = 0$.

e) $0 = -\frac{1}{2}x - 1 \quad \Leftrightarrow \quad 1 = -\frac{1}{2}x \quad \Leftrightarrow \quad x = -2$.

f) $0 = 3x + 1 \quad \Leftrightarrow \quad 3x = -1 \quad \Leftrightarrow \quad x = -\frac{1}{3}$.

Aufgabe 2.1.2

Wie lauten die Geradengleichungen zu den skizzierten Geraden?

(Orientieren Sie sich an den Schnittpunkten mit dem ganzzahligen Gitterpunkten.)

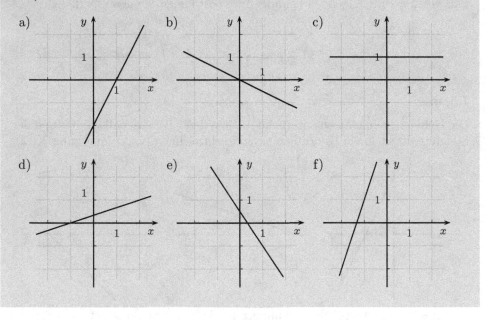

Lösung:

Bei den ersten drei Bildern ist der y-Achsenabschnitt ganzzahlig und daher leicht ablesbar: Bei a) ist er -2, bei b) 0 und bei c) 1.

Die Steigungen kann man jeweils an den ganzzahligen Gitterpunkten, die geschnitten werden, ablesen: Bei a) ist die Steigung 2, bei b) $-\frac{1}{2}$ und bei c) 0.

Damit erhält man als Geradengleichungen

a) $y = 2x - 2$,

b) $y = -\frac{1}{2}x$,

c) $y = 1$.

Bei den letzten drei Bildern ist der y-Achsenabschnitt nicht direkt ablesbar, da er nicht ganzzahlig bzw. bei f) außerhalb des abgebildeten Bereichs liegt. Man erkennt aber jeweils ganzzahlige Punkte, die auf der Geraden liegen. Mit deren Hilfe kann man die Steigung m bestimmen. Die Geradengleichung kann man dann direkt mit der Punkt-Steigungs-Formel (s. Satz 2.1.5) aufstellen oder alternativ den y-Achsenabschnitt a durch Einsetzen eines Punktes in die Darstellung $y = mx + a$ bestimmen:

d) Die Gerade verläuft durch $(-1, 0)$ und $(2, 1)$, die Steigung ist also

$$m = \frac{1 - 0}{2 - (-1)} = \frac{1}{3}.$$

Mit der Punkt-Steigungsformel ausgehend vom Punkt $(2, 1)$ erhält man als Geradengleichung

$$y = \frac{1}{3} \cdot (x - 2) + 1 = \frac{1}{3}x - \frac{2}{3} + 1 = \frac{1}{3}x + \frac{1}{3}.$$

Genauso kann man den Punkt $(-1, 0)$ bei der Punkt-Steigungsformel heranziehen:

$$y = \frac{1}{3} \cdot (x - (-1)) + 0 = \frac{1}{3}x + \frac{1}{3}.$$

Alternativ kann man den y-Achsenabschnitt a durch Einsetzen eines der beiden Punkte in die Gleichung $y = \frac{1}{3}x + a$ berechnen, z.B. beim Punkt $(2, 1)$:

$$1 = \frac{1}{3} \cdot 2 + a \quad \Leftrightarrow \quad a = 1 - \frac{2}{3} = \frac{1}{3}.$$

Man kann den y-Achsenabschnitt auch mit Hilfe der Steigung $\frac{1}{3}$ bestimmen, indem man vom Punkt $(-1, 0)$ eine Einheit nach rechts, also $\frac{1}{3}$ nach oben geht, und damit den y-Achsenabschnitt $\frac{1}{3}$ erhält.

e) Die ganzzahligen Punkte $(-1, 2)$ und $(1, -1)$ führen auf die Steigung

$$m = \frac{-1 - 2}{1 - (-1)} = -\frac{3}{2}.$$

Mit der Punkt-Steigungsformel ausgehend vom Punkt $(1, -1)$ erhält man als Geradengleichung

$$y = -\frac{3}{2} \cdot (x - 1)) + (-1) = -\frac{3}{2}x + \frac{3}{2} - 1 = -\frac{3}{2}x + \frac{1}{2}.$$

Wie bei d) gibt es auch hier weitere Möglichkeiten, die Geradengleichung aufzustellen.

f) Die ganzzahligen Punkte $(-2, -2)$ und $(-1, 1)$ führen auf die Steigung

$$m = \frac{1 - (-2)}{-1 - (-2)} = \frac{3}{1} = 3.$$

Mit der Punkt-Steigungsformel ausgehend vom Punkt $(-1, 1)$ erhält man als Geradengleichung

$$y = 3 \cdot (x - (-1)) + 1 = 3x + 3 + 1 = 3x + 4.$$

Wie bei d) gibt es auch hier weitere Möglichkeiten, die Geradengleichung aufzustellen, z.B., indem man nach Bestimmung der Steigung 3 ausgehend vom Punkt $(-1, 1)$ eine Einheit nach rechts geht, womit der y-Wert um 3 steigt, die y-Achse also bei $1 + 3 = 4$ geschnitten wird, d.h. der y-Achsenabschnitt gleich 4 ist.

Aufgabe 2.1.3

Zeichnen Sie ein Bild und bestimmen Sie die Geradengleichung zu einer Geraden,

a) die durch $(1, 0)$ und $(3, 2)$ führt,

b) die durch $(-2, 3)$ und $(1, -1)$ führt,

c) die durch $(1, -1)$ führt und die Steigung 2 hat,

d) die durch $(2, 0)$ führt und die Steigung -1 hat,

e) die die x-Achse bei 3 und die y-Achse bei -2 schneidet.

Lösung:

a) Durch die gegebenen Punkte ergibt sich als Steigung

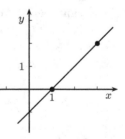

$$m = \frac{2 - 0}{3 - 1} = \frac{2}{2} = 1.$$

Die Geradengleichung mit unbekanntem Parameter a ist also

$$y = 1 \cdot x + a = x + a$$

Abb. 2.7 Gerade durch zwei Punkte.

Setzt man den Punkt $(1, 0)$ ein, erhält man

$$0 = 1 + a \quad \Leftrightarrow \quad a = -1.$$

Den y-Achsenabschnitt -1 kann man auch direkt aus der Steigung 1 und dem Geradenpunkt $(1,0)$ ableiten: Eine Einheit in x-Richtung zurück bedeutet eine Erniedrigung des y-Werts um 1, so dass die y-Achse bei -1 geschnitten wird.

Die Geradengleichung lautet also

$$y = x - 1.$$

Alternativ erhält man mit der Steigung 1 und beispielsweise dem Punkt $(1,0)$ direkt mit der Punkt-Steigungs-Formel (Satz 2.1.5)

$$y = 1 \cdot (x - 1) + 0 = x - 1.$$

b) Als Steigung ergibt sich

$$m = \frac{-1 - 3}{1 - (-2)} = -\frac{4}{3}.$$

Die Geradengleichung mit unbekanntem Parameter a ist also

$$y = -\frac{4}{3}x + a.$$

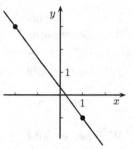

Abb. 2.8 Gerade durch zwei Punkte.

Einsetzen von $(1, -1)$ führt zu

$$-1 = -\frac{4}{3} \cdot 1 + a \quad \Leftrightarrow \quad a = -1 + \frac{4}{3} = \frac{1}{3}.$$

Alternativ kann man den y-Achsenabschnitt nach Bestimmung der Steigung $-\frac{4}{3}$ berechnen, indem man vom Punkt $(-2, 3)$ zur y-Achse zwei Einheiten in x-Richtung nach rechts geht, womit sich der y-Wert auf $3 + 2 \cdot \left(-\frac{4}{3}\right) = \frac{1}{3}$ reduziert.

Die Geradengleichung lautet also

$$y = -\frac{4}{3}x + \frac{1}{3}.$$

Alternativ kann man wieder nach Bestimmung der Steigung $-\frac{4}{3}$ mit der Punkt-Steigungs-Formel und einem Punkt direkt die Geradengleichung aufstellen, beispielsweise mit dem Punkt $(1, -1)$:

$$y = -\frac{4}{3} \cdot (x - 1) + (-1) = -\frac{4}{3}x + \frac{4}{3} - 1 - \frac{4}{3}x + \frac{1}{3}.$$

c) Wegen der Steigung 2 lautet die Geradengleichung

$$y = 2x + a.$$

Einsetzen von $(1, -1)$ ergibt

$$-1 = 2 \cdot 1 + a$$
$$\Leftrightarrow \quad a = -1 - 2 = -3.$$

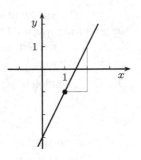

Also lautet die Geradengleichung

$$y = 2x - 3.$$

Abb. 2.9 Gerade durch einen Punkt mit vorgegebe-ner Steigung.

Den y-Achsenabschnitt -3 kann man auch direkt aus der Steigung 2 und dem Geradenpunkt $(1, -1)$ ableiten: Eine Einheit in x-Richtung zurück bedeutet eine Erniedrigung des y-Werts um 2, also zu $-1 - 2 = -3$.

Alternativ ergibt sich mit der Punkt-Steigungs-Formel direkt

$$y = 2 \cdot (x - 1) - 1 = 2x - 2 - 1 = 2x - 3.$$

d) Wie bei c) gibt es verschiedene Möglichkei-ten, die Geradengleichung aufzustellen. Di-rekt erhält man sie mit der Punkt-Steigungs-Formel:

$$y = (-1) \cdot (x - 2) + 0 = -x + 2.$$

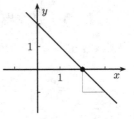

Abb. 2.10 Gerade durch einen Punkt mit vorgegebe-ner Steigung.

e) Die angegebenen Schnittpunkte besagen, dass $(3, 0)$ und $(0, -2)$ auf der Geraden liegen. Die Steigung ist damit

$$m = \frac{-2 - 0}{0 - 3} = \frac{-2}{-3} = \frac{2}{3}.$$

Mit dem zweiten Punkt ist der y-Achsenabschnitt direkt als $a = -2$ gegeben, so dass die Geradengleichung

$$y = \frac{2}{3}x - 2$$

lautet.

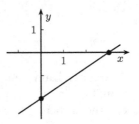

Abb. 2.11 Gerade mit vorgegebenen Achsen-schnittpunkten.

Aufgabe 2.1.4

Bestimmen Sie die Schnittpunkte der folgenden Geraden rechnerisch und zeichnerisch.

a) $f_1(x) = 3x + 1$ und $f_2(x) = \frac{1}{4}x - \frac{3}{2}$,

b) $g_1(x) = -x$ und $g_2(x) = -2$,

c) $h_1(x) = 1.5x - 1$ und $h_2(x) = \frac{3}{2}x + \frac{3}{4}$.

Lösung:

a) Gesucht ist die Stelle x mit $f_1(x) = f_2(x)$, also

$$3x + 1 = \frac{1}{4}x - \frac{3}{2}$$
$$\Leftrightarrow \quad \frac{11}{4}x = -\frac{5}{2}$$
$$\Leftrightarrow \quad x = -\frac{5}{2} \cdot \frac{4}{11} = -\frac{10}{11}.$$

Es ist $f_1\left(-\frac{10}{11}\right) = -\frac{30}{11} + 1 = -\frac{19}{11}$.

Also ist der Schittpunkt: $\left(-\frac{10}{11}, -\frac{19}{11}\right)$.

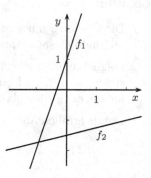

Abb. 2.12 Schnittpunkt von f_1 mit f_2.

b) Gesucht ist die Stelle x mit

$$g_1(x) = g_2(x)$$
$$\Leftrightarrow \quad -x = -2$$
$$\Leftrightarrow \quad x = 2.$$

Also ist der Schittpunkt $(2, -2)$.

Dies kann man auch direkt aus der Skizze sehen, s. Abb. 2.13.

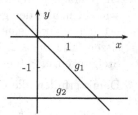

Abb. 2.13 Schnittpunkt von g_1 mit g_2.

c) Gesucht ist eine Stelle x mit

$$h_1(x) = h_2(x)$$
$$\Leftrightarrow \quad 1.5x - 1 = \frac{3}{2}x + \frac{3}{4}$$
$$\Leftrightarrow \quad -1 - \frac{3}{4}.$$

Dies ist ein Widerspruch, d.h. es gibt keinen Schnittpunkt.

Die Geraden verlaufen parallel, s. Abb. 2.14.

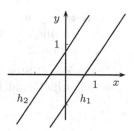

Abb. 2.14 Die Geraden h_1 mit h_2 haben keinen Schnittpunkt.

Aufgabe 2.1.5

Sei $f(x) = 2x - 1$.

a) Für welche Geraden g gilt $g(x) > f(x)$ für alle $x \in \mathbb{R}$?

b) Für welche Geraden g gilt $g(x) > f(x)$ für $x < 0$ und $g(x) < f(x)$ für $x > 0$?

c) Für welche Geraden g gilt $g(x) > f(x)$ für $x < 1$ und $g(x) < f(x)$ für $x > 1$?

Lösung:

a) Die Gerade g muss parallel zur Geraden f und oberhalb dieser verlaufen, s. Abb. 2.15.

Folglich muss g die gleiche Steigung wie f besitzen, also 2, und einen y-Achsenabschnitt a haben, der größer als der von f ist, also $a > -1$.

Damit erfüllen alle Geraden der Form

$$g(x) = 2x + a \quad \text{mit} \quad a > -1$$

die Bedingung.

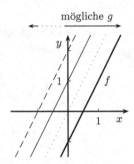

Abb. 2.15 Geraden g oberhalb von f.

b) Die Gerade g muss die Gerade f bei $x = 0$ schneiden, also den gleichen y-Achsenabschnitt -1 haben, und eine flachere Steigung m besitzen, also $m < 2$. Dabei sind auch negative Steigungen $m < 0$ erlaubt, s. Abb. 2.16.

Damit erfüllen alle Geraden der Form

$$g(x) = mx - 1 \quad \text{mit} \quad m < 2$$

die Bedingung.

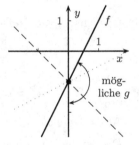

Abb. 2.16 Möglichkeiten für Geraden g.

c) Die Gerade g muss die Gerade f bei $x = 1$ schneiden und eine flachere Steigung m besitzen, also $m < 2$.

Mit der Punkt-Steigungsformel erhält man also als mögliche Geradengleichungen

$$\begin{aligned} g(x) &= m(x - 1) + 1 \\ &= mx - m + 1 \quad \text{mit} \quad m < 2, \end{aligned}$$

z. B. für $m = \frac{1}{2}$ (in Abb. 2.17 gepunktet):

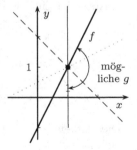

Abb. 2.17 Möglichkeiten für Geraden g.

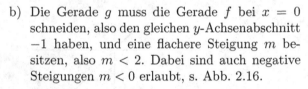

$$g(x) \;=\; \frac{1}{2}x - \frac{1}{2} + 1 \;=\; \frac{1}{2}x + \frac{1}{2}$$

oder für $m = -1$ (in Abb. 2.17 gestrichelt):

$$g(x) \;=\; -x - (-1) + 1 \;=\; -x + 2.$$

Aufgabe 2.1.6

Gibt es jeweils eine Gerade, die durch die drei angegebenen Punkte führt?

a) Durch $(-1, 2)$, $(1, -1)$, $(3, -3)$,   b) durch $(-1, 3)$, $(1, 1)$, $(2, 0)$,

c) durch $(-1, 3)$, $(1, 2)$, $(5, 0)$,   d) durch $(-1, 2)$, $(2, 1)$, $(4, 2)$.

Lösung:

Es gibt mehrere Möglichkeiten zur Lösung, beispielsweise

1. Bestimmung der Geradengleichung durch 2 Punkte und Überprüfung, ob der dritte Punkt auf dieser Geraden liegt.

2. Kontrolle, ob die Steigung zwischen erstem und zweitem sowie zwischen zweitem und drittem Punkt gleich ist.

Man kann auch Geradengleichungen für eine Gerade durch den ersten und zweiten und für eine Gerade durch den zweiten und dritten Punkt aufstellen und testen, ob die Gleichungen identisch sind. Statt ersten und zweiten bzw. zweiten und dritten Punkt kann man auch den ersten und dritten Punkt wählen.

a) *Lösung mit Methode 1:*

Für die Geradengleichung zwischen den Punkten $(-1, 2)$ und $(1, -1)$ erhält man als Steigung

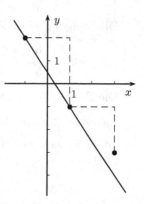

$$m \;=\; \frac{-1 - 2}{1 - (-1)} \;=\; -\frac{3}{2}.$$

Einsetzen von $(1, -1)$ in $y = -\frac{3}{2}x + a$ ergibt

$$-1 \;=\; -\frac{3}{2} \cdot 1 + a \quad \Leftrightarrow \quad a \;=\; \frac{1}{2}.$$

Die Geradengleichung ist also

$$y \;=\; -\frac{3}{2}x + \frac{1}{2}.$$

Abb. 2.18 Drei Punkte, die nicht auf einer Geraden liegen.

Für die Stelle $x = 3$ ergibt sich

$$-\frac{3}{2} \cdot 3 + \frac{1}{2} \;=\; -4 \neq -3,$$

d.h., der Punkt $(3, -3)$ liegt nicht auf dieser Geraden .

Die drei Punkte liegen also nicht auf einer gemeinsamen Geraden.

Lösung mit Methode 2:

Die Steigung zwischen den Punkten $(-1, 2)$ und $(1, -1)$ ist wie oben berechnet $m = -\frac{3}{2}$. Für die Punkte $(1, -1)$ und $(3, -3)$ erhält man

$$m' = \frac{-3 - (-1)}{3 - 1} = \frac{-2}{2} = -1 \neq -\frac{3}{2} = m.$$

Also liegen die drei Punkte nicht auf einer gemeinsamen Geraden.

b) *Lösung mit Methode 2:*

Die Steigung zwischen $(-1, 3)$ und $(1, 1)$ ist:

$$m_1 = \frac{1 - 3}{1 - (-1)} = \frac{-2}{2} = -1.$$

Die Steigung zwischen $(1, 1)$ und $(2, 0)$ ist:

$$m_2 = \frac{0 - 1}{2 - 1} = -\frac{1}{1} = -1 = m_1.$$

Die Punkte liegen also auf einer Geraden.

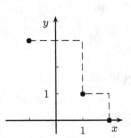

Abb. 2.19 Drei Punkte, die auf einer Geraden liegen.

c) *Lösung mit Methode 2:*

Die Steigung zwischen $(-1, 3)$ und $(1, 2)$ ist:

$$m_1 = \frac{2 - 3}{1 - (-1)} = \frac{-1}{2} = -\frac{1}{2}.$$

Die Steigung zwischen $(1, 2)$ und $(5, 0)$ ist:

$$m_2 = \frac{0 - 2}{5 - 1} = \frac{-2}{4} = -\frac{1}{2} = m_1.$$

Die Punkte liegen also auf einer Geraden.

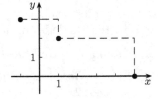

Abb. 2.20 Drei Punkte, die auf einer Geraden liegen.

d) *Lösung mit Methode 1:*

Offensichtlich liegen die Punkte $(-1, 2)$ und $(4, 2)$ auf der Geraden

$$y = 2,$$

der Punkt $(2, 1)$ aber nicht. Die drei Punkte liegen also nicht auf einer gemeinsamen Geraden.

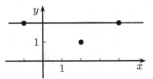

Abb. 2.21 Drei Punkte, die nicht auf einer Geraden liegen.

Aufgabe 2.1.7

Wo kommt das schwarze Feld in den beiden aus gleichen Teilen bestehenden Figuren her?

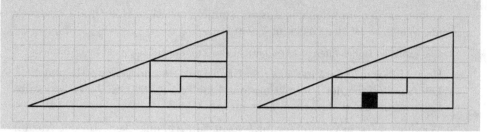

Lösung:

Auf den ersten Blick sehen die beiden zusammengesetzten Figuren wie zwei gleiche Dreiecke aus. Dann dürfte es im rechten Bild aber kein schwarzes Feld mehr geben.

Tatsächlich sind die Steigungen der beiden kleinen Dreiecke aber verschieden: Das größere der beiden hat die Steigung $\frac{3}{8}$, das kleinere die Steigung $\frac{2}{5}$ ($\frac{3}{8} = \frac{15}{40} \neq \frac{16}{40} = \frac{2}{5}$). Die zusammengesetzten Figuren sind also keine Dreiecke.

Das „scheinbare" Dreieck, das aus den Teilen zusammengesetzt ist, hat die Steigung $\frac{5}{13}$. Vergleicht man die Steigungen, indem man sie auf einen gemeinsamen Nenner bringt, so erhält man

$$\frac{3}{8} = \frac{195}{8 \cdot 5 \cdot 13} < \frac{5}{13} = \frac{200}{8 \cdot 5 \cdot 13} < \frac{2}{5} = \frac{208}{8 \cdot 5 \cdot 13}.$$

Die linke Figur liegt also innerhalb des richtigen Dreiecks, die rechte ragt ein bisschen darüber hinaus. Damit erklärt sich die zusätzliche Fläche, die dem des schwarzen Quadrats entspricht.

In Abb. 2.22 sind das große Dreieck (durchgezogene Linie) und die Umrisse und Dreiecke der linken (gestrichelt) und rechten (gepunktet) Figur übereinandergelegt:

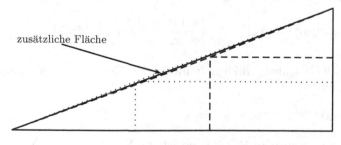

Abb. 2.22 Vergleich der Dreiecke.

Aufgabe 2.1.8

a) Auf Meereshöhe ist der Luftdruck 1013 hPa (Hektopascal). Pro 8 m Höhe nimmt er um ca. 1 hPa ab.

Geben Sie den funktionalen Zusammenhang zwischen Höhe und Luftdruck an. Wie groß ist der Druck in 500 m Höhe?

(Bei größeren Höhendifferenzen ($\sim$ km) ist der Zusammenhang nicht mehr linear.)

b) Herr Müller gründet ein Gewerbe: Er produziert und verkauft Lebkuchen. Die Anschaffung der Produktionsmaschine kostet 10000€. Jeder verkaufte Lebkuchen bringt ihm einen Gewinn von 0,58€.

Wie hoch ist sein Gesamtgewinn/-verlust in Abhängigkeit von der Anzahl der verkauften Lebkuchen? Wieviel Lebkuchen muss er verkaufen, um den break-even (Gesamtgewinn/-verlust = 0) zu erreichen?

c) Ein Jogurthbecher hat eine Höhe von 8 cm, einen unteren Radius von 2 cm und einen oberen Radius von 3 cm.

Wie groß ist der Radius in Abhängigkeit von der Höhe?

Lösung:

a) Gesucht ist eine lineare Funktion $p(h)$, die den Druck p in der Höhe h angibt.

Eine Abnahme von 1 hPa auf 8 m bedeutet eine Steigung

$$m = \frac{-1\,\text{hPa}}{8\,\text{m}} = -\frac{1}{8}\frac{\text{hPa}}{\text{m}}.$$

Wegen des Luftdrucks 1013 hPa bei Höhe $h = 0$ m (bezogen auf Meereshöhe) ergibt sich als Funktion

$$p(h) = 1013\,\text{hPa} - \frac{1}{8}\frac{\text{hPa}}{\text{m}} \cdot h$$

und speziell für den Druck in 500 m Höhe:

$$p(500\,\text{m}) = 1013\,\text{hPa} - \frac{1}{8}\frac{\text{hPa}}{\text{m}} \cdot 500\,\text{m} = 950.5\,\text{hPa}.$$

b) Durch die Angaben erhält man direkt den Gewinn g in Abhängigkeit von der Stückzahl s:

$$g(s) = -10\,000\,\text{€} + 0.58\,\text{€} \cdot s$$

Die Frage nach dem Break-Even ist die Frage nach der Nullstelle dieser Funktion:

$$0 = g(s) = -10\,000\,€ + 0.58\,€ \cdot s$$
$$\Leftrightarrow \qquad 0.58s = 10\,000$$
$$\Leftrightarrow \qquad s = \frac{10\,000}{0.58} \approx 17241.4.$$

Zum Break-Even müssen also ca. 17242 Lebkuchen verkauft werden.

c) Abb. 2.23 zeigt den Becher mit einem Koordinatensystem.

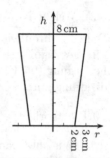

Abb. 2.23 Jogurthbecher.

Gesucht ist eine Funktion $r(h)$, die den Radius r in Höhe h angibt. Die Höhe h ist also die unabhängige Variable, die üblicherweise nach rechts gezeichnet wird, hier aber nach oben zeigt.

Man kann aber weiter von der Funktionsgleichung

$$r(h) = m \cdot h + a$$

ausgehen und erhält wegen des Radius 2 cm am unteren Rand (Höhe 0 cm)

$$2\,\text{cm} \stackrel{!}{=} r(0\,\text{cm}) = a$$

und dann wegen des Radius 3 cm am oberen Rand (Höhe 8 cm)

$$3\,\text{cm} \stackrel{!}{=} r(8\,\text{cm}) = m \cdot 8\,\text{cm} + a = m \cdot 8\,\text{cm} + 2\,\text{cm},$$

also 1 cm $= m \cdot 8$ cm und damit $m = \frac{1}{8}$.

Also lautet die Funktion

$$r(h) = \frac{1}{8} \cdot h + 2\,\text{cm}.$$

Alternativ kann man, um in üblicher Weise die unabhängige Variable nach rechts laufen zu lassen, die Darstellung kippen bzw. genauer an der Winkelhalbierenden spiegeln und erhält dann Abb. 2.24.

An Abb. 2.24 liest man sofort die Steigung $\frac{1}{8}$ und den y-Achsenabschnitt 2 cm ab und erhält so die Funktion

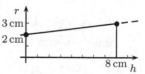

Abb. 2.24 Alternative Darstellung.

$$r(h) = \frac{1}{8} \cdot h + 2\,\text{cm}.$$

Aufgabe 2.1.9

a) Bei der Klausur gibt es 80 Punkte. Ab 34 Punkten hat man bestanden
   (4.0), ab 67 Punkten gibt es eine 1.0. Dazwischen ist der Notenverlauf
   linear.

   a1) Ab wieviel Punkten gibt es eine 3.0?

   a2) Welche Note erhält man mit 53 Punkten?

b) Daniel Fahrenheit nutzte zur Festlegung seiner Temperaturskala als untere Festlegung (0°F) die Temperatur einer Kältemischung und als obere
   Festlegung (96°F) die normale Körpertemperatur. Nach heutiger Standardisierung gilt:

   $$0°F \text{ entspricht } -\frac{160}{9}°C \approx -17.8°C \text{ und } 96°F \text{ entspricht } \frac{320}{9}°C \approx 35.6°C.$$

   b1) Wieviel Grad Fahrenheit entspricht der Gefrierpunkt des Wassers?

   b2) Wieviel Grad Celsius sind 50°F?

Lösung:

Bei den beiden Situationen ist nicht ausdrücklich gesagt, was die abhängige und
was die unabhängige Variable sein soll, z.B. ob bei a) eine Funktion für die Note
in Abhängigkeit von den Punkten oder eine für die Punkte in Abhängigkeit von
der Note aufgestellt werden soll. Tatsächlich kann man mit beiden Varianten
die Fragestellungen beantworten, wie im Folgenden vorgeführt ist.

a) *1. Variante*

   Man stellt eine lineare Funktion $p(n)$ auf, die die Punktezahl p angibt, die
   für die Note n nötig ist. Entsprechend der Angaben ist

   $$p(4) = 34 \quad \text{und} \quad p(1) = 67.$$

   Damit erhält man als Steigung

   $$m = \frac{67 - 34}{1 - 4} = \frac{33}{-3} = -11, \tag{$*$}$$

   also $p(n) = -11 \cdot n + a$.

   Einsetzen von beispielsweise $p(1) = 67$ führt zu

   $$67 \overset{!}{=} p(1) = -11 \cdot 1 + a \quad \Rightarrow \quad a = 67 + 11 = 78.$$

   Also ist

   $$p(n) = -11n + 78$$

a1) Es ist

$$p(3) = -11 \cdot 3 + 78 = 45,$$

d.h., ab 45 Punkten gibt es eine 3.0.

Alternativ kann man nach Berechnung der Steigung ($*$) auch direkt schlussfolgern, dass man für eine Note 3 elf Punkte mehr als für eine 4 braucht, also $34 + 11 = 45$.

a2) Gesucht ist die Note n mit

$$53 \overset{!}{=} p(n) = -11n + 78$$
$$\Leftrightarrow \quad 11n = 78 - 53 = 25$$
$$\Leftrightarrow \quad n = \frac{25}{11} \approx 2.27.$$

Mit 53 Punkten gibt es also (bei entsprechender Rundung) eine 2.3.

2. Variante

Man stellt eine lineare Funktion $n(p)$ auf, die die Note n angibt, die man mit p Punkten erreicht. Entsprechend der Angaben ist

$$n(34) = 4 \quad \text{und} \quad n(67) = 1.$$

Aufstellen der Geradengleichung ähnlich wie oben führt zu

$$n(p) = -\frac{1}{11} \cdot p + \frac{78}{11}.$$

(Diese Funktion ist genau die Umkehrfunktion zu der in der ersten Variante bestimmten Funktion $p(n)$.)

a1) Gesucht ist die Stelle p, bei der der Funktionswert $n(p)$ gleich 3 ist:

$$3 \overset{!}{=} n(p) = -\frac{1}{11} \cdot p + \frac{78}{11}$$
$$\Leftrightarrow \quad 33 = -p + 78 \quad \Leftrightarrow \quad p = 78 - 33 = 45.$$

a2) Es ist

$$n(53) = -\frac{1}{11} \cdot 53 + \frac{78}{11} = \frac{25}{11} \approx 2.27.$$

Damit erhält man die gleichen Antworten wie bei der ersten Variante.

b) *1. Variante*

Für eine Funktion $f(c)$, die zu einer Grad Celsius Angabe c den Fahrenheit-Wert $f(c)$ berechnet, gilt

$$f(-\tfrac{160}{9}{}^\circ\text{C}) = 0{}^\circ\text{F} \quad \text{und} \quad f(\tfrac{320}{9}{}^\circ\text{C}) = 96{}^\circ\text{F}.$$

Damit erhält man als Steigung

$$m = \frac{96^\circ F - 0^\circ F}{\frac{320}{9}^\circ C - (-\frac{160}{9})^\circ C} = \frac{9 \cdot 96^\circ F}{480^\circ C} = \frac{9}{5}\frac{^\circ F}{^\circ C}$$

also $f(c) = \frac{9}{5}\frac{^\circ F}{^\circ C} \cdot c + a$.

Einsetzen von beispielsweise $f(-\frac{160}{9}^\circ C) = 0^\circ F$ führt zu

$$0^\circ F \overset{!}{=} f(-\frac{160}{9}^\circ C) = \frac{9}{5}\frac{^\circ F}{^\circ C} \cdot (-\frac{160}{9})^\circ C + a = -32^\circ F + a$$

$$\Leftrightarrow \quad a = 32^\circ F.$$

Also ist

$$f(c) = \frac{9}{5}\frac{^\circ F}{^\circ C} \cdot c + 32^\circ F.$$

b1) Für den Gefrierpunkt $0^\circ C$ ergibt sich

$$f(0^\circ C) = \frac{9}{5}\frac{^\circ F}{^\circ C} \cdot 0^\circ C + 32^\circ F = 32^\circ F.$$

b2) Gesucht ist der Celsius-Wert c mit

$$50^\circ F \overset{!}{=} f(c) = \frac{9}{5}\frac{^\circ F}{^\circ C} \cdot c + 32^\circ F$$

$$\Leftrightarrow \quad \frac{9}{5}\frac{^\circ F}{^\circ C} \cdot c = 50^\circ F - 32^\circ F = 18^\circ F$$

$$\Leftrightarrow \quad c = 18 \cdot \frac{5}{9}^\circ C = 10^\circ C.$$

2. Variante

Für eine Funktion $c(f)$, die zu einer Grad Fahrenheit Angabe f den Celsius-Wert $c(f)$ berechnet, gilt

$$c(0^\circ F) = -\frac{160}{9}^\circ C \quad \text{und} \quad c(96^\circ F) = \frac{320}{9}^\circ C.$$

Damit erhält man als y-Achsenabschnitt direkt $a = -\frac{160}{9}^\circ C$ und als Steigung

$$m = \frac{\frac{320}{9}^\circ C - (-\frac{160}{9})}{96^\circ F - 0^\circ F} = \frac{480^\circ C}{9 \cdot 96^\circ F} = \frac{5}{9}\frac{^\circ C}{^\circ F},$$

also

$$c(f) = \frac{5}{9}\frac{^\circ C}{^\circ F} \cdot f - \frac{160}{9}^\circ C.$$

b1) Gesucht ist der Fahrenheit-Wert f mit

$$0°C \overset{!}{=} c(f) = \frac{5\,°C}{9\,°F} \cdot f - \frac{160}{9}°C$$

$$\Leftrightarrow \quad \frac{5\,°C}{9\,°F} \cdot f = \frac{160}{9}°C$$

$$\Leftrightarrow \quad f = \frac{160}{9} \cdot \frac{9}{5}°F = 32°F.$$

b2) Man erhält

$$c(50°F) = \frac{5\,°C}{9\,°F} \cdot 50°F - \frac{160}{9}°C = \frac{250 - 160}{9}°C = 10°C.$$

2.2 Quadratische Funktionen

Aufgabe 2.2.1

Bestimmen Sie die Scheitelpunktform und zeichnen Sie den Funktionsgraf zu

a) $f(x) = x^2 - x + 1$,   b) $h(x) = x^2 + 4x + 1$,

c) $g(z) = \frac{1}{3}z^2 - 2z + 2$,   d) $f(a) = -a^2 + 2a + 3$,

e) $g(c) = 2c^2 - 4$,   f) $h(r) = -2r^2 - 5r$.

Lösung:

Die jeweilige Scheitelpunktform erhält man mittels quadratischer Ergänzung (s. Bem. 2.2.3, 3.):

a) $f(x) = x^2 - x + 1 = x^2 - 2 \cdot \frac{1}{2}x + \left(\frac{1}{2}\right)^2 - \left(\frac{1}{2}\right)^2 + 1$
$= \left(x - \frac{1}{2}\right)^2 - \frac{1}{4} + 1 = \left(x - \frac{1}{2}\right)^2 + \frac{3}{4}$,

b) $h(x) = x^2 + 4x + 1 = x^2 + 2 \cdot 2x + 2^2 - 2^2 + 1 = (x + 2)^2 - 4 + 1$
$= (x - (-2))^2 - 3$,

c) $g(z) = \frac{1}{3}z^2 - 2z + 2 = \frac{1}{3}(z^2 - 6z + 6) = \frac{1}{3}\left[(z - 3)^2 - 9 + 6\right]$
$= \frac{1}{3}(z - 3)^2 - 1$,

d) $f(a) = -a^2 + 2a + 3 = -(a^2 - 2a - 3) = -\left[(a - 1)^2 - 1 - 3\right]$
$= -\left[(a - 1)^2 - 4\right] = -(a - 1)^2 + 4$,

e) $g(c) = 2c^2 - 4 = 2(c - 0)^2 - 4$,

f) $h(r) \;=\; -2r^2 - 5r \;=\; -2\bigl(r^2 + \tfrac{5}{2}r\bigr) \;=\; -2\bigl[r^2 + 2\cdot\tfrac{5}{4}r + \bigl(\tfrac{5}{4}\bigr)^2 - \bigl(\tfrac{5}{4}\bigr)^2\bigr]$

$\qquad\quad =\; -2\bigl[\bigl(r + \tfrac{5}{4}\bigr)^2 - \tfrac{25}{16}\bigr] \;=\; -2\bigl(r - \bigl(-\tfrac{5}{4}\bigr)\bigr)^2 + \tfrac{25}{8}.$

Aus den Scheitelpunktformen kann man den Scheitelpunkt ablesen (s. Bem. 2.2.3, 2.), beispielsweise bei a) $(\tfrac{1}{2}, \tfrac{3}{4})$ und bei b) $(-2, 3)$.

Der Vorfaktor vor dem Quadrat gibt Auskunft über den Verlauf der Parabel (s. Bem. 2.2.2). Damit erhält man die folgenden Funktionsgrafen:

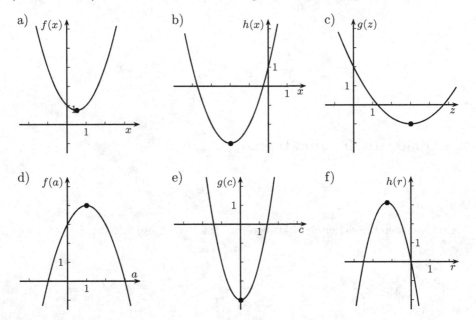

Abb. 2.25 Parabeln mit Scheitelpunkten zu den Teilaufgaben.

Aufgabe 2.2.2

Bestimmen Sie die Nullstellen der folgenden Funktionen. Faktorisieren Sie die Darstellungen (falls möglich).

a) $f(x) = x^2 - x - 2,$ \qquad\qquad b) $h(x) = -x^2 + 2x + 8,$

c) $g(z) = -\tfrac{1}{2}z^2 - 3z - 4,$ \qquad d) $f(a) = a^2 - 2a + 3,$

e) $g(c) = -0.75 + c + c^2,$ \qquad\; f) $h(r) = 6r + 3r^2.$

Lösung:

Es gibt verschiedene Möglichkeiten, die Nullstellen zu bestimmen (vgl. die Zusammenfassung 2.2.14):

Liegt die Funktion in einer Darstellung

$$f(x) \;=\; x^2 + px + q \qquad\qquad\qquad\qquad\qquad (*)$$

vor, kann man

1a) mit der p-q-Formel $x_{1/2} = -\frac{p}{2} \pm \sqrt{\left(\frac{p}{2}\right)^2 - q}$ arbeiten,

1b) eine Nullstelle x_1 raten und die andere durch $x_1 \cdot x_2 = q$ bestimmen.

Liegt die Funktion in einer Darstellung $f(x) = ax^2 + bx + c$ vor, kann man

2a) mit der abc-Formel $x_{1/2} = -\frac{b}{2a} \pm \sqrt{\left(\frac{b}{2a}\right)^2 - \frac{c}{a}}$ arbeiten,

2b) die Gleichung $f(x) = 0$ durch a dividieren, sodass man eine Form wie bei (∗) erhält, und dann eine der Methoden 1a) oder 1b) nutzen.

In jedem Fall kann man die Nullstellen auch bestimmen

3) durch quadratische Ergänzung (wie bei der Scheitelpunktform) und Auf-lösen.

Im Folgenden werden beispielhaft pro Aufgabenteil zwei Varianten dargestellt.

Hat man Nullstellen gefunden, ergibt sich die faktorisierte Darstellung mit Satz 2.2.16.

a) Nach 1a) erhält man die Nullstellen mit der p-q-Formel und $p = -1, q = -2$ als

$$x_{1/2} = \frac{1}{2} \pm \sqrt{\frac{1}{4} + 2} = \frac{1}{2} \pm \frac{3}{2},$$

also $x_1 = 2$ und $x_2 = -1$.

Nach 1b) kann man durch Raten die Nullstelle $x_1 = 2$ finden und dann wegen $x_1 \cdot x_2 = q = -2$ die zweite Nullstelle $x_2 = -1$ finden.

Faktorisiert ist also

$$f(x) = (x - 2) \cdot (x - (-1)) = (x - 2) \cdot (x + 1).$$

b) Nach 2b) erhält man die Nullstellen wegen

$$0 = h(x) = -x^2 + 2x + 8 \quad | \cdot (-1)$$
$$\Leftrightarrow \quad x^2 - 2x - 8 = 0,$$

und dann nach 1a) mit $p = -2, q = -8$ als

$$x_{1/2} = 1 \pm \sqrt{1 + 8} = 1 \pm 3,$$

also $x_1 = -2$ und $x_2 = 4$.

Entspechend 3) führt quadratische Ergänzung und Auflösen zu

$$0 = h(x) = -x^2 + 2x + 8 = -(x^2 - 2x - 8)$$
$$= -[(x-1)^2 - 1 - 8] = -(x-1)^2 + 9$$
$$\Leftrightarrow \quad (x-1)^2 = 9 \quad \Leftrightarrow \quad x - 1 = \pm 3$$
$$\Leftrightarrow \quad x = 1 \pm 3$$

und damit zu $x_1 = -2$ und $x_2 = 4$.

Faktorisiert ist also

$$h(x) = -(x - (-2)) \cdot (x - 4) = -(x+2) \cdot (x-4).$$

c) Nach 2a) sind mit $a = -\frac{1}{2}$, $b = -3$ und $c = -4$ die Nullstellen

$$z_{1/2} = -\frac{-3}{2 \cdot (-\frac{1}{2})} \pm \sqrt{\left(\frac{-3}{2 \cdot (-\frac{1}{2})}\right)^2 - \frac{-4}{-\frac{1}{2}}}$$
$$= -3 \pm \sqrt{3^2 - 8} = -3 \pm 1,$$

also $z_1 = -2$ und $z_2 = -4$.

Nach 2b) ist

$$0 = g(z) = -\frac{1}{2}z^2 - 3z - 4 \quad | \cdot (-2)$$
$$\Leftrightarrow \quad 0 = z^2 + 6z + 8;$$

Hier kann man die Lösung $z_1 = -2$ raten und erhält dann mit 1b) wegen $z_1 \cdot z_2 = 8$ die zweite Lösung $z_2 = -4$.

Faktorisiert ist also

$$g(z) = -\frac{1}{2} \cdot (z - (-2)) \cdot (z - (-4)) = -\frac{1}{2} \cdot (z+2) \cdot (z+4).$$

d) Nach 1a) führt die p-q-Formel zu den Nullstellen

$$a_{1/2} = 1 \pm \sqrt{1 - 3} = 1 \pm \sqrt{-2}.$$

Da in den reellen Zahlen keine Wurzeln aus negativen Zahlen existieren, gibt es keine reellen Nullstellen.

Nach 3) führt eine quadratische Ergänzung und Auflösen zu

$$0 = f(a) = a^2 - 2a + 3 = (a-1)^2 + 3 - 1 = (a-1)^2 + 2$$
$$\Leftrightarrow \quad -2 = (a-1)^2.$$

Da ein Quadrat im Reellen nicht negativ sein kann, gibt es keine Lösung. Damit existiert auch keine faktorisierte Darstellung.

e) Nach 1a) mit $p = 1$ und $q = -0.75 = -\frac{3}{4}$ erhält man als Nullstellen

$$c_{1/2} = -\frac{1}{2} \pm \sqrt{\frac{1}{4} + \frac{3}{4}} = -\frac{1}{2} \pm 1,$$

also $c_1 = -\frac{3}{2}$ und $c_2 = \frac{1}{2}$.

Nach 3) ergibt sich

$$0 = g(c) = -0.75 + c + c^2 = \left(c + \frac{1}{2}\right)^2 - 0.75 - \frac{1}{4}$$

$$\Leftrightarrow \quad 0 = \left(c + \frac{1}{2}\right)^2 - 1 \quad \Leftrightarrow \quad 1 = \left(c + \frac{1}{2}\right)^2$$

$$\Leftrightarrow \quad \pm 1 = c + \frac{1}{2} \quad \Leftrightarrow \quad c = -\frac{1}{2} \pm 1,$$

also $c_1 = -\frac{3}{2}$ und $c_2 = \frac{1}{2}$.

Faktorisiert ist also

$$g(c) = \left(c - \left(-\frac{3}{2}\right)\right) \cdot \left(c - \frac{1}{2}\right).$$

f) Mit $a = 3$, $b = 6$ und $c = 0$ erhält man nach 2a) als Nullstellen

$$r_{1/2} = -\frac{6}{2 \cdot 3} \pm \sqrt{\left(\frac{6}{2 \cdot 3}\right)^2 - 0} = -1 \pm \sqrt{1},$$

also $r_1 = 0$ und $r_2 = -2$.

Alternativ erkennt man nach Dividieren durch 3 und Ausklammern:

$$0 = h(r) = 6r + 3r^2$$

$$\Leftrightarrow \quad 0 = 2r + r^2 = r \cdot (2 + r)$$

$$\Leftrightarrow \quad r = 0 \quad \text{oder} \quad 2 + r = 0,$$

also $r = 0$ oder $r = -2$.

Faktorisiert ist also

$$h(r) = 3 \cdot (r - 0) \cdot (r - (-2)) = 3r \cdot (r + 2),$$

was man auch direkt aus der ursprünglichen Funktionsvorschrift ableiten kann.

Aufgabe 2.2.3

Geben Sie eine Funktionsvorschrift für die folgenden Parabeln an!

(Die markierten Punkte deuten ganzzahlige Koordinatenwerte an.)

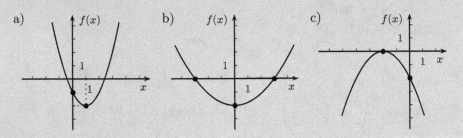

Lösung:

Da jeweils der Scheitelpunkt angegeben ist, bietet es sich an, mit der Scheitelpunktform zu arbeiten (s. Bem. 2.2.3, 2.). Kann man zwei Nullstellen ablesen, kann man auch einen Ansatz bzgl. der faktorisierten Darstellung machen (s. Satz 2.2.16).

a) Wegen des Scheitelpunkts $(1, -2)$ hat die Funktionsvorschrift f die Form

$$f(x) = a(x-1)^2 - 2$$

mit einem noch unbekanntem Wert a. Ferner muss gelten

$$-1 \overset{!}{=} f(0) = a(0-1)^2 - 2 = a - 2 \quad \Leftrightarrow \quad a = 1,$$

also $f(x) = (x-1)^2 - 2$.

b) Wegen des Scheitelpunkts $(0, -2)$ hat die Funktionsvorschrift f die Form

$$f(x) = a(x-0)^2 - 2$$

mit einem noch unbekannten Wert a. Wegen der Nullstelle 3 muss gelten

$$0 \overset{!}{=} f(3) = a \cdot 3^2 - 2 = 9a - 2 \quad \Leftrightarrow \quad a = \tfrac{2}{9},$$

also $f(x) = \tfrac{2}{9}(x-0)^2 - 2 = \tfrac{2}{9}x^2 - 2$.

Alternativ erhält man mit den Nullstellen 3 und -3 den Ansatz

$$f(x) = a \cdot (x-3) \cdot (x-(-3)) = a \cdot (x-3) \cdot (x+3) = a \cdot (x^2 - 9).$$

Einsetzen von $(0, -2)$ führt zu

$$-2 \overset{!}{=} f(0) = a \cdot (0^2 - 9) = -9a \quad \Leftrightarrow \quad a = \tfrac{2}{9},$$

also $f(x) = \tfrac{2}{9} \cdot (x^2 - 9) = \tfrac{2}{9}x^2 - 2$.

c) Wegen des Scheitelpunkts $(-2, 0)$ hat die Funktionsvorschrift f die Form

$$f(x) = a(x+2)^2 + 0$$

mit einem noch unbekannten Wert a. Ferner muss gelten

$$-2 \overset{!}{=} f(0) = a(0+2)^2 = 4a \quad \Leftrightarrow \quad a = -\tfrac{1}{2},$$

also $f(x) = -\tfrac{1}{2}(x+2)^2$.

Aufgabe 2.2.4

Welche Parabel führt durch die Punkte $(0, 1)$, $(1, 2)$ und $(3, 1)$?

Lösung:

Der Ansatz $f(x) = ax^2 + bx + c$ für die Funktionsgleichung führt zu

$$
\begin{aligned}
1 &\overset{!}{=} f(0) = a \cdot 0^2 + b \cdot 0 + c & c &= 1 \\
2 &\overset{!}{=} f(1) = a \cdot 1^2 + b \cdot 1 + c \quad \Leftrightarrow \quad & a + b + c &= 2 \\
1 &\overset{!}{=} f(3) = a \cdot 3^2 + b \cdot 3 + c & 9a + 3b + c &= 1.
\end{aligned}
$$

Setzt man $c = 1$ in die zweite und dritte Gleichung ein, erhält man

$$
\begin{aligned}
a + b &= 1 \\
9a + 3b &= 0.
\end{aligned}
$$

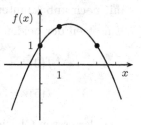

Aus der zweiten Gleichung folgt $b = -3a$; eingesetzt in die erste ergibt sich

$$1 = a + (-3a) = -2a \quad \Leftrightarrow \quad a = -\tfrac{1}{2}$$

und damit $b = -3 \cdot (-\tfrac{1}{2}) = \tfrac{3}{2}$. Also ist

$$f(x) = -\frac{1}{2}x^2 + \frac{3}{2}x + 1.$$

Abb. 2.26 Parabel durch vorgegebene Punkte.

Aufgabe 2.2.5

Geben Sie eine Gleichung für eine Parabel an, die

a) durch $(-1, 1)$ und $(3, 4)$ führt, und deren Scheitelpunkt auf der y-Achse liegt,

b) durch $(0, \tfrac{4}{3})$ und $(5, 3)$ führt, und deren Scheitelpunkt auf der x-Achse liegt.

Lösung:

a) Wegen des Scheitelpunkts auf der y-Achse hat die Funktionsgleichung f die Form

$$f(x) \;=\; a(x-0)^2 + e \;=\; ax^2 + e$$

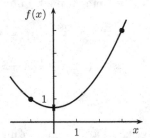

mit noch unbekannten Werten a und e. Einsetzen der beiden Punkte liefert

$$1 \overset{!}{=} f(-1) = a \cdot (-1)^2 + e = a + e,$$

$$4 \overset{!}{=} f(3) = a \cdot (3)^2 + e = 9a + e.$$

Zieht man von der zweiten Gleichung die erste ab, erhält man $3 = 8a$, also $a = \frac{3}{8}$. Aus der ersten Gleichung ergibt sich dann $e = 1 - a = 1 - \frac{3}{8} = \frac{5}{8}$.

Abb. 2.27 Parabel durch vorgegebene Punkte und Scheitelpunkt auf der y-Achse.

Die gesuchte Gleichung lautet also

$$f(x) \;=\; \frac{3}{8}x^2 + \frac{5}{8}.$$

b) Wegen des Scheitelpunkts auf der x-Achse hat die Funktionsgleichung f die Form

$$f(x) \;=\; a \cdot (x-d)^2 + 0 \;=\; a \cdot (x-d)^2$$

mit noch unbekannten Werten a und d.

Einsetzen der beiden Punkte liefert

$$\frac{4}{3} \overset{!}{=} f(0) = a \cdot (0-e)^2 = a \cdot d^2,$$

$$3 \overset{!}{=} f(5) = a \cdot (5-d)^2 = a \cdot (25 - 10 \cdot d + d^2).$$

Aus der ersten Gleichung erhält man $a = \frac{4}{3 \cdot d^2}$.

Eingesetzt in die zweite Gleichung ergibt sich

$$3 \;=\; \frac{4}{3 \cdot d^2} \cdot (25 - 10d + d^2)$$

$$\Leftrightarrow \quad 9d^2 \;=\; 4 \cdot (25 - 10d + d^2) \;=\; 100 - 40d + 4d^2$$

$$\Leftrightarrow \quad 5d^2 + 40d - 100 \;=\; 0$$

$$\Leftrightarrow \quad d^2 + 8d - 20 \;=\; 0$$

$$\Leftrightarrow \quad d \;=\; -4 \pm \sqrt{16 + 20} \;=\; -4 \pm 6,$$

also

$$d = 2 \qquad \text{und damit} \qquad a = \frac{4}{3 \cdot 2^2} = \frac{1}{3}.$$

oder

$$d \;=\; -10 \qquad \text{und damit} \qquad a \;=\; \frac{4}{3 \cdot 10^2} \;=\; \frac{1}{3 \cdot 5^2} \;=\; \frac{1}{75}.$$

Tatsächlich erfüllen

$$f_1(x) \;=\; \frac{1}{75} \cdot (x - (-10))^2 \qquad \text{und} \qquad f_2(x) \;=\; \frac{1}{3} \cdot (x - 2)^2$$

die Vorgaben.

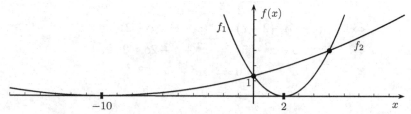

Abb. 2.28 Parabel durch vorgegebene Punkte und Scheitelpunkt auf der y-Achse.

Aufgabe 2.2.6

Für welche Variablenwerte sind die folgenden Gleichungen erfüllt?

a) $z^2 + z + 1 \;=\; 2z^2 - 5z + 6,$ b) $\dfrac{1}{x} \;=\; \dfrac{1}{x+1} + \dfrac{1}{x+2},$

c) $\dfrac{c+5}{c+2} \;=\; \dfrac{c+1}{2-c},$ d) $x^4 - 3x^2 - 4 \;=\; 0,$

e) $\frac{1}{8}z^6 - \frac{7}{8}z^3 - 1 \;=\; 0,$ f) $\dfrac{1}{w+2} - \dfrac{1}{w-2} \;=\; w^2,$

(Tipp: Bei d), e) und f) führt eine geschickte Variablenersetzung auf eine quadratische Gleichung.)

Lösung:

a) Es gilt

$$z^2 + z + 1 \;=\; 2z^2 - 5z + 6 \quad \Leftrightarrow \quad 0 \;=\; z^2 - 6z + 5.$$

Man kann nun beispielsweise die Lösung $z_1 = 1$ raten und wegen $z_1 \cdot z_2 = 5$ dann die zweite Lösung $z_2 = 5$ finden.

b) Durch Multiplikation mit den Nennern, also mit $x \cdot (x+1) \cdot (x+2)$, auf beiden Seiten erhält man

$$\frac{1}{x} = \frac{1}{x+1} + \frac{1}{x+2}$$

$$\Leftrightarrow \quad (x+1) \cdot (x+2) = x \cdot (x+2) + x \cdot (x+1)$$

$$\Leftrightarrow \qquad x^2 + 3x + 2 = x^2 + 2x + x^2 + x$$

$$\Leftrightarrow \quad 0 = x^2 - 2 \quad \Leftrightarrow \quad x^2 = 2 \quad \Leftrightarrow \quad x = \pm\sqrt{2}.$$

c) Es gilt

$$\frac{c+5}{c+2} = \frac{c+1}{2-c}$$

$$\Leftrightarrow \quad (c+5) \cdot (2-c) = (c+1) \cdot (c+2)$$

$$\Leftrightarrow \quad 2c + 10 - c^2 - 5c = c^2 + c + 2c + 2$$

$$\Leftrightarrow \qquad\qquad 0 = 2c^2 + 6c - 8$$

$$\Leftrightarrow \qquad c^2 + 3c - 4 = 0$$

Man kann nun beispielsweise die Lösung $c_1 = 1$ raten und wegen $c_1 \cdot c_2 = -4$ dann die zweite Lösung $c_2 = -4$ finden.

d) Ersetzt man in $x^4 - 3x^2 - 4 = (x^2)^2 - 3x^2 - 4$ den Ausdruck x^2 durch z, so erhält man $z^2 - 3z - 4$. Daher gilt

$$x^4 - 3x^2 - 4 = 0 \quad \overset{x^2=z}{\Leftrightarrow} \quad z^2 - 3z - 4 = 0.$$

Für z erhält man (beispielsweise durch Raten oder die p-q-Formel) die Lösungen $z_1 = -1$ und $z_2 = 4$.

Die Lösung $z_1 = -1$ führt zu $x^2 = -1$ und damit zu keiner reellen Lösung x.

Die Lösung $z_2 = 4$ führt zu $x^2 = 4$ und damit zu $x = \pm 2$.

e) Ersetzt man in $\frac{1}{8}z^6 - \frac{7}{8}z^3 - 1 = \frac{1}{8}(z^3)^2 - \frac{7}{8}z^3 - 1$ den Ausdruck z^3 durch s, so erhält man $\frac{1}{8}s^2 - \frac{7}{8}s - 1$. Daher gilt

$$\frac{1}{8}z^6 - \frac{7}{8}z^3 - 1 = 0 \quad \overset{z^3=s}{\Leftrightarrow} \quad \frac{1}{8}s^2 - \frac{7}{8}s - 1 = 0.$$

Für s erhält man die Lösungen

$$s_{1/2} = \frac{7}{2} \pm \sqrt{\frac{49}{4} + 8} = \frac{7}{2} \pm \frac{9}{2},$$

also $s_1 = \frac{7}{2} + \frac{9}{2} = \frac{16}{2} = 8$ und $s_2 = \frac{7}{2} - \frac{9}{2} = -\frac{2}{2} = -1$.

Die Lösung $s_1 = 8$ führt zu $z^3 = 8$ und damit zu $z = 2$.

Die Lösung $s_2 = -1$ führt zu $z^3 = -1$ und damit zu $z = -1$.

f) Es gilt

$$\frac{1}{w+2} - \frac{1}{w-2} = w^2$$
$$\Leftrightarrow \quad (w-2) - (w+2) = w^2 \cdot (w-2) \cdot (w+2)$$
$$\Leftrightarrow \quad -4 = w^2 \cdot (w^2 - 4)$$
$$\Leftrightarrow \quad 0 = w^4 - 4w^2 + 4.$$

Ersetzt man $w^2 = x$, so erhält man die quadratische Gleichung $x^2 - 4x + 4 = 0$ mit der einzigen Lösung $x = 2$. Also muss $w^2 = 2$ und damit $w = \pm\sqrt{2}$ sein.

Aufgabe 2.2.7

Peter steht auf einer Klippe 50m über dem Meer. Er schießt einen Stein über's Meer, der horizontal 10m von Peter entfernt den höchsten Punkt, nämlich 60m über dem Meer, erreicht.

Wieviel Meter vom Land entfernt fällt der Stein ins Wasser, wenn man davon ausgeht, dass die Flugkurve eine Parabel ist?

Lösung:

Zunächst muss man das Koordinatensystem festlegen. Dazu gibt es mehrere Möglichkeiten. Im Folgenden werden zwei Möglichkeiten beschrieben.

1. Variante:

Das Koordinatensystem wird mit der x-Achse auf die Wasserlinie so gelegt, dass $x = 0$ dem höchsten Punkt der Flugkurve entspricht.

Es wird mit der Einheit „Meter" gearbeitet.

Der Ansatz für eine Parabelgleichung mit Scheitelpunkt bei $(0, 60)$ ist dann

$$f(x) = a(x-0)^2 + 60 = ax^2 + 60.$$

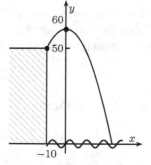

Abb. 2.29 Koordinatensystem auf Wasserhöhe.

Auf der Kurve muss der Abwurfpunkt $(-10, 50)$ liegen, also

$$50 \stackrel{!}{=} f(-10) = a \cdot (-10^2) + 60 = a \cdot 100 + 60$$
$$\Leftrightarrow \quad a \cdot 100 = -10 \quad \Leftrightarrow \quad a = -0.1.$$

Also lautet die Parabelgleichung $f(x) = -0.1x^2 + 60$.

Die Stelle, an der der Stein auf das Wasser trifft, entspricht der positiven Nullstelle dieser Parabelgleichung:

$$-0.1x^2 + 60 = 0 \quad \Leftrightarrow \quad x^2 = 600 \quad \Leftrightarrow \quad x = \pm\sqrt{600}.$$

Die positive Nullstelle ist also $\sqrt{600} \approx 24.5$.

Der Stein fällt also ca. $24.5\,\mathrm{m} + 10\,\mathrm{m} = 34.5\,\mathrm{m}$ vom Land entfernt ins Wasser.

2. Variante:

Der Ursprung des Koordinatensystem wird auf den Klippenrand gelegt.

Es wird wieder mit der Einheit „Meter" gearbeitet.

Da der Scheitelpunkt bei $(10, 10)$ liegt, ergibt sich als Ansatz für die Funktionsvorschrift

$$f(x) = a \cdot (x - 10)^2 + 10.$$

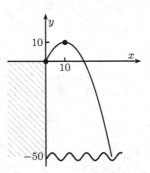

Da die Kurve durch den Ursprung $(0,0)$ geht, folgt

Abb. 2.30 Koordinatenursprung am Klippenrand.

$$0 \overset{!}{=} f(0) = a \cdot (0 - 10)^2 + 10$$
$$= 100a + 10$$

und damit $a = -0.1$.

Die Funktionsvorschrift lautet also

$$f(x) = -0.1 \cdot (x - 10)^2 + 10 = -0.1 \cdot (x^2 - 20x + 100) + 10$$
$$= -0.1x^2 + 2x.$$

Alternativ kann man die Funktionsvorschrift $f(x)$ wie folgt bestimmen: Eine Nullstelle von f liegt bei $x = 0$, die andere dann aus Symmetriegründen (bzgl. des Scheitelpunkts) bei $x = 20$. Damit erhält man als Ansatz

$$f(x) = a \cdot x \cdot (x - 20).$$

Einsetzen des Punktes $(10, 10)$ führt dann zu

$$10 \overset{!}{=} f(10) = a \cdot 10 \cdot (10 - 20) = a \cdot (-100) \quad \Leftrightarrow \quad a = -0.1,$$

also $f(x) = -0.1 \cdot x \cdot (x - 20) = -0.1x^2 + 2x$.

Gesucht ist nun die positive x-Stelle, an der der Funktionswert gleich -50 ist:

$$-50 \overset{!}{=} f(x) = -0.1x^2 + 2x$$
$$\Leftrightarrow \quad 500 = x^2 - 20x$$
$$\Leftrightarrow \quad 0 = x^2 - 20x - 500$$
$$\Leftrightarrow \quad x = +10 \pm \sqrt{10^2 - (-500)} = 10 \pm \sqrt{600}.$$

Da hier nur die positive Lösung interessiert, erhält man als Entfernung zum Land $10\,\text{m} + \sqrt{600}\,\text{m} \approx 10\,\text{m} + 24.5\,\text{m} = 34.5\,\text{m}$.

Statt mit der Einheit „Meter" könnte man bei beiden Varianten auch mit der Einheit „10 Meter" rechnen. Bei der zweiten Variante beispielsweise liegt dann der Scheitelpunkt bei $(1, 1)$; als Funktionsvorschrift erhält man $f(x) = -x^2 + 2x$ und sucht die positive Stelle x mit $f(x) = -5$. Als Lösung erhält man $x \approx 3.45$, was wieder $34.5\,\text{m}$ entspricht.

Aufgabe 2.2.8

Eine altbekannte Faustformel für das Idealgewicht eines Menschen in Abhängigkeit von seiner Größe ist

$$\text{Idealgewicht in kg} = \text{Körpergröße in cm minus 100.}$$

In den letzten Jahren wurde mehr der *Bodymass-Index* (BMI) propagiert:

$$\text{BMI} = \frac{\text{Gewicht in kg}}{(\text{Körpergröße in m})^2}.$$

Ein BMI zwischen 20 und 25 bedeutet Normalgewicht.

a) Zeichnen Sie ein Diagramm, das in Abhängigkeit von der Körpergröße

   1) das Idealgewicht nach der ersten Formel,

   2) das Gewicht bei einem BMI von 20 und

   3) das Gewicht bei einem BMI von 25

   angibt.

b) Für welche Körpergröße liegt beim Idealgewicht entsprechend der ersten Formel der BMI zwischen 20 und 25?

Lösung:

a) Sei l die Körpergröße in Metern und g_1, g_2 bzw. g_3 die Gewichte nach 1), 2) bzw. 3) in Kilogramm

Dann hat man folgende Zusammenhänge:

Abb. 2.31 Idealgewichte.

1) $g_1(l) = 100 \cdot l - 100$,

2) $\dfrac{g_2}{l^2} = 20 \quad \Leftrightarrow \quad g_2 = g_2(l) = 20 \cdot l^2$,

3) $\dfrac{g_3}{l^2} = 25 \quad \Leftrightarrow \quad g_3 = g_3(l) = 25 \cdot l^2$.

Abb. 2.31 zeigt die entsprechenden Grafen.

b) Gesucht sind die Größen l, so dass $g_2(l) \le g_1(l) \le g_3(l)$ ist.

Die Schnittpunkte von g_1 und g_2 erhält man durch

$$g_1(l) = g_2(l) \quad \Leftrightarrow \quad 100 \cdot l - 100 = 20 \cdot l^2$$
$$\Leftrightarrow \quad l^2 - 5l + 5 = 0$$
$$\Leftrightarrow \quad l = \frac{5}{2} \pm \sqrt{\frac{25}{4} - 5} = \frac{5}{2} \pm \sqrt{\frac{5}{4}}.$$

Dies entspricht Werten von $l \approx 1.38$ und $l \approx 3.62$. An Abb. 2.31 sieht man, dass für Größen zwischen diesen Werten $g_2(l) \le g_1(l)$ ist.

Die Schnittpunkte von g_1 und g_3 erhält man durch

$$g_1(l) = g_3(l) \quad \Leftrightarrow \quad 100 \cdot l - 100 = 25 \cdot l^2$$
$$\Leftrightarrow \quad l^2 - 4 \cdot l + 4 = 0$$
$$\Leftrightarrow \quad (l-2)^2 = 0 \Leftrightarrow \quad l = 2.$$

Die Gerade g_1 berührt also die Parabel zu g_3 nur in $l = 2$; sie ist dort die Tangente an die Parabel. Also gilt immer $g_1(l) \le g_3(l)$ (s. Abb. 2.31).

Für eine Körpergröße ab $1.38\,\mathrm{m}$ (bis zur unrealistischen Größe von $3.62\,\mathrm{m}$) liegt also bei einem Idealgewicht entsprechend der ersten Formel der BMI zwischen 20 und 25.

Aufgabe 2.2.9

Für welche Parameterwerte c gibt es reelle Lösungen x zu $x^2 + cx + c = 0$?

Lösung:

Die p-q-Formel (s. Satz 2.2.5) liefert formal $x = -\frac{c}{2} \pm \sqrt{\left(\frac{c}{2}\right)^2 - c}$.

Damit dies tatsächlich reelle Lösungen sind, muss der Ausdruck unter der Wurzel größer oder gleich Null sein:

$$0 \le \left(\frac{c}{2}\right)^2 - c \quad \Leftrightarrow \quad 0 \le c^2 - 4c.$$

An einer Skizze von $f(c) = c^2 - 4c$ (mit den Nullstellen 0 und 4), s. Abb. 2.32, sieht man, dass gilt

$$0 \le c^2 - 4c$$
$$\Leftrightarrow c \ge 4 \quad \text{oder} \quad c \le 0.$$

Für $c \ge 4$ bzw. $c \le 0$ existieren also Lösungen.

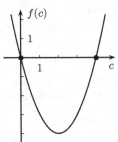

Abb. 2.32 $f(c) = c^2 - 4c$.

2.3 Polynome, gebrochen rationale Funktionen und Wurzelfunktionen

2.3.1 Polynome

Aufgabe 2.3.1

Bearbeiten Sie die folgenden Aufgaben für die beiden Polynome

$$p(x) = x^3 - 4x^2 + x + 6 \quad \text{und} \quad p(x) = x^4 - 11x^2 + 18x - 8.$$

a) Berechnen Sie den Wert von p an den Stellen $x = -1$, $x = 1$ und $x = 2$ mit Hilfe des Horner-Schemas.

b) Berechnen Sie $\frac{p(x)}{q(x)}$ zu

$$q(x) = x + 1, \quad q(x) = x - 1, \quad \text{bzw.} \quad q(x) = x - 2.$$

Tipp: Horner Schema, vergleiche a)!

c) Bestimmen Sie sämtliche Nullstellen von p und stellen Sie p als Produkt von Linearfaktoren dar.

Lösung:

Bei b) werden genau die Polynome $q(x) = x - a$ zu den Stellen a aus a) betrachtet. Daher kann man die Aufgabenteile a) und b) gemeinsam bearbeiten, denn bei der Berechnung von $p(a)$ mit dem Horner-Schema werden gleichzeitig Werte berechnet, mit denen man das Ergebnis der Polynomdivision $\frac{p(x)}{x-a}$ angeben kann.

Zu $p(x) = x^3 - 4x^2 + x + 6$ erhält man:

a) und b): Die Horner-Schemata sind

$$
\begin{array}{r|rrrr}
 & 1 & -4 & 1 & 6 \\
-1 & & -1 & 5 & -6 \\
\hline
 & 1 & -5 & 6 & \mathbf{0}
\end{array}
\qquad
\begin{array}{r|rrrr}
 & 1 & -4 & 1 & 6 \\
1 & & 1 & -3 & -2 \\
\hline
 & 1 & -3 & -2 & 4
\end{array}
\qquad
\begin{array}{r|rrrr}
 & 1 & -4 & 1 & 6 \\
2 & & 2 & -4 & -6 \\
\hline
 & 1 & -2 & -3 & \mathbf{0}
\end{array}
$$

Damit liest man ab:

$$p(-1) = 0 \quad \text{und} \quad \frac{p(x)}{x+1} = x^2 - 5x + 6,$$

$$p(1) = 4 \quad \text{und} \quad \frac{p(x)}{x-1} = x^2 - 3x - 2 + \frac{4}{x-1},$$

$$p(2) = 0 \quad \text{und} \quad \frac{p(x)}{x-2} = x^2 - 2x - 3.$$

c) Zwei Nullstellen wurden schon bei a) berechnet, nämlich $x = -1$ und $x = 2$. Die in b) durchgeführte Division $\frac{p(x)}{x+1}$ führt zur Faktorisierung

$$p(x) = (x+1) \cdot (x^2 - 5x + 6).$$

Die Nullstelle 2 von p muss also Nullstelle von $x^2 - 5x + 6$ sein. Die andere Nullstelle dieses quadratischen Ausdrucks ist dann nach dem Satz von Vieta (s. Satz 2.2.8) gleich 3.

Also zerfällt p wie folgt in Linearfaktoren:

$$p(x) = (x+1) \cdot (x-2) \cdot (x-3).$$

Zu $p(x) = x^4 - 11x^2 + 18x - 8$ erhält man:

a) und b): Die Horner-Schemata sind (man beachte den fehlenden x^3-Term und die dadurch resultierenden Nullen in den Schemata!)

	1	0	-11	18	-8
-1		-1	1	10	-28
	1	-1	-10	28	$-\mathbf{36}$

	1	0	-11	18	-8
1		1	1	-10	8
	1	1	-10	8	$\mathbf{0}$

	1	0	-11	18	-8
2		2	4	-14	8
	1	2	-7	4	$\mathbf{0}$

Damit liest man ab:

$$p(-1) = -36 \quad \text{und} \quad \frac{p(x)}{x+1} = x^3 - x^2 - 10x + 28 - \frac{36}{x+1},$$

$$p(1) = 0 \quad \text{und} \quad \frac{p(x)}{x-1} = x^3 + x^2 - 10x + 8,$$

$$p(2) = 0 \quad \text{und} \quad \frac{p(x)}{x-2} = x^3 + 2x^2 - 7x + 4.$$

c) Zwei Nullstellen wurden schon bei a) berechnet, nämlich $x = 1$ und $x = 2$. Damit muss 2 eine Nullstelle von $\frac{p(x)}{x-1} = x^3 + x^2 - 10x + 8$ sein; man kann also den Linearfaktor $x - 2$ abspalten, z.B. wieder mit einem Horner-Schema:

	1	1	-10	8
2		2	6	-8
	1	3	-4	$\mathbf{0}$

Als Restpolynom erhält man $x^2 + 3x - 4$ mit den Nullstellen 1 und -4 (beispielsweise mit der p-q-Formel oder durch Raten).

Also ist 1 eine doppelte Nullstelle, und die faktorisierte Darstellung lautet

$$p(x) = (x-1)^2 \cdot (x-2) \cdot (x+4).$$

Aufgabe 2.3.2

Berechnen Sie für $p(x) = 2x^4 - x^3 - 2x + 1$ die Polynomdivision $\dfrac{p(x)}{q(x)}$ durch

$$q(x) = x - 1, \qquad q(x) = x^2 + x + 1 \qquad \text{bzw.} \qquad q(x) = x^2 + 1.$$

Lösung:

Die Polynomdivision durch $(x - 1)$ kann man mit dem Horner-Schema berechnen:

$$
\begin{array}{r|rrrrr}
 & 2 & -1 & 0 & -2 & 1 \\
1 & & 2 & 1 & 1 & -1 \\
\hline
 & 2 & 1 & 1 & -1 & \mathbf{0}
\end{array}
$$

Die Berechnung zeigt, dass 1 eine Nullstelle von p ist. Bei der Division bleibt also kein Rest, und man erhält

$$p(x) : (x - 1) = 2x^3 + x^2 + x - 1.$$

Alternativ erhält man durch gewöhnliche Polynomdivision

$$
\begin{array}{l}
(2x^4 - x^3 \qquad\quad - \quad 2x + 1\;) : (x - 1) = 2x^3 + x^2 + x - 1. \\
\underline{-(2x^4 - 2x^3)} \\
\qquad\quad x^3 \\
\qquad\quad \underline{-(x^3 \quad - \; x^2)} \\
\qquad\qquad\quad x^2 - \quad 2x \\
\qquad\qquad\quad \underline{-(x^2 - \quad x)} \\
\qquad\qquad\qquad\quad - \quad x + 1 \\
\qquad\qquad\qquad\quad \underline{-(-x + 1)} \\
\qquad\qquad\qquad\qquad\qquad 0
\end{array}
$$

Eine Polynomdivision durch Polynome höheren Grades kann man nicht mit dem Horner-Schema berechnen. Durch gewöhnliche Polynomdivision erhält man

$$
\begin{array}{l}
(2x^4 - \quad x^3 \qquad\quad -2x + 1\;) : (x^2 + x + 1) = 2x^2 - 3x + 1. \\
\underline{-(2x^4 + \quad 2x^3 + 2x^2)} \\
\qquad\; - \quad 3x^3 - 2x^2 \; -2x \\
\qquad\; \underline{-(-3x^3 - 3x^2 \; -3x)} \\
\qquad\qquad\qquad x^2 \quad +x \quad +1 \\
\qquad\qquad\quad \underline{-(\quad x^2 \quad +x \quad +1)} \\
\qquad\qquad\qquad\qquad\qquad\quad 0
\end{array}
$$

Auch hier ergibt sich kein Rest.

Bei

$$(2x^4 - x^3 - 2x + 1) : (x^2 + 1) = 2x^2 - x - 2 + \frac{-x+3}{x^2+1}.$$
$$\underline{-(2x^4 + 2x^2)}$$
$$- x^3 - 2x^2 - 2x$$
$$\underline{-(-x^3 - x)}$$
$$-2x^2 - x + 1$$
$$\underline{-(-2x^2 - 2)}$$
$$-x + 3$$

bleibt $-x + 3$ als Rest, den man noch durch $x^2 + 1$ dividieren muss.

Aufgabe 2.3.3

Bestimmen Sie die Vielfachheit der Nullstelle 1 des Polynoms

$$p(x) = x^4 - x^3 - 3x^2 + 5x - 2.$$

Lösung:

Eine Möglichkeit zur Bestimmung der Vielfachheit ist, solange durch den Linearfaktor $(x - 1)$ zu teilen, bis ein Rest übrig bleibt, d.h., bis das Restpolynom nicht mehr 1 als Nullstelle hat.

Dazu kann man sukzessive Polynomdivision oder ein mehrfaches Horner-Schema anwenden. Die Horner-Schemata kann man dabei geschickt zusammenfassen:

(Dass 1 keine Nullstelle von $x + 2$ ist, hätte man natürlich auch direkt sehen können.)

Man kann also drei Mal den Linearfaktor $(x - 1)$ abspalten, d.h., 1 ist eine dreifache Nullstelle. Ferner sieht man durch die Divisionsresultate, dass gilt

$$p(x) = (x - 1)^3 \cdot (x + 2).$$

Eine alternative Herangehensweise ist die folgende:

Durch Einsetzen sieht man, dass 1 Nullstelle ist. Ist 1 mindestens doppelte Nullstelle, so muss p ohne Rest durch $(x-1)^2 = x^2 - 2x + 1$ teilbar sein. Eine entsprechende Polynomdivision ergibt

$$
\begin{array}{l}
(x^4-\ x^3\ -3x^2+5x-2\ ):(x^2-2x+1)\ =\ x^2+x-2, \\
\underline{-(x^4-\ 2x^3+x^2)} \\
\qquad\quad x^3\ -4x^2+5x \\
\qquad\quad \underline{-(x^3\ -2x^2+x)} \\
\qquad\qquad\qquad -2x^2+4x-2 \\
\qquad\qquad\qquad \underline{-(\ -2x^2+4x-2)} \\
\qquad\qquad\qquad\qquad\qquad 0
\end{array}
$$

also keinen Rest, d.h. 1 ist mindestens doppelte Nullstelle.

Das quadratische Restpolynom x^2+x-2 hat als Nullstellen wieder 1 und ferner -2. Also ist 1 insgesamt 3-fache Nullstelle.

Aufgabe 2.3.4

Die folgenden Polynome lassen sich vollständig in Linearfaktoren mit ganzzahligen Nullstellen zerlegen (das brauchen Sie nicht zu zeigen):

a) $p(x) = x^3 - 7x^2 - 10x + 16$,

b) $p(x) = x^4 - 8x^3 + 18x^2 - 16x + 5$,

c) $p(x) = 5x^3 - 35x + 30$.

Entscheiden Sie, ob 1, 3, -3, 5 oder 8 jeweils Nullstellen von p sind. Welche Werte müssen Sie tatsächlich einsetzen?

Lösung:

Entsprechend Bem. 2.3.9 ist bei einer vollständigen Zerlegung in Linearfaktoren und einem führenden Koeffizienten 1 das Produkt der Nullstellen ggf. bis auf das Vorzeichen gleich dem absoluten Koeffizienten. Bei ganzzahligen Nullstellen müssen diese also Teiler des absoluten Koeffizienten sein. Damit kann man bei den angegebenen Polynomen einige Kandidaten ausschließen.

a) Da 3, -3 und 5 keine Teiler von 16 sind, kommen sie nicht als Nullstellen in Frage.

   Einsetzen von 1 ergibt $p(1) = 1 - 7 - 10 + 16 = 0$.

   Einsetzen von 8 (beispielsweise mit dem Horner-Schema) ergibt $p(8) = 0$.

   Also sind von den vorgegebenen Werten 1 und 8 Nullstellen.

b) Da die Nullstellen Teiler von 5 sein müssen, kommen 3, -3 und 8 nicht in Frage, so dass man nur noch 1 und 5 testen muss. Es ist

$$p(1) = 0 \qquad \text{und} \qquad p(5) = 0.$$

   Also sind von den vorgegebenen Werten 1 und 5 Nullstellen.

c) Indem man durch 5 teilt, erhält man

$$5x^3 - 35x + 30 = 0 \quad \Leftrightarrow \quad q(x) := x^3 - 7x + 6 = 0.$$

Die Nullstellen müssen also Teiler von 6 sein; damit kommen 5 und 8 nicht in Frage. Testen der anderen Werte ergibt

$$q(1) = 0, \qquad q(3) \neq 0 \qquad \text{und} \qquad q(-3) = 0.$$

Also sind von den vorgegebenen Werten 1 und -3 Nullstellen.

Aufgabe 2.3.5

Ist die folgende Aussage richtig oder falsch?

Hat ein Polynom dritten Grades zwei Nullstellen,
so gibt es auch eine dritte Nullstelle.

Lösung:

Zählt man nur die Anzahl verschiedener Nullstellen, so ist die Aussage falsch, denn beispielsweise hat $p(x) = (x-1)(x-2)^2$ nur *zwei* verschiedene Nullstellen 1 und 2.

Zählt man allerdings die Vielfachheit mit, so ist die Aussage richtig:

Hat ein Polynom dritten Grades zwei Nullstellen, so kann man die entsprechenden Linearfaktoren durch Polynomdivision abspalten und erhält als Rest ein Polynom vom Grad 1, also von der Form $ax + b$ ($a \neq 0$). Dies liefert eine dritte Nullstelle $-\frac{b}{a}$.

Diese dritte Nullstelle könnte mit der ersten oder zweiten übereinstimmen, aber dann ist die Vielfacheit entsprechend größer.

Aufgabe 2.3.6

Die in der Skizze dargestellte Funktion hat die Gestalt

$$f(x) = a \cdot (x+1)^{p_1}(x-1)^{p_2}(x-4)^{p_3}$$

mit einem Vorfaktor a, der gleich plus oder minus Eins ist, und mit Potenzen p_k, die gleich 1, 2 oder 3 sind.

Wie lautet die korrekte Darstellung von f?

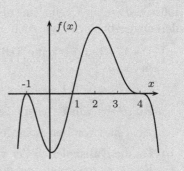

Lösung:

Bei der Nullstelle -1 gibt es keinen Vorzeichenwechsel, d.h., die entsprechende Vielfachheit bzw. Potenz zum Linearfaktor $(x - (-1)) = (x + 1)$ ist gerade; da nur 1, 2 und 3 als mögliche Werte zur Verfügung stehen, muss $p_1 = 2$ sein.

Offensichtlich ist 1 eine einfache Nullstelle; die entsprechende Potenz zum Linearfaktor $(x - 1)$ ist also $p_2 = 1$.

Bei der Nullstelle 4 schmiegt sich der Funktionsgraf an die x-Achse an und wechselt das Vorzeichen. Die Vielfachheit ist also größer als 1 und ungerade, also $p_3 = 3$.

Für Werte x größer als 4 ist $f(x)$ negativ, daher muss der Vorfaktor negativ sein, also $a = -1$.

Damit ist $f(x) = (-1) \cdot (x + 1)^2 (x - 1)^1 (x - 4)^3$.

Aufgabe 2.3.7

Skizzieren Sie die Funktionsgrafen zu

a) $f(x) = -x^2 \cdot (x - 1)$,

b) $f(x) = (x + 2)^2 \cdot (x - 1) \cdot (x - 2)^2$.

Lösung:

a) Die Funktion besitzt eine doppelte Nullstelle (also kein Vorzeichenwechsel) bei 0 und eine einfache Nullstelle (also mit Vorzeichenwechsel) bei 1.

   Für große Werte von x ist $f(x)$ negativ.

   Damit ergibt sich ein Bild wie in Abb. 2.33.

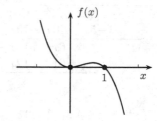

Abb. 2.33 $f(x) = -x^2(x - 1)$.

b) Die Funktion besitzt doppelte Nullstellen (also kein Vorzeichenwechsel) bei -2 und 2 und eine einfache Nullstelle (also mit Vorzeichenwechsel) bei 1.

   Für große Werte von x ist $f(x)$ positiv.

   Damit ergibt sich ein Bild wie in Abb. 2.34.

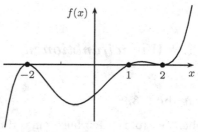

Abb. 2.34 $f(x) = (x+2)^2(x-1)(x-2)^2$.

2.3.2 Gebrochen rationale Funktionen

Aufgabe 2.3.8

Zerlegen Sie die folgenden gebrochen rationalen Ausdrücke in die Summe eines Polynoms und einer echt gebrochen rationalen Funktion:

a) $\dfrac{x^3 + x^2 - 1}{x^2 + 1}$,   b) $\dfrac{2x^4 - x^3 + 2x^2 - 1}{x^2 + 2x + 3}$,   c) $\dfrac{x^3 + 1}{x^3 + 2x + 4}$.

Lösung:

Die Zerlegungen kann man mittels Polynomdivision berechnen: Der „ganzzahlige Anteil" stellt das Polynom dar, der Rest dividiert durch den Divisor stellt den echt gebrochen rationalen Anteil dar.

a)
$$(x^3 + x^2 \quad -1\ ) : (x^2 + 1) \ = \ x + 1 + \frac{-x-2}{x^2+1}$$
$$\underline{-(x^3 \qquad +x)}$$
$$x^2 - x\ -1$$
$$\underline{-(\ x^2 \qquad +1)}$$
$$-x\ -2$$

b)
$$(2x^4 - \quad x^3 + 2x^2 \qquad -1\ ) : (x^2 + 2x + 3) \ = \ 2x^2 - 5x + 6$$
$$\underline{-(2x^4 + \quad 4x^3 + 6x^2)}$$
$$-\quad 5x^3 - 4x^2 \qquad\qquad\qquad\qquad\qquad + \frac{3x-19}{x^2+2x+3}$$
$$\underline{-(-5x^3 - 10x^2 - 15x)}$$
$$6x^2 \ + 15x\ -1$$
$$\underline{-(\quad 6x^2 \ + 12x\ +18)}$$
$$3x \quad -19$$

c)
$$(x^3 \quad +1\ ) : (x^3 + 2x + 4) \ = \ 1 + \frac{-2x-3}{x^3+2x+4}$$
$$\underline{-(x^3 + 2x + 4)}$$
$$-2x - 3$$

2.3.3 Wurzelfunktionen

Aufgabe 2.3.9

Geben Sie (ohne Gebrauch eines Taschenrechners) jeweils zwei ganze Zahlen an, zwischen denen die folgenden Werte liegen:

$$\sqrt{20}, \qquad \sqrt{80}, \qquad \sqrt[3]{20} \qquad \sqrt[3]{80}, \qquad \sqrt[5]{100}.$$

Lösung:

Der Wert $x = \sqrt[n]{a}$ ist die Lösung zu $x^n = a$. Findet man (beispielsweise durch Ausprobieren) eine ganze Zahl k mit $k^n < a$ aber $(k+1)^n > a$, so liegt $x = \sqrt[n]{a}$ zwischen k und $k+1$.

- Wegen $4^2 = 16$ und $5^2 = 25$ gilt: $\sqrt{20} \in [4,5]$.
- Wegen $8^2 = 64$ und $9^2 = 81$ gilt: $\sqrt{80} \in [8,9]$.
- Wegen $2^3 = 8$ und $3^3 = 27$ gilt: $\sqrt[3]{20} \in [2,3]$.
- Wegen $4^3 = 64$ und $5^3 = 125$ gilt: $\sqrt[3]{80} \in [4,5]$.
- Wegen $2^5 = 32$ und $3^5 = 3^2 \cdot 3^3 = 9 \cdot 27 > 100$ gilt: $\sqrt[5]{100} \in [2,3]$.

Aufgabe 2.3.10

Bestimmen Sie die reellen Werte x, für die gilt:

a) $\sqrt{2 + 3x} = 2$,   b) $\sqrt{x-2} = \frac{1}{3}x$,

c) $\sqrt{1-x} = x - 2$,   d) $\sqrt{32 - 16x} = x - 5$,

e) $\sqrt{x+2} = x$,   f) $\sqrt{8 - 4x} = x - 3$.

(Beachten Sie, dass Quadrieren keine Äquivalenzumformung ist; es können sich „falsche Lösungen" einschleichen!)

Lösung:

Erfüllen x-Werte eine Gleichung, so erfüllen Sie auch die Gleichung, die dadurch entsteht, dass man linke und rechte Seite quadriert. Erhält man dann durch Auflösen dieser quadrierten Gleichung eine Lösungsmenge L, so gilt: Erfüllt ein x die ursprüngliche Gleichung, so muss $x \in L$ sein. Umgekehrt muss aber nicht jedes $x \in L$ die ursprüngliche Gleichung erfüllen, da Quadrieren nur eine Folgerung und keine Äquivalenzumformung ist (s. Bem. 2.3.21, 1.). Die Werte in L muss man daher in die ursprüngliche Gleichung einsetzen, um zu testen, ob sie tatsächlich Lösungen sind.

Im Folgenden werden die Gleichungen im ersten Schritt jeweils quadriert. Die entstehende Gleichung wird dann aufgelöst. Anschließend werden die Kandidaten zum Test in die ursprüngliche Gleichung eingesetzt.

a) $\sqrt{2 + 3x} = 2 \quad \Rightarrow \quad 2 + 3x = 4 \quad \Leftrightarrow \quad 3x = 2 \quad \Leftrightarrow \quad x = \dfrac{2}{3}$.

Test: $\sqrt{2 + 3 \cdot \frac{2}{3}} = \sqrt{2 + 2} = 2$ ist richtig.

Die Gleichung ist also für $x = \frac{2}{3}$ erfüllt.

b) $\sqrt{x-2} = \dfrac{1}{3}x \quad \Rightarrow \quad x - 2 = \dfrac{1}{9}x^2 \quad \Leftrightarrow \quad x^2 - 9x + 18 = 0.$

Beispielsweise mit der p-q-Formel (s. Satz 2.2.5) kann man nachrechnen, dass diese quadratische Gleichung die Lösungen $x = 6$ und $x = 3$ besitzt.

Test: $\sqrt{6-2} = \sqrt{4} = 2 = \frac{1}{3} \cdot 6$ ist richtig,

$\sqrt{3-2} = 1 = \frac{1}{3} \cdot 3$ ist richtig.

Die Gleichung ist also für $x = 3$ und für $x = 6$ erfüllt.

c) $\sqrt{1-x} = x - 2 \;\Rightarrow\; 1 - x = x^2 - 4x + 4 \;\Leftrightarrow\; x^2 - 3x + 3 = 0.$

Wie man beispielsweise mit der p-q-Formel oder mit quadratischer Ergänzung sieht, hat diese und damit auch die ursprüngliche Gleichung keine reellen Lösung x.

d) $\sqrt{32 - 16x} = x - 5 \;\Rightarrow\; 32 - 16x = x^2 - 10x + 25$

$\Leftrightarrow\; x^2 + 6x - 7 = 0$

$\Leftrightarrow\; x = 1 \text{ oder } x = -7.$

Test: $\sqrt{32 - 16 \cdot 1} = \sqrt{16} = 4 \neq 1 - 5,$

$\sqrt{32 - 16 \cdot (-7)} = \sqrt{144} = 12 \neq -7 - 5.$

Die Gleichung ist also für kein x erfüllt.

e) $\sqrt{x + 2} = x \;\Rightarrow\; x + 2 = x^2 \;\Leftrightarrow\; x^2 - x - 2 = 0$

$\Leftrightarrow\; x = -1 \text{ oder } x = 2$

Test: $\sqrt{-1 + 2} = 1 \neq -1,$

$\sqrt{2 + 2} = 2$ ist richtig.

Die Gleichung ist also für $x = 2$ erfüllt.

f) $\sqrt{8 - 4x} = x - 3 \;\Rightarrow\; 8 - 4x = x^2 - 6x + 9$

$\Leftrightarrow\; x^2 - 2x + 1 = 0 \;\Leftrightarrow\; (x - 1)^2 = 0$

$\Leftrightarrow\; x = 1.$

Test: $\sqrt{8 - 4 \cdot 1} = 2 \neq -2 = 1 - 3.$

Die Gleichung ist also für keinen Wert x erfüllt.

Aufgabe 2.3.11

Gibt es Zahlen $a, b > 0$ mit

$$\sqrt{a + b} = \sqrt{a} + \sqrt{b}?$$

Lösung:

Aus $\sqrt{a + b} = \sqrt{a} + \sqrt{b}$ folgt durch Quadrieren:

$$\left(\sqrt{a+b}\right)^2 = \left(\sqrt{a}+\sqrt{b}\right)^2$$
$$\Leftrightarrow \quad a+b \;=\; \left(\sqrt{a}\right)^2 + 2\sqrt{a}\cdot\sqrt{b} + \left(\sqrt{b}\right)^2 \;=\; a + 2\sqrt{a}\cdot\sqrt{b} + b$$
$$\Leftrightarrow \quad 0 \;=\; 2\cdot\sqrt{a}\cdot\sqrt{b}.$$

Dies wird für keine $a, b > 0$ erfüllt. Es gibt also keine solchen Zahlen.

Aufgabe 2.3.12

Für welche Variablenwerte sind die folgenden Gleichungen erfüllt?

a) $\sqrt[5]{x^3+5} \;=\; 2,$ b) $\sqrt[4]{s+2} \;=\; \sqrt{s},$

c) $\sqrt[3]{a^3+7} - a \;=\; 1,$ d) $\sqrt{2c-2} \;=\; 1 + \sqrt{c}.$

Lösung:

a) Die fünfte Wurzel kann man auflösen, indem man beide Seiten mit 5 potenziert (wegen der ungeraden Potenz ist dies eine Äquivalenzumformung, s. Bem. 2.3.21, 2.):

$$\sqrt[5]{x^3+5} \;=\; 2 \quad\Leftrightarrow\quad x^3 + 5 \;=\; 2^5 \;=\; 32$$
$$\Leftrightarrow \quad x^3 \;=\; 27 \quad\Leftrightarrow\quad x \;=\; 3.$$

b) Wegen $\sqrt{x}^4 = \left(\sqrt{x}^2\right)^2 = x^2$ löst man durch Potenzieren mit 4 auf beiden Seiten sowohl die vierte als auch die zweite Wurzel auf. Allerdings ist dies keine Äquivalenzumformung, da sich – wie beim Quadrieren – negative Lösungen „einschleichen" können. Man muss also am Ende die möglichen Kandidaten noch testen.

$$\sqrt[4]{s+2} \;=\; \sqrt{s} \quad\Rightarrow\quad s+2 \;=\; s^2$$
$$\Leftrightarrow \quad s^2 - s - 2 \;=\; 0 \quad\Leftrightarrow\quad s = -1 \quad\text{oder}\quad s = 2.$$

Für $s = -1$ ist allerdings in der ursprünglichen Gleichung $\sqrt{s}$ nicht definiert, so dass dies keine Lösung der ursprünglichen Gleichung ist. Einsetzen von $s = 2$ ergibt $\sqrt[4]{4} = \sqrt{2}$, eine wahre Aussage (da $\sqrt{2}^4 = (\sqrt{2}^2)^2 = 2^2 = 4$).

Einzige Lösung der ursprünglichen Gleichung ist also $s = 2$.

c) Um den Wurzelausdruck durch Potenzieren aufzulösen, muss man ihn zunächst allein stellen:

$$\sqrt[3]{a^3 + 7} - a \ = \ 1 \quad \Leftrightarrow \quad \sqrt[3]{a^3 + 7} \ = \ a + 1$$
$$\Leftrightarrow \qquad a^3 + 7 \ = \ (a+1)^3 \ = \ (a+1) \cdot (a^2 + 2a + 1)$$
$$= \ a^3 + a^2 + 2a^2 + 2a + a + 1$$
$$= \ a^3 + 3a^2 + 3a + 1$$
$$\Leftrightarrow \qquad\qquad 0 \ = \ 3a^2 + 3a - 6$$
$$\Leftrightarrow \quad a^2 + a - 2 \ = \ 0 \quad \Leftrightarrow \quad a \ = \ 1 \quad \text{oder} \quad a \ = \ -2$$

Durch Einsetzen sieht man, dass dies tatsächlich Lösungen sind (wenn man $\sqrt[3]{-1} = -1$ akzeptiert).

d) Man kann nicht beide Wurzeln gleichzeitig auflösen, sondern muss zweimal quadrieren:

$$\sqrt{2c - 2} \ = \ 1 + \sqrt{c}$$
$$\Rightarrow \quad 2c - 2 \ = \ (1 + \sqrt{c})^2 \ = \ 1 + 2\sqrt{c} + c$$
$$\Leftrightarrow \quad c - 3 \ = \ 2\sqrt{c} \quad \Rightarrow \quad (c - 3)^2 \ = \ 4c$$
$$\Leftrightarrow \quad c^2 - 6c + 9 \ = \ 4c \quad \Leftrightarrow \quad c^2 - 10c + 9 \ = \ 0$$
$$\Leftrightarrow \quad c \ = \ 5 \pm \sqrt{25 - 9} \quad \Leftrightarrow \quad c \ = \ 1 \quad \text{oder} \quad c \ = \ 9.$$

Durch Einsetzen sieht man, dass 1 keine Lösung ist (hat sich beim zweiten Quadrieren „eingeschlichen"), aber 9 eine Lösung ist.

2.4 Exponentialfunktionen und Logarithmen

2.4.1 Potenzregeln und Exponentialfunktionen

Aufgabe 2.4.1

Welche der folgenden Aussagen sind richtig? (Nicht rechnen sondern denken!)

a) $2^3 \cdot 2^3 = 4^3$,　　b) $\left(\frac{1}{2}\right)^4 = (-2)^4$,　c) $\frac{6^{10}}{6^2} = 6^5$,　　　　d) $3^4 \cdot 3^5 = 3^{20}$,

e) $5^3 \cdot 5^3 = 5^9$,　　f) $4^3 \cdot 5^3 = 20^3$,　　g) $\frac{6^3}{2^3} = 3^3$,　　　　h) $(3^4)^5 = (3^5)^4$,

i) $3^3 \cdot 3^3 = 3^9$,　　j) $3^3 \cdot 3^3 = 9^3$,　　k) $3^3 \cdot 3^3 = 3^6$,　　l) $3^3 \cdot 3^3 = 6^3$.

Lösung:

Unter Benutzung der Potenzregeln, s. Satz 2.4.2, sieht man:

a) Richtig: $2^3 \cdot 2^3 = (2 \cdot 2)^3 = 4^3$.

b) Falsch; richtig ist $\left(\frac{1}{2}\right)^4 = 2^{-4}$.

c) Falsch; richtig ist $\frac{6^{10}}{6^2} = 6^{10-2} = 6^8$.

d) Falsch; richtig ist $3^4 \cdot 3^5 = 3^{4+5} = 3^9$.

e) Falsch; richtig ist $5^3 \cdot 5^3 = 5^{3+3} = 5^6$.

f) Richtig: $4^3 \cdot 5^3 = (4 \cdot 5)^3 = 20^3$.

g) Richtig: $\frac{6^3}{2^3} = \left(\frac{6}{2}\right)^3 = 3^3$.

h) Richtig, denn $\left(3^4\right)^5 = 3^{4 \cdot 5} = 3^{5 \cdot 4} = \left(3^5\right)^4$.

i) Falsch; richtig ist $3^3 \cdot 3^3 = 3^{3+3} = 3^6$, siehe k).

j) Richtig: $3^3 \cdot 3^3 = (3 \cdot 3)^3 = 9^3$.

k) Richtig: $3^3 \cdot 3^3 = 3^{3+3} = 3^6$.

l) Falsch; richtig ist $3^3 \cdot 3^3 = (3 \cdot 3)^3 = 9^3$, siehe j).

Aufgabe 2.4.2

Geben Sie Zahlen $a, b, c > 0$ an, für die gilt

a) $a^b \cdot a^c = a^{b \cdot c}$, b) $(a^b)^c = a^{(b^c)}$.

Lösung:

a) Beispielhafte Lösungen sind

- $a = 1$, b, c beliebig: $1^b \cdot 1^c = 1 = 1^{b \cdot c}$,
- $b = c = 2$, a beliebig: $a^2 \cdot a^2 = a^{2+2} = a^4 = a^{2 \cdot 2}$.

Allgemein gilt

$$a^b \cdot a^c = a^{b \cdot c} \quad \Leftrightarrow \quad a^{b+c} = a^{b \cdot c}.$$

Dies ist erfüllt, wenn $a = 1$ ist oder wenn gilt

$$b + c = b \cdot c \quad \Leftrightarrow \quad b = b \cdot c - c = (b-1) \cdot c$$
$$\Leftrightarrow \quad c = \frac{b}{b-1}.$$

Beispielsweise führt $b = 3$, $c = \frac{3}{2}$ und a beliebig zu einer Lösung:

$$a^3 \cdot a^{3/2} = a^{3+3/2} = a^{9/2} = a^{3 \cdot 3/2}.$$

b) Die Gleichung ist beispielsweise erfüllt für

- $a = 1$ und b, c beliebig: $\left(1^b\right)^c = 1 = 1^{(b^c)}$,
- $b = c = 2$ und a beliebig: $\left(a^2\right)^2 = a^{2 \cdot 2} = a^4 = a^{(2^2)}$,

- $c = 1$ und a, b beliebig: $\left(a^b\right)^1 = a^b = a^{\left(b^1\right)}$.

Allgemein gilt

$$\left(a^b\right)^c = a^{\left(b^c\right)} \quad \Leftrightarrow \quad a^{b \cdot c} = a^{\left(b^c\right)}.$$

Dies ist erfüllt, wenn $a = 1$ ist oder wenn gilt

$$b \cdot c = b^c \quad \Leftrightarrow \quad c = b^{c-1} \quad \Leftrightarrow \quad b = {}^{c-1}\!\sqrt{c}.$$

Beispielsweise führt $c = 3$, $b = \sqrt{3}$ und a beliebig zu einer Lösung:

$$\left(a^{\sqrt{3}}\right)^3 = a^{3 \cdot \sqrt{3}} = a^{\sqrt{3} \cdot \sqrt{3} \cdot \sqrt{3}} = a^{\left(\sqrt{3}^3\right)}.$$

Aufgabe 2.4.3

Bringen Sie die Ausdrücke auf einen Bruchstrich:

a) $\dfrac{1}{2^4} + \dfrac{1}{2^6}$,
    b) $\dfrac{1}{\sqrt{x}} + \dfrac{1}{x}$,
    c) $\dfrac{1}{\sqrt{a}} + \dfrac{1}{\sqrt[3]{a}} + \dfrac{1}{\sqrt[6]{a}}$.

Lösung:

Eine Möglichkeit ist, jeweils die Erweiterung der Brüche mit dem anderen Nenner bzw. den anderen Nennern. Es gibt allerdings geschicktere Möglichkeiten:

a) Die höchste Potenz 2^6 bietet sich als Hauptnenner an:

$$\frac{1}{2^4} + \frac{1}{2^6} = \frac{2^2 + 1}{2^6} = \frac{5}{2^6}.$$

b) Wegen $x = \sqrt{x} \cdot \sqrt{x}$ ist

$$\frac{1}{\sqrt{x}} + \frac{1}{x} = \frac{\sqrt{x}}{\sqrt{x} \cdot \sqrt{x}} + \frac{1}{x} = \frac{\sqrt{x} + 1}{x}.$$

c) Man kann $\sqrt{a} = a^{1/2}$ als Hauptnenner wählen.
    Wegen $\sqrt[3]{a} = a^{1/3}$, $\sqrt[6]{a} = a^{1/6}$ und $\frac{1}{2} = \frac{1}{3} + \frac{1}{6}$ ist

$$\sqrt{a} = a^{1/2} = a^{1/3 + 1/6} = a^{1/3} \cdot a^{1/6} = \sqrt[3]{a} \cdot \sqrt[6]{a},$$

also

$$\frac{1}{\sqrt{a}} + \frac{1}{\sqrt[3]{a}} + \frac{1}{\sqrt[6]{a}} = \frac{1}{\sqrt{a}} + \frac{\sqrt[6]{a}}{\sqrt[3]{a} \cdot \sqrt[6]{a}} + \frac{\sqrt[3]{a}}{\sqrt[3]{a} \cdot \sqrt[6]{a}}$$

$$= \frac{1 + \sqrt[6]{a} + \sqrt[3]{a}}{\sqrt{a}}.$$

Aufgabe 2.4.4

Für welche Variablenwerte sind die folgenden Gleichungen erfüllt?

a) $x^2 \cdot x^4 = 9x^8$,   b) $(4y)^{1.5} = \sqrt{y}$,   c) $\dfrac{s}{\sqrt[3]{s}} = 2\sqrt[6]{s}$,

d) $\dfrac{\sqrt[3]{x^2} \cdot x^{\frac{1}{3}}}{x^3} = \dfrac{1}{4}$,   e) $6^a = 9 \cdot 2^a$,   f) $6^{2c} = \dfrac{1}{2} \cdot 18^c$.

Lösung:

a) Man kann die Potenzen auf der linken Seite zusammenfassen und anschließend die Gleichung durch x^6 teilen. Dabei muss man beachten, dass auch $x = 0$ eine Lösung ist, die man beim Teilen „verliert":

$$x^2 \cdot x^4 = 9 \cdot x^8 \quad \Leftrightarrow \quad x^6 = 9 \cdot x^8$$

$$\Leftrightarrow \quad x = 0 \quad \text{oder} \quad 1 = 9 \cdot x^2 \quad \Leftrightarrow \quad x = 0 \quad \text{oder} \quad x = \pm\frac{1}{3}.$$

b) Den Term auf der linken Seite kann man zunächst umformen:

$$(4y)^{1,5} = 4^{3/2} \cdot y^{3/2} = \left(4^{1/2}\right)^3 \cdot y^{1+1/2} = \left(\sqrt{4}\right)^3 \cdot y^1 \cdot y^{1/2}$$

$$= 8 \cdot y \cdot \sqrt{y},$$

also

$$(4y)^{1,5} = \sqrt{y} \quad \Leftrightarrow \quad 8 \cdot y \cdot \sqrt{y} = \sqrt{y}$$

$$\Leftrightarrow \quad y = 0 \quad \text{oder} \quad 8y = 1 \quad \Leftrightarrow \quad y = 0 \quad \text{oder} \quad y = \tfrac{1}{8}.$$

c) Man kann alle s-Ausdrücke auf eine Seite bringen, die Wurzeln als Exponentialausdrücke schreiben und dann die Exponenten miteinander verrechnen:

$$\frac{s}{\sqrt[3]{s}} = 2\sqrt[6]{s} \quad \Leftrightarrow \quad \frac{s}{\sqrt[3]{s} \cdot \sqrt[6]{s}} = 2$$

$$\Leftrightarrow \quad 2 = \frac{s}{s^{1/3} \cdot s^{1/6}} = s^{1-1/3-1/6} = s^{1/2} \quad \Leftrightarrow \quad 4 = s.$$

d) Indem man die Wurzeln als Exponentialausdrücke schreibt und die Exponenten miteinander verrechnet, erhält man auf der linken Seite

$$\frac{\sqrt[3]{x^2} \cdot x^{1/3}}{x^3} = x^{2/3} \cdot x^{1/3} \cdot x^{-3} = x^{2/3+1/3-3} = x^{-2} = \frac{1}{x^2},$$

also

$$\frac{\sqrt[3]{x^2} \cdot x^{1/3}}{x^3} = \frac{1}{4} \quad \Leftrightarrow \quad \frac{1}{x^2} = \frac{1}{4} \quad \Leftrightarrow \quad x^2 = 4$$

$$\Leftrightarrow \quad x = \pm 2.$$

e) Man kann die Potenz-Ausdrücke auf eine Seite bringen und dann zusammenfassen:

$$6^a = 9 \cdot 2^a \quad \Leftrightarrow \quad \frac{6^a}{2^a} = \left(\frac{6}{2}\right)^a = 3^a = 9.$$

Diese Gleichung ist offensichtlich genau für $a = 2$ erfüllt.

f) Wie bei e) kann man die Potenz-Ausdrücke auf eine Seite bringen und dann zusammenfassen:

$$6^{2c} = \frac{1}{2} \cdot 18^c \quad \Leftrightarrow \quad \frac{6^{2c}}{18^c} = \frac{\left(6^2\right)^c}{18^c} = \left(\frac{36}{18}\right)^c = 2^c = \frac{1}{2}.$$

Diese Gleichung ist offensichtlich genau für $c = -1$ erfüllt.

2.4.2 Der Logarithmus

Aufgabe 2.4.5

Überlegen Sie sich, zwischen welchen zwei ganzen Zahlen die Lösungen x zu den folgenden Gleichungen liegen.

a) $10^x = 20$,   b) $2^x = 10$,   c) $3^x = 0.5$,   d) $8^x = 3$,

e) $0.7^x = 0.3$,   f) $4^x = 1.1$,   g) $0.5^x = 4$,   h) $0.2^x = 0.5$.

Wie kann man die Lösung mit Hilfe des Logarithmus ausdrücken?

Berechnen Sie die genaue Lösung mit einem Taschenrechner.

Lösung:

Durch Einsetzen verschiedener x-Werte erhält man Werte a^x, an denen man sich orientieren kann: Ist $a^{x_1} < b < a^{x_2}$, so liegt die Lösung x zu $a^x = b$ zwischen x_1 und x_2.

Die exakte Lösung zu $a^x = b$ ist $\log_a b$. Um diesen Ausdruck mit einem Taschenrechner zu berechnen, der nur eine ln-Funktion besitzt, kann man ihn nach Satz 2.4.12, 5., schreiben als $\log_a b = \frac{\ln b}{\ln a}$.

a) Es ist $10^1 = 10$ und $10^2 = 100$, also ist $x \in [1, 2]$. Genau ist

$$x = \log_{10} 20 = \frac{\ln 20}{\ln 10} \approx 1.301.$$

b) Es ist $2^3 = 8$ und $2^4 = 16$, also $x \in [3, 4]$. Genau ist

$$x = \log_2 10 = \frac{\ln 10}{\ln 2} \approx 3.322.$$

c) Da 3^x für $x > 0$ größer als Eins ist, muss $x < 0$ sein, aber $x > -1$, da $3^{-1} = \frac{1}{3} \approx 0.33$, also $x \in [-1, 0]$. Genau ist

$$x = \log_3 0.5 = \frac{\ln 0.5}{\ln 3} \approx -0.631.$$

d) Wegen $8^0 = 1$ und $8^1 = 8$ ist $x \in [0, 1]$.

Man kann hier ohne Taschenrechner auch genauer abschätzen: Wegen $9^{0.5} = \sqrt{9} = 3$ ist $8^{0.5} = \sqrt{8}$ ein bisschen kleiner als 3; daher ist die Lösung zu $8^x = 3$ ein bisschen größer als 0.5.

Genau ist

$$x = \log_8 3 = \frac{\ln 3}{\ln 8} \approx 0.528.$$

e) Wegen $0.7^2 = 0.49$ ist $x > 2$. Wegen

$$0.7^3 = 0.7 \cdot 0.7^2 = 0.7 \cdot 0.49 \approx 0.7 \cdot 0.5 = 0.35 > 0.3$$

ist sogar $x > 3$. Wegen

$$0.7^4 = (0.7^2)^2 = 0.49^2 < 0.5^2 = 0.25 < 0.3$$

ist $x \in [3, 4]$.

Genau ist

$$x = \log_{0.7} 0.3 = \frac{\ln 0.3}{\ln 0.7} \approx 3.376.$$

f) Wegen $4^0 = 1$ und $4^1 = 4$ ist $x \in [0, 1]$ (und nahe bei 0). Genau ist

$$x = \log_4 1.1 = \frac{\ln 1.1}{\ln 4} \approx 0.069.$$

g) Es ist genau $x = -2$, denn

$$0.5^{-2} = \left(\frac{1}{0.5}\right)^2 = 2^2 = 4.$$

h) Wegen $0.2^0 = 1$ und $0.2^1 = 0.2$ ist $x \in [0, 1]$. Genau ist

$$x = \log_{0.2} 0.5 = \frac{\ln 0.5}{\ln 0.2} \approx 0.431.$$

Aufgabe 2.4.6

Wer ist größer? (Nicht rechnen sondern denken!)

a) $\log_4 8$ oder $\log_4 10$,   b) $\log_2 5$ oder $\log_3 5$?

Lösung:

a) Für $x_1 = \log_4 8$ und $x_2 = \log_4 10$ gilt

$$4^{x_1} = 8 \quad \text{und} \quad 4^{x_2} = 10.$$

Um eine größere Zahl zu erhalten, muss man mit einer größeren Zahl potenzieren, also ist $x_2 > x_1$.

b) Für $x_1 = \log_2 5$ und $x_2 = \log_3 5$ gilt

$$2^{x_1} = 5 \quad \text{und} \quad 3^{x_2} = 5.$$

Bei einer größeren Basis muss man mit einer kleineren Zahl potenzieren, um auf den gleichen Wert zu kommen, also ist $x_2 < x_1$.

Aufgabe 2.4.7

a) Welche Werte haben $\log_2 8$ und $\log_8 2$ bzw. $\log_{0.1} 100$ und $\log_{100} 0.1$?

b) Sehen Sie bei a) einen Zusammenhang zwischen $\log_a b$ und $\log_b a$?

Gilt dieser Zusammenhang allgemein?

Lösung:

a) Wegen $2^3 = 8$ ist $\log_2 8 = 3$ und wegen $8^{1/3} = \sqrt[3]{8} = 2$ ist $\log_8 2 = \frac{1}{3}$.
Wegen

$$0.1^{-2} = \left(\frac{1}{10}\right)^{-2} = 10^2 = 100$$

ist $\log_{0.1} 100 = -2$, und wegen

$$100^{-1/2} = \frac{1}{\sqrt{100}} = \frac{1}{10} = 0.1.$$

ist $\log_{100} 0.1 = -\frac{1}{2}$.

b) Es gilt

$$\log_a b = \frac{1}{\log_b a}, \qquad\qquad (*)$$

denn setzt man $x = \log_a b$, so gilt $a^x = b$. Durch Potenzierung mit $\frac{1}{x}$ erhält man daraus $a = b^{1/x}$, was gleichbedeutend mit $\log_b a = \frac{1}{x} = \frac{1}{\log_a b}$ ist.

Alternativ kann man mit Satz 2.4.12, 5., schließen

$$\log_a b \cdot \log_b a \;=\; \log_a a \;=\; 1,$$

woraus (∗) folgt.

Aufgabe 2.4.8

Für welche Variablenwerte sind die folgenden Gleichungen erfüllt?
(Tipp: Nutzen Sie Logarithmenregeln zur Umformung!)

a) $\log_c 8 \;=\; 3,$ b) $\log_2 z \;=\; 4,$

c) $\log_5(b^2) + \log_5 b \;=\; 6,$ d) $\log_2(8x) + \log_2(4x) + \log_2 \frac{x}{2} \;=\; 1,$

e) $3 \cdot \log_{10} x + \log_{10} \sqrt{x} \;=\; 7,$ f) $\log_3 \sqrt{a} - \log_3 \sqrt[3]{a} \;=\; \frac{1}{3},$

g) $\log_3 x - \log_9 x \;=\; 1,$ h) $\log_a 4 + \log_a 9 \;=\; 2.$

Lösung:

a) Es gilt

$$\log_c 8 \;=\; 3 \quad\Leftrightarrow\quad c^3 \;=\; 8 \quad\Leftrightarrow\quad c \;=\; \sqrt[3]{8} \;=\; 2.$$

b) Es ist

$$\log_2 z \;=\; 4 \quad\Leftrightarrow\quad 2^4 \;=\; z \quad\Leftrightarrow\quad z \;=\; 16.$$

c) Mit der Logarithmen-Potenzregel (s. Satz 2.4.12, 4.) ist

$$\log_5(b^2) + \log_5 b \;=\; 2 \cdot \log_5 b + \log_5 b \;=\; 3 \cdot \log_5 b.$$

Also gilt

$$\log_5(b^2) + \log_5 b \;=\; 6 \quad\Leftrightarrow\quad 3 \cdot \log_5 b \;=\; 6$$
$$\Leftrightarrow \quad \log_5 b \;=\; 2 \quad\Leftrightarrow\quad 5^2 \;=\; b \quad\Leftrightarrow\quad b \;=\; 25.$$

d) Mit der Logarithmen-Produktregel (s. Satz 2.4.12, 2.) ist

$$\log_2(8x) \quad + \quad \log_2(4x) \quad + \quad \log_2 \frac{x}{2}$$
$$= \; \log_2 8 + \log_2 x + \log_2 4 + \log_2 x + \log_2 x - \log_2 2$$
$$= \quad 3 \qquad\qquad + \quad 2 \qquad\qquad\qquad\qquad - 1 \quad + 3 \cdot \log_2 x$$
$$= 4 + 3 \cdot \log_2 x.$$

Also gilt

$$\log_2(8x) + \log_2(4x) + \log_2 \frac{x}{2} \;=\; 1 \quad\Leftrightarrow\quad 4 + 3\cdot\log_2 x \;=\; 1$$

$$\Leftrightarrow\quad 3\cdot\log_2 x \;=\; -3 \quad\Leftrightarrow\quad \log_2 x \;=\; -1 \quad\Leftrightarrow\quad x \;=\; 2^{-1} \;=\; \frac{1}{2}.$$

e) Durch eine Potenz-Schreibweise und die Logarithmen-Potenzregel (s. Satz 2.4.12, 4.) erhält man

$$\log_{10} \sqrt{x} \;=\; \log_{10} x^{1/2} \;=\; \frac{1}{2}\cdot\log_{10} x.$$

Also gilt

$$3\cdot\log_{10} x + \log_{10}\sqrt{x} \;=\; 7 \quad\Leftrightarrow\quad 3\cdot\log_{10} x + \frac{1}{2}\cdot\log_{10} x \;=\; 7$$

$$\Leftrightarrow\quad \left(3+\frac{1}{2}\right)\cdot\log_{10} x \;=\; 7 \quad\Leftrightarrow\quad \frac{7}{2}\cdot\log_{10} x \;=\; 7$$

$$\Leftrightarrow\quad \log_{10} x \;=\; 2 \quad\Leftrightarrow\quad x \;=\; 10^2 \;=\; 100.$$

f) Mit Umformungen ähnlich zu e) erhält man

$$\log_3 \sqrt{a} - \log_3 \sqrt[3]{a} \;=\; \log_3 a^{1/2} - \log_3 a^{1/3}$$

$$= \frac{1}{2}\cdot\log_3 a - \frac{1}{3}\cdot\log_3 a \;=\; \left(\frac{1}{2}-\frac{1}{3}\right)\cdot\log_3 a \;=\; \frac{1}{6}\cdot\log_3 a.$$

Also gilt

$$\log_3 \sqrt{a} - \log_3 \sqrt[3]{a} \;=\; \frac{1}{3} \quad\Leftrightarrow\quad \frac{1}{6}\cdot\log_3 a \;=\; \frac{1}{3}$$

$$\Leftrightarrow\quad \log_3 a \;=\; 2 \quad\Leftrightarrow\quad a \;=\; 3^2 \;=\; 9.$$

g) Wegen

$$\log_9 x \;=\; \frac{\log_3 x}{\log_3 9} \;=\; \frac{\log_3 x}{2}$$

ist

$$\log_3 x - \log_9 x \;=\; 1 \quad\Leftrightarrow\quad \log_3 x - \frac{1}{2}\cdot\log_3 x \;=\; 1$$

$$\Leftrightarrow\quad \left(1-\frac{1}{2}\right)\cdot\log_3 x \;=\; 1 \quad\Leftrightarrow\quad \log_3 x \;=\; 2$$

$$\Leftrightarrow\quad x \;=\; 3^2 \;=\; 9.$$

h) Wegen

$$\log_a 4 + \log_a 9 \;=\; \log_a(4\cdot 9) \;=\; \log_a 36$$

gilt

$$\log_a 4 + \log_a 9 = 2 \quad\Leftrightarrow\quad \log_a 36 = 2$$
$$\Leftrightarrow \quad a^2 = 36 \quad\Leftrightarrow\quad a = 6.$$

(Bei der letzten Umformung braucht man $a = -6$ nicht in Betracht zu ziehen, da $\log_a x$ nur für $a > 0$ definiert ist.)

2.4.3 Vermischte Aufgaben

Aufgabe 2.4.9

a) Falten Sie eine $\frac{1}{2}$ cm dicke Zeitung 10 bzw. 20 mal. Auf welche Dicken kommen Sie?

b) Wie oft müssen Sie eine $\frac{1}{2}$ cm dicke Zeitung falten, um auf dem Mond (Entfernung ca. 300000km) zu landen, wie oft, um die Sonne (ca. 150 Millionen km entfernt) zu erreichen?

Versuchen Sie, die Lösungen ohne Taschenrechner abzuschätzen.

Lösung:

Bei jedem Falten verdoppelt sich die Dicke.

Daher hat man nach n-maligem Falten die Dicke $d_n = 2^n \cdot \frac{1}{2}$ cm.

a) Bei 10-maligem Falten erhält man (mit der Näherung $2^{10} = 1024 \approx 1000$) eine Dicke

$$d_{10} = 2^{10} \cdot \frac{1}{2} \text{ cm} \approx 1000 \cdot \frac{1}{2} \text{ cm} = 512 \text{ cm} \approx 5 \text{ m}.$$

Bei 20-maligem Falten erhält man entsprechend eine Dicke

$$d_{20} = 2^{20} \cdot \frac{1}{2} \text{ cm} = 2^{10} \cdot 2^{10} \cdot \frac{1}{2} \text{ cm} \approx 1000 \cdot 5 \text{ m} = 5 \text{ km}.$$

b) Um auf dem Mond zu landen, braucht man ein n mit

$$300000 \text{ km} \approx d_n = 2^n \cdot \frac{1}{2} \text{ cm}$$
$$\Leftrightarrow \quad 3 \cdot 10^5 \cdot 10^3 \text{ m} \approx 2^n \cdot \frac{1}{2} \cdot 10^{-2} \text{ m}$$
$$\Leftrightarrow \qquad\qquad 2^n \approx 6 \cdot 10^5 \cdot 10^3 \cdot 10^2 = 6 \cdot 10^{10}$$
$$\Leftrightarrow \qquad\qquad n \approx \log_2(6 \cdot 10^{10}).$$

Um $\log_2(6 \cdot 10^{10})$ abzuschätzen, kann man

$$10^3 = 1000 \approx 1024 = 2^{10}$$

nutzen und erhält

$$6 \cdot 10^{10} = 6 \cdot 10 \cdot \left(10^3\right)^3 \approx 60 \cdot \left(2^{10}\right)^3 \approx \underbrace{64}_{=2^6} \cdot \left(2^{10}\right)^3$$

$$= 2^{6+30} = 2^{36},$$

also $\log_2(6 \cdot 10^{10}) \approx 36$.

Alternativ kann man wegen $10 \approx 8 = 2^3$ grob annähern, dass $\log_2 10 \approx 3$. Damit erhält man

$$\begin{aligned} \log_2(6 \cdot 10^{10}) &= \log_2 6 + 10 \cdot \log_2 10 \\ &\approx \quad 2.5 \quad + 10 \cdot \quad 3 \quad \approx 33. \end{aligned}$$

(Tatsächlich ist $\log_2(6 \cdot 10^{10}) \approx 35.8$.)

Um auf der Sonne zu landen, braucht man ein n mit

$$150 \cdot 10^6 \, \text{km} = 2^n \cdot \frac{1}{2} \cdot 10^{-2} \, \text{m}$$

$$\Leftrightarrow \qquad 2^n = 150 \cdot 10^6 \cdot 10^3 \, \text{m} \cdot 10^2 \cdot 2 = 30 \cdot 10^{12}$$

$$\Leftrightarrow \qquad n = \log_2(30 \cdot 10^{12}).$$

Von Hand abgeschätzt erhält man

$$30 \cdot 10^{12} \approx 32 \cdot \left(10^3\right)^4 = 2^5 \cdot \left(2^{10}\right)^4 = 2^{45},$$

also $\log_2(30 \cdot 10^{12}) \approx 45$. (Tatsächlich ist $\log_2(30 \cdot 10^{12}) \approx 44.8$.)

Man muss also ca. 36 mal falten, um auf dem Mond zu landen, und 45 mal, um die Sonne zu erreichen.

Aufgabe 2.4.10

Bei einem Zinssatz p, erhält man nach einem Jahr Zinsen in Höhe von $p \cdot G$, d.h., das Guthaben wächst auf $G + p \cdot G = (1 + p) \cdot G$.

a) Wie groß ist das Guthaben nach n Jahren

    1) ohne Zinseszinsen,   2) mit Zinseszinsen?

    Berechnen Sie konkret das Guthaben in den beiden Fällen nach 20 Jahren mit $G = 1000 €$, $p = 3\% = 0.03$.

b) Wann hat sich (ohne bzw. mit Zinseszins) das Guthaben verdoppelt?

c) Wie groß muss der Zinssatz sein, damit sich das Guthaben nach 15 Jahren verdoppelt hat?

(Nutzen Sie einen Taschenrechner.)

Lösung:

a) 1) Ohne Zinseszins erhält man jedes Jahr die Zinsen $p \cdot G$ gutgeschrieben, hat nach n Jahren also ein Guthaben G_n von

$$G_n = G + n \cdot p \cdot G = (1 + np) \cdot G.$$

2) Mit Zinseszins erhält man zum aktuellen Guthaben $\tilde{G}$ die Zinsen $p \cdot \tilde{G}$, hat im Jahr darauf also ein Guthaben $\tilde{G} + p \cdot \tilde{G} = (1 + p) \cdot \tilde{G}$, das dann weiter verzinst wird. Damit ergibt sich

$$\begin{aligned}
\text{nach einem Jahr} \quad G_1 &= (1+p) \cdot G \\
\text{nach zwei Jahren} \quad G_2 &= (1+p) \cdot G_1 = (1+p) \cdot (1+p) \cdot G \\
&= (1+p)^2 \cdot G \\
\text{nach drei Jahren} \quad G_3 &= (1+p) \cdot G_2 = (1+p)^2 \cdot (1+p) \cdot G \\
&= (1+p)^3 \cdot G \\
&\ldots \\
\text{nach } n \text{ Jahren} \quad G_n &= (1+p)^n \cdot G.
\end{aligned}$$

Konkret ergibt sich bei einem Zinssatz $p = 3\% = 0.03$ nach 20 Jahren

1) ohne Zinseszins:

$$G_{20} = (1 + 20 \cdot 0.03) \cdot 1000€ = 1600€,$$

2) mit Zinseszins:

$$G_{20} = (1 + 0.03)^{20} \cdot 1000€ = (1.03)^{20} \cdot 1000€ \approx 1806.11€.$$

b) Es ist jeweils ein n gesucht mit $G_n = 2 \cdot G$.

1) Ohne Zinseszins:

$$G_n = (1 + np) \cdot G = 2 \cdot G$$
$$\Leftrightarrow \quad 1 + np = 2 \quad \Leftrightarrow \quad np = 1 \quad \Leftrightarrow \quad n = \frac{1}{p}.$$

Bei $p = 3\% = 0.03$ ergibt sich $n = \frac{1}{0.03} \approx 33.3$.

2) Mit Zinseszins:

$$G_n = (1+p)^n \cdot G = 2 \cdot G$$
$$\Leftrightarrow \quad (1+p)^n = 2 \quad \Leftrightarrow \quad n = \log_{1+p} 2.$$

Bei $p = 3\% = 0.03$ ergibt sich $n = \log_{1.03} 2 = \frac{\ln 2}{\ln 1.03} \approx 23.4$.

c) Gesucht ist jeweils das p, so dass $G_{15} = 2 \cdot G$ ist.

1) Ohne Zinseszins:

$$G_{15} = (1 + 15 \cdot p) \cdot G = 2 \cdot G$$
$$\Leftrightarrow \quad 1 + 15p = 2 \quad \Leftrightarrow \quad 15 \cdot p = 1$$
$$\Leftrightarrow \quad p = \frac{1}{15} \approx 6.67\%.$$

2) Mit Zinseszins:

$$G_{15} = (1 + p)^{15} \cdot G = 2 \cdot G$$
$$\Leftrightarrow \quad (1 + p)^{15} = 2 \quad \Leftrightarrow \quad 1 + p = \sqrt[15]{2}$$
$$\Leftrightarrow \quad p = \sqrt[15]{2} - 1 \approx 0.0473 = 4.73\%.$$

Aufgabe 2.4.11

Welche der folgenden Aussagen sind richtig?

(Entscheiden Sie sich, ohne den Taschenrechner zu benutzen!)

a) $\sqrt{8} = 2\sqrt{2}$,   b) $\dfrac{1}{\sqrt{2}} = \dfrac{\sqrt{2}}{2}$,

c) für alle $x > 0$ gilt $\sqrt[3]{x^2} = x\sqrt{x}$,   d) für alle $x > 0$ gilt $\sqrt{x^3} = x\sqrt{x}$,

e) $\log_5 9 = 3 \cdot \log_5 3$,   f) $\log_2 10 = 2 \cdot \log_4 10$.

Lösung:

a) Richtig, denn durch entsprechende Aufspaltung erhält man

$$\sqrt{8} = \sqrt{2 \cdot 4} = \sqrt{2} \cdot \sqrt{4} = \sqrt{2} \cdot 2.$$

b) Richtig, denn Erweitern mit $\sqrt{2}$ führt zu

$$\frac{1}{\sqrt{2}} = \frac{\sqrt{2}}{\sqrt{2}} \cdot \frac{1}{\sqrt{2}} = \frac{\sqrt{2}}{2}.$$

c) Falsch, denn nach Umformen in Potenzschreibweise erhält man

$$\sqrt[3]{x^2} = \left(x^2\right)^{1/3} = x^{2/3} \neq x^{3/2} = x \cdot x^{1/2} = x \cdot \sqrt{x}.$$

d) Richtig, denn nach Umformen in Potenzschreibweise erhält man

$$\sqrt{x^3} = \left(x^3\right)^{1/2} = x^{3/2} = x^{1+1/2} = x \cdot x^{1/2} = x \cdot \sqrt{x}.$$

e) Falsch, denn mit den Logarithmenregeln erhält man

$$\log_5 9 = \log_5 3^2 = 2 \cdot \log_5 3 \neq 3 \cdot \log_5 3.$$

f) Richtig, denn mit der Regel zum Wechsel der Basis eines Logarithmus (s. Satz 2.4.12, 5.) erhält man

$$\log_2 10 = \frac{\log_4 10}{\log_4 2} \underset{\substack{\log_4 2 = 1/2 \\ \text{da } 4^{1/2} = 2}}{=} \frac{\log_4 10}{\frac{1}{2}} = 2 \cdot \log_4 10.$$

Aufgabe 2.4.12

Für welche Variablenwerte sind die folgenden Gleichungen erfüllt?

Tipp: Nach einer geeigneten Ersetzung muss jeweils zunächst eine quadratische Gleichung gelöst werden.

a) $x - 4\sqrt{x} + 3 = 0,$ b) $\log_3 x - (\log_3 x)^2 = \frac{1}{4},$

c) $3^{2a} - 10 \cdot 3^a + 9 = 0,$ d) $2^{2r} - 2^{r+1} - 3 = 0,$

e) $4^x - 3 \cdot 2^x - 4 = 0,$ f) $e^x + e^{-x} = 4.$

Lösung:

a) Mit der Substitution (Ersetzung) $z = \sqrt{x}$, also $x = z^2$, erhält man

$$x - 4 \cdot \sqrt{x} + 3 = 0 \quad \Leftrightarrow \quad z^2 - 4z + 3 = 0.$$

Diese quadratische Gleichung hat die Lösungen 1 und 3, d.h., die ursprüngliche Gleichung ist äquivalent zu

$$z = \sqrt{x} = 1 \quad \text{oder} \quad z = \sqrt{x} = 3$$
$$\Leftrightarrow \quad x = 1 \quad \text{oder} \quad x = 9.$$

b) Mit der Substitution $z = \log_3 x$ erhält man

$$\log_3 x - (\log_3 x)^2 = \frac{1}{4} \quad \Leftrightarrow \quad z - z^2 = \frac{1}{4}$$

$$\Leftrightarrow \quad z^2 - z + \frac{1}{4} = 0 \quad \Leftrightarrow \quad z = \frac{1}{2} \pm \sqrt{\frac{1}{4} - \frac{1}{4}} = \frac{1}{2}.$$

Also gilt

$$z = \log_3 x = \frac{1}{2} \quad \Leftrightarrow \quad x = 3^{1/2} = \sqrt{3}.$$

c) Da man 3^{2a} als $\left(3^{a}\right)^{2}$ schreiben kann, führt die Substitution $z = 3^{a}$ zur quadratischen Gleichung $z^{2} - 10z + 9 = 0$ mit den Lösungen 1 und 9, also

$$3^{a} = 1 \quad \text{oder} \quad 3^{a} = 9 \quad \Leftrightarrow \quad a = 0 \quad \text{oder} \quad a = 2.$$

d) Mit den Umformungen $2^{2r} = \left(2^{r}\right)^{2}$ und $2^{r+1} = 2 \cdot 2^{r}$ führt die Substitution $z = 2^{r}$ auf eine quadratische Gleichung:

$$2^{2r} - 2^{r+1} - 3 = 0 \quad \Leftrightarrow \quad \left(2^{r}\right)^{2} - 2 \cdot 2^{r} - 3 = 0$$

$$\Leftrightarrow \quad z^{2} - 2z - 3 = 0 \quad \Leftrightarrow \quad z = -1 \quad \text{oder} \quad z = 3$$

$$\Leftrightarrow \quad 2^{r} = -1 \quad \text{oder} \quad 2^{r} = 3.$$

Die Gleichung $2^{r} = -1$ hat keine Lösung, die Gleichung $2^{r} = 3$ hat als Lösung $r = \log_{2} 3$. Dies ist also die einzige Lösung der ursprünglichen Gleichung.

e) Wegen $4^{x} = \left(2^{2}\right)^{x} = \left(2^{x}\right)^{2}$ erhält man durch die Substitution $z = 2^{x}$ eine quadratische Gleichung:

$$4^{x} - 3 \cdot 2^{x} - 4 = 0 \quad \Leftrightarrow \quad \left(2^{x}\right)^{2} - 3 \cdot 2^{x} - 4 = 0$$

$$\Leftrightarrow \quad z^{2} - 3z - 4 = 0 \quad \Leftrightarrow \quad z = -1 \quad \text{oder} \quad z = 4$$

$$\Leftrightarrow \quad 2^{x} = -1 \quad \text{oder} \quad 2^{x} = 4.$$

Die Gleichung $2^{x} = -1$ hat keine Lösung, die Gleichung $2^{x} = 4$ hat als Lösung $x = 2$. Dies ist also die einzige Lösung der ursprünglichen Gleichung.

f) Wegen $\mathrm{e}^{-x} = \frac{1}{\mathrm{e}^{x}}$ führt die Substitution $z = \mathrm{e}^{x}$ zu

$$\mathrm{e}^{x} + \mathrm{e}^{-x} = 4 \quad \Leftrightarrow \quad \mathrm{e}^{x} + \frac{1}{\mathrm{e}^{x}} = 4$$

$$\Leftrightarrow \quad z + \frac{1}{z} = 4 \quad \Leftrightarrow \quad z^{2} + 1 = 4z$$

$$\Leftrightarrow \quad z^{2} - 4z + 1 = 0 \quad \Leftrightarrow \quad \mathrm{e}^{x} = z = 2 \pm \sqrt{3}$$

$$\Leftrightarrow \quad x = \ln(2 + \sqrt{3}) \quad \text{oder} \quad x = \ln(2 - \sqrt{3}).$$

2.5 Trigonometrische Funktionen

2.5.1 Trigonometrische Funktionen im Dreieck

Aufgabe 2.5.1

Berechnen Sie die fehlenden Größen in den rechtwinkligen Dreiecken.

(Die Skizzen sind nicht maßstabsgetreu. Nutzen Sie einen Taschenrechner.)

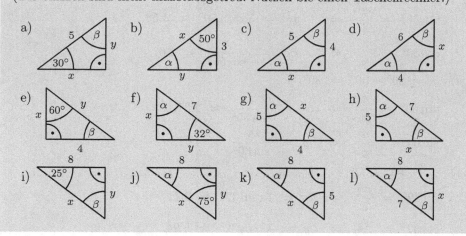

Lösung:

Bei den Dreiecken in den ersten beiden Spalten sind jeweils neben dem rechten Winkel ein weiterer Winkel und eine Seite gegeben. Den dritten Winkel kann man dann mittels des Innenwinkel-Satzes (die Summe aller Winkel im Dreieck ist gleich 180°) berechnen. Die Seitenlängen erhält man aus dem angegebenen Winkel und der Seitenlänge mittels einer geeingeneten Winkelfunktion.

Statt den gegebenen Winkel zu nutzen, kann man auch den anderen berechneten Winkel und eine andere Winkelfunktion nutzen. Hat man eine Seite berechnet, kann man die verbleibende Seite alternativ mittels des Satz des Pythagoras berechnen. Da diese alternativen Möglichkeiten stets berechnete und damit oft gerundete Werte zur weiteren Berechnung nutzen, sind diese Möglichkeiten nicht empfehlenswert. Sie sind daher nur bei a) vorgeführt.

a) $\beta = 180° - 90° - 30° = 60°$,

$$\cos 30° = \frac{x}{5} \quad \Rightarrow \quad x = 5 \cdot \cos 30° \approx 4.33,$$

$$\sin 30° = \frac{y}{5} \quad \Rightarrow \quad y = 5 \cdot \sin 30° = 2.5.$$

Alternativ kann man nach Berechnung von $\beta = 60°$ die Seiten wie folgt berechnen:

$$\sin 60° = \frac{x}{5} \quad \Rightarrow \quad x = 5 \cdot \sin 60° \approx 4.33,$$

$$\cos 60° = \frac{y}{5} \quad \Rightarrow \quad y = 5 \cdot \cos 60° = 2.5.$$

Alternativ kann man die letzte Seite mit Hilfe des Satz des Pythagoras berechnen:

$$x^2 + y^2 = 5^2 \quad \Rightarrow \quad y = \sqrt{25 - x^2} \approx \sqrt{25 - (4.33^2)} \approx 2.50.$$

b) $\alpha = 180° - 90° - 50° = 40°,$

$$\tan 50° = \frac{y}{3} \quad \Rightarrow \quad y = 3 \cdot \tan 50° \approx 3.58,$$

$$\cos 50° = \frac{3}{x} \quad \Rightarrow \quad x = \frac{3}{\cos 50°} \approx 4.67.$$

e) $\beta = 90° - 60° = 30°,$

$$\tan 60° = \frac{4}{x} \quad \Rightarrow \quad x = \frac{4}{\tan 60°} \approx 2.31,$$

$$\sin 60° = \frac{4}{y} \quad \Rightarrow \quad y = \frac{4}{\sin 60°} = 4.62.$$

f) $\alpha = 90° - 32° = 58°,$

$$\sin 32° = \frac{x}{7} \quad \Rightarrow \quad x = 7 \cdot \sin 32° \approx 3.71,$$

$$\cos 32° = \frac{y}{7} \quad \Rightarrow \quad y = 7 \cdot \cos 32° = 5.94.$$

i) $\beta = 90° - 25° = 65°,$

$$\cos 25° = \frac{8}{x} \quad \Rightarrow \quad x = \frac{8}{\cos 25°} \approx 8.83,$$

$$\tan 25° = \frac{y}{8} \quad \Rightarrow \quad y = 8 \cdot \tan 25° = 3.73.$$

j) $\alpha = 90° - 75° = 15°,$

$$\sin 75° = \frac{8}{x} \quad \Rightarrow \quad x = \frac{8}{\sin 75°} \approx 8.28,$$

$$\tan 75° = \frac{8}{y} \quad \Rightarrow \quad y = \frac{8}{\tan 75°} \approx 2.14.$$

Bei den Dreiecken in den rechten beiden Spalten sind jeweils neben dem rechten Winkel zwei Seiten gegeben. Die dritte Seite kann man dann mittels des Satz des Pythagoras berechnen. Die Winkel kann man mittels geeigneter Arcus-Funktionen aus den gegebenen Seiten berechnen.

Alternativ kann man zur Berechnung der Winkel auch die berechnete Seite nutzen und dann beispielsweise immer die gleiche Arcus-Funktion anwenden. Nach Berechnung eines Winkels kann man den anderen Winkel alternativ mit dem Innenwinkel-Satz (vgl. oben) berechnen. Schließlich kann man – statt den Satz des Pythagoras anzuwenden – auch zunächst einen oder beide Winkel berechnen und dann wieder mit Hilfe geeigneter Winkelfunktionen die unbekannte Seite ausrechnen. Da diese alternativen Möglichkeiten stets berechnete und damit oft gerundete Werte zur weiteren Berechnung nutzen, sind diese Möglichkeiten nicht empfehlenswert. Sie sind daher nur bei c) vorgeführt.

c) $4^2 + x^2 = 5^2 \Rightarrow x = \sqrt{5^2 - 4^2} = \sqrt{25 - 16} = \sqrt{9} = 3,$

$$\sin\alpha = \frac{4}{5} \Rightarrow \alpha = \arcsin\frac{4}{5} \approx 53.13°,$$

$$\cos\beta = \frac{4}{5} \Rightarrow \beta = \arccos\frac{4}{5} \approx 36.87°.$$

Will man beispielsweise immer den Arcus-Sinus nutzen, kann man alternativ β nach Berechnung von $x = 3$ auch berechnen durch

$$\sin\beta = \frac{3}{5} \Rightarrow \beta = \arccos\frac{3}{5} \approx 36.87°.$$

Eine weitere Alternative ist, nach Berechnung von $\alpha \approx 53.13°$ zu rechnen

$$\beta = 90° - \alpha \approx 90° - 53.13° = 36.87°.$$

Statt die Seite x mittels des Satz des Pythagoras zu berechnen, kann man beispielsweise auch mit Hilfe des berechneten Winkels α weiterrechnen:

$$\cos\alpha = \frac{x}{5} \Rightarrow x = 5 \cdot \cos\alpha \approx 5 \cdot \cos 53.13° \approx 3.00.$$

d) $x = \sqrt{6^2 - 4^2} = \sqrt{20} \approx 4.47,$

$$\cos\alpha = \frac{4}{6} \Rightarrow \alpha = \arccos\frac{4}{6} \approx 48.19°,$$

$$\sin\beta = \frac{4}{6} \Rightarrow \beta = \arcsin\frac{4}{6} \approx 41.81°.$$

g) $x^2 = 5^2 + 4^2 \Rightarrow x = \sqrt{25 + 16} = \sqrt{41} \approx 6.40,$

$$\tan\alpha = \frac{4}{5} \Rightarrow \alpha = \arctan\frac{4}{5} \approx 38.66°,$$

$$\tan\beta = \frac{5}{4} \Rightarrow \beta = \arctan\frac{5}{4} = 51.34°.$$

h) $7^2 = 5^2 + x^2 \Rightarrow x = \sqrt{7^2 - 5^2} = \sqrt{49 - 25} = \sqrt{24} \approx 4.90,$

$$\cos\alpha = \frac{5}{7} \Rightarrow \alpha = \arccos\frac{5}{7} \approx 44.42°,$$

$$\sin\alpha = \frac{5}{7} \Rightarrow \alpha = \arcsin\frac{5}{7} \approx 45.58°.$$

k) $8^2 + 5^2 = x^2 \Rightarrow x = \sqrt{64 + 25} = \sqrt{89} \approx 9.43,$

$$\tan\alpha = \frac{5}{8} \Rightarrow \alpha = \arctan\frac{5}{8} \approx 32.01°,$$

$$\tan\beta = \frac{8}{5} \Rightarrow \beta = \arctan\frac{8}{5} \approx 57.99°.$$

l) Bei dem Dreieck soll eine Kathete größer sein als die Hypotenuse; ein solches Dreieck gibt es nicht!

Würde man die Rechnung formal wie beispielsweise bei d) durchführen, erhielte man bei der Seitenberechnung mit Hilfe des Satz des Pythagoras

$$8^2 + x^2 = 7^2 \quad \Rightarrow \quad x = \sqrt{7^2 - 8^2} = \sqrt{-15},$$

was keinen Sinn macht, oder bei der Berechnung von α

$$\cos\alpha = \frac{8}{7} \approx 1.14,$$

was auch keinen Sinn macht, da die Cosinus-Funktion nur Werte zwischen -1 und 1 annimmt; der Taschenrechner würde entsprechend beim Aufruf von $\arccos 1.14$ einen Fehler melden.

Aufgabe 2.5.2

a) Welchen Winkel schließt die Gerade $y = \frac{1}{2}x$ mit der x-Achse ein?

b) Wie lautet der Zusammenhang zwischen der Steigung einer Geraden und dem Winkel zwischen der x-Achse und der Geraden allgemein.

Lösung:

a) An Abb. 2.35, links, sieht man, dass für den Winkel α zwischen der Geraden und der x-Achse gilt

$$\tan\alpha = \frac{1/2}{1} = \frac{1}{2} \quad \Leftrightarrow \quad \alpha = \arctan\frac{1}{2} \approx 0.464 \,\hat{=}\, 26.57°.$$

b) Bei einer Steigung m sieht man mit Hilfe eines Steigungsdreiecks (s. Abb. 2.35, Mitte)

$$\tan\alpha = \frac{m}{1} = m \quad \Leftrightarrow \quad \alpha = \arctan m.$$

Bei einer negativen Steigung erhält man durch den Arcus-Tangens einen negativen Winkel, der ausdrückt, dass man im mathematisch negativen Sinn, also im Uhrzeigersinn, dreht, s. Abb. 2.35, rechts.

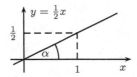 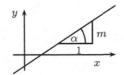 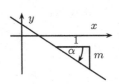

Abb. 2.35 Winkel zwischen Gerade und x-Achse.

Aufgabe 2.5.3

15% Steigung einer Straße bedeutet, dass die Straße bei 100m in horizontaler Richtung um 15m ansteigt.

a) Welchem Winkel zwischen Straße und der Waagerechten entspricht eine Steigung von 15%, welchem Winkel eine Steigung von 100%?

b) Welche Steigung ergibt sich bei einem Winkel von 10°, 30° bzw. 45° zur Horizontalen?

Lösung:

a) Wie man an Abb. 2.36 sieht, bedeutet 15% Steigung für den Winkel α, dass

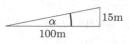

$$\tan \alpha = \frac{15\,\text{m}}{100\,\text{m}} = \frac{15}{100}$$

Abb. 2.36 15% Steigung.

ist, also

$$\alpha = \arctan \frac{15}{100} \approx 8.53°.$$

Bei 100% Steigung ist

$$\tan \alpha = \frac{100\,\text{m}}{100\,\text{m}} = 1,$$

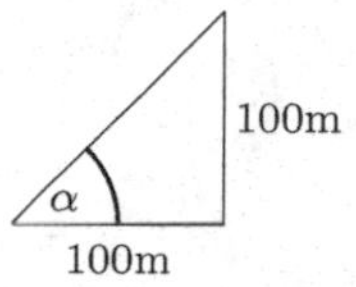

also

$$\alpha = \arctan 1 \approx 45°,$$

Abb. 2.37 100% Steigung.

was man an Abb. 2.37 auch direkt sieht.

Die Ergebnisse erhält man auch bei Anwendung der Formel $\alpha = \arctan m$ von Aufgabe 2.5.2, da beispielsweise 15% Steigung eine Steigung $m = 0.15$ bedeutet.

b) Wie bei a) sieht man, dass die Steigung gleich dem Tangens des Winkels ist. Damit erhält man

$$10° \text{ bedeutet eine Steigung von } \tan 10° \approx 0.176 = 17.6\%,$$
$$30° \text{ bedeutet eine Steigung von } \tan 30° \approx 0.577 = 57.7\%,$$
$$45° \text{ bedeutet eine Steigung von } \tan 45° = \quad 1 = 100\%.$$

2.5.2 Winkel im Bogenmaß

Aufgabe 2.5.4

a) Wandeln Sie die Gradzahlen $90°$, $180°$, $45°$, $30°$, $270°$ und $1°$ in Bogenmaß um und veranschaulichen Sie sich die Bogenmaße im Einheitskreis.

b) Wandeln Sie die folgenden Bogenmaß-Angaben in Gradzahlen um:

$$\pi, \quad 2\pi, \quad -\frac{\pi}{2}, \quad \frac{\pi}{6}, \quad \frac{\pi}{3}, \quad \frac{3}{4}\pi, \quad 1.$$

Lösung:

a) Entsprechend der Umrechnung

$$\alpha \text{ in Grad} \quad \text{entspricht} \quad \frac{\pi}{180°} \cdot \alpha \text{ im Bogenmaß}$$

erhält man:

$$90° \quad \hat{=} \quad \frac{\pi}{180°} \cdot 90° \quad = \quad \frac{\pi}{2},$$

$$180° \quad \hat{=} \quad \frac{\pi}{180°} \cdot 180° \quad = \quad \pi,$$

$$45° \quad \hat{=} \quad \frac{\pi}{180°} \cdot 45° \quad = \quad \frac{\pi}{4},$$

$$30° \quad \hat{=} \quad \frac{\pi}{180°} \cdot 30° \quad = \quad \frac{\pi}{6},$$

$$270° \quad \hat{=} \quad \frac{\pi}{180°} \cdot 270° \quad = \quad \frac{3}{2}\pi,$$

$$1° \quad \hat{=} \quad \frac{\pi}{180°} \cdot 1° \quad = \quad \frac{\pi}{180}.$$

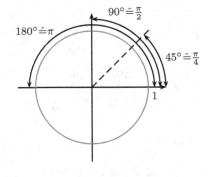

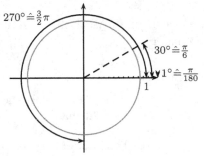

Das Bogenmaß entspricht der Länge des aus dem Einheitskreis (in Abb. 2.38 grau gezeichnet) bei entsprechendem Winkel herausgeschnittenen Bogens. Beachtet man, dass der gesamte Kreisumfang gleich 2π ist, so kann man die Bogenmaße auch leicht an Abb. 2.38 herleiten.

Abb. 2.38 Bogenmaße.

b) Die umgekehrte Umrechnung ist

$$x \text{ im Bogenmaß} \quad \text{entspricht} \quad \frac{180°}{\pi} \cdot x \text{ in Grad},$$

also

$$\pi \;\hat{=}\; \frac{180°}{\pi} \cdot \pi \;=\; 180°, \qquad 2\pi \;\hat{=}\; \frac{180°}{\pi} \cdot 2\pi = 360°,$$

$$-\frac{\pi}{2} \;\hat{=}\; \frac{180°}{\pi} \cdot \left(-\frac{\pi}{2}\right) = -90°, \qquad \frac{\pi}{6} \;\hat{=}\; \frac{180°}{\pi} \cdot \frac{\pi}{6} \;=\; 30°,$$

$$\frac{\pi}{3} \;\hat{=}\; \frac{180°}{\pi} \cdot \frac{\pi}{3} \;=\; 60°, \qquad \frac{3}{4}\pi \;\hat{=}\; \frac{180°}{\pi} \cdot \frac{3}{4}\pi = 135°,$$

$$1 \;\hat{=}\; \frac{180°}{\pi} \cdot 1 \;\approx\; 57.3°.$$

Aufgabe 2.5.5

Eine Kirchturmuhr besitze einen ca. 2 m langen Minutenzeiger. Welche Entfernung legt die Zeigerspitze in fünf Minuten zurück?

Stellen Sie einen Zusammenhang zum Bogenmaß her!

Lösung:

In fünf Minuten, also einem Zwölftel einer Stunde, überstreicht der Zeiger einen Winkel $\frac{2\pi}{12} = \frac{\pi}{6}$ im Bogenmaß.

Bei einem Radius von Eins ist das Bogenmaß genau die entsprechende Bogenlänge. Bei einem Radius von 2 m erhält man einen Bogen von

$$2\,\text{m} \cdot \frac{\pi}{6} \;\approx\; 1\,\text{m}.$$

(Vgl. Satz 2.5.14.)

2.5.3 Trigonometrische Funktionen im Allgemeinen

Aufgabe 2.5.6

Zeichnen Sie die Funktionsgrafen zur Sinus- und Cosinus-Funktion und markieren Sie darin die wichtigen Winkel und Werte.

Lösung:

Abb. 2.39 und Abb. 2.40 zeigen die Werte entsprechend Bemerkung 2.5.17, 2.:

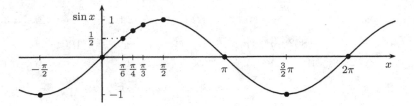

Abb. 2.39 Sinusfunktion mit wichtigen Punkten.

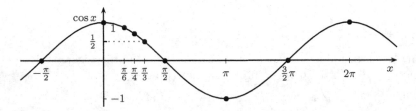

Abb. 2.40 Cosinusfunktion mit wichtigen Punkten.

Aufgabe 2.5.7

Veranschaulichen Sie sich die folgenden Beziehungen für $x \in [0, \frac{\pi}{2}]$ anhand der Definitionen der Winkelfunktionen im Einheitskreis:

a) $\sin(-x) = -\sin(x)$,   b) $\cos(-x) = \cos(x)$,

c) $\sin(\pi - x) = \sin(x)$,   d) $\cos(\pi - x) = -\cos(x)$.

Lösung:

Die folgenden Bilder zeigen die jeweiligen Definitionen im Einheitskreis (s. Bemerkung 2.5.15), so dass die Gleichheiten auf Grund der Symmetrien klar sind.

a)

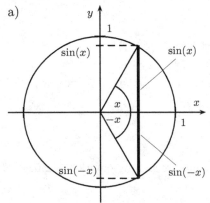
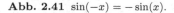

Abb. 2.41 $\sin(-x) = -\sin(x)$.

b)

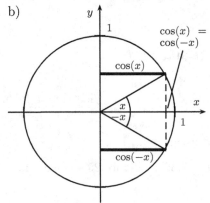

Abb. 2.42 $\cos(-x) = \cos(x)$.

c)

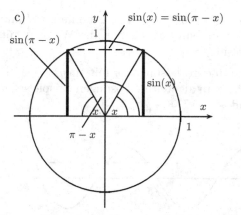
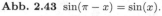

d)

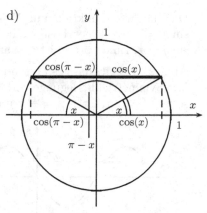

Abb. 2.43 $\sin(\pi - x) = \sin(x)$.   **Abb. 2.44** $\cos(\pi - x) = -\cos(x)$.

Aufgabe 2.5.8

Sind folgende Gleichungen lösbar? Falls ja: Geben Sie eine Lösung an!

Tipp: Nutzen Sie ggf. Substitutionen und Umformungen zwischen den trigonometrischen Funktionen.

a) $\cos^2 x - 5\cos x + 6 = 0$,   b) $\sin^2 y - 2\sin y + \frac{3}{4} = 0$,

c) $\cos^2 a + 2\sin a - 2 = 0$,   d) $\tan r = 2\sin r$.

Lösung:

a) Durch die Substitution $z = \cos x$ erhält man die quadratische Gleichung $z^2 - 5z + 6 = 0$ mit den Lösungen 2 und 3. Also gilt

$$(\cos x)^2 - 5 \cdot \cos x + 6 = 0 \quad \Leftrightarrow \quad \cos x = 2 \quad \text{oder} \quad \cos x = 3.$$

Da die Cosinus-Funktion allerdings nur Werte zwischen -1 und 1 annimmt, ist dies nicht möglich, d.h., es existiert keine Lösung der ursprünglichen Gleichung.

b) Durch die Substitution $z = \sin y$ erhält man die quadratische Gleichung $z^2 - 2z + \frac{3}{4} = 0$ mit den Lösungen

$$z = 1 \pm \sqrt{1 - \frac{3}{4}} = 1 \pm \frac{1}{2} \quad \Leftrightarrow \quad z = \frac{1}{2} \quad \text{oder} \quad z = \frac{3}{2}.$$

Also gilt

$$\sin^2 y - 2\sin y + \frac{3}{4} = 0 \quad \Leftrightarrow \quad \sin y = \frac{1}{2} \quad \text{oder} \quad \sin y = \frac{3}{2}.$$

Da die Sinus-Funktion nur Werte zwischen -1 und 1 annimmt, führt $\sin y = \frac{3}{2}$ zu keiner Lösung. Lösungen sind also genau die Werte y mit $\sin y = \frac{1}{2}$. Eine Lösung ist $y = \arcsin \frac{1}{2} = \frac{\pi}{6}$.

Abb. 2.45 zeigt, dass es aber auch andere Lösungen y mit $\sin y = \frac{1}{2}$ gibt. Mit Symmetrieüberlegungen erhält man als weitere Lösungen beispielsweise $\pi - \frac{\pi}{6} = \frac{5}{6}\pi$, $2\pi + \frac{\pi}{6} = \frac{13}{6}\pi$ und $-\pi - \frac{\pi}{6} = -\frac{7}{6}\pi$.

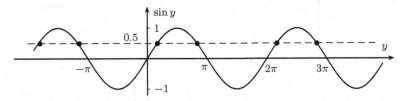

Abb. 2.45 Die Schnittpunkte bilden die gesuchten Lösungen.

c) Wegen $\sin^2 a + \cos^2 a = 1$ gilt

$$\cos^2 a + 2 \cdot \sin a - 2 = 0$$
$$\Leftrightarrow \quad (1 - \sin^2 a) + 2 \cdot \sin a - 2 = 0$$
$$\Leftrightarrow \quad \sin^2 a - 2 \cdot \sin a + 1 = 0.$$

Die Substitution $z = \sin a$ führt nun zu der quadratischen Gleichung $z^2 - 2z + 1 = 0$ mit der einzigen Lösung $z = 1$. Lösungen der ursprünglichen Gleichung sind also genau die Werte a mit $\sin a = 1$, z.B. $a = \frac{\pi}{2}$, $2\pi + \frac{\pi}{2} = \frac{5}{2}\pi$ und $-2\pi + \frac{\pi}{2} = -\frac{3}{2}\pi$.

d) Wegen $\tan r = \frac{\sin r}{\cos r}$ gilt

$$\tan r = 2\sin r \quad \Leftrightarrow \quad \frac{\sin r}{\cos r} = 2\sin r.$$

Dies ist erfüllt, wenn $\sin r = 0$ ist, also für $r = 0, \pi, 2\pi, -\pi, \dots$, allgemein für alle ganzzahligen Vielfachen von π.

Wenn $\sin r \neq 0$ ist, kann man die Gleichung durch $\sin r$ teilen und erhält

$$\frac{1}{\cos r} = 2 \quad \Leftrightarrow \quad \cos r = \frac{1}{2}.$$

Analog zu b) gibt es neben der Lösung $y = \arccos \frac{1}{2} = \frac{\pi}{3}$ weitere Lösungen, die man an Abb. 2.46 ablesen kann, z.B. $-\frac{\pi}{3}$, $2\pi - \frac{\pi}{3} = \frac{5}{3}\pi$ und $2\pi + \frac{\pi}{3} = \frac{7}{3}\pi$.

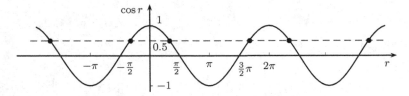

Abb. 2.46 Die Schnittpunkte bilden die gesuchten Lösungen.

3   Differenzial- und Integralrechnung

3.1 Differenzialrechnung

3.1.1 Ableitungsregeln

Aufgabe 3.1.1

Berechnen Sie die Ableitung zu den folgenden Funktionen. (Zum Teil kommen zusätzliche Parameter vor.)

a) $f(x) = x^2 - 3x + 2$,

b) $f(y) = -\frac{1}{4}y^4 + \frac{1}{2}y^3 - 2y + 1$,

c) $f(x) = \dfrac{1}{x^3} - \dfrac{2}{x^2} + \dfrac{3}{x}$,

d) $f(z) = a \cdot z^4 + \dfrac{b}{z^3}$,

e) $f(x) = cx + \sqrt[3]{x} + 3\sqrt{x} + d$,

f) $f(a) = \sqrt[3]{a} + \sqrt[4]{a} + \sqrt[5]{c}$,

g) $f(x) = 2\,\mathrm{e}^x - d \cdot \ln x$,

h) $f(t) = x \cdot \sin(t) + y \cdot \cos(t)$.

Lösung:

Die Funktionen sind jeweils von der Gestalt

$$f(x) \;=\; \lambda_1 \cdot g_1(x) + \lambda_2 \cdot g_2(x)$$

mit Konstanten λ_k und elementaren Funktionen g_k, zum Teil auch mit drei oder vier derartigen Summanden. Mit Hilfe von Satz 3.1.3, 1. und 2., erhält man als Ableitung von Funktionen dieser Gestalt

$$f'(x) \;=\; \big(\lambda_1 \cdot g_1(x)\big)' + \big(\lambda_2 \cdot g_2(x)\big)' \;=\; \lambda_1 \cdot g_1'(x) + \lambda_2 \cdot g_2'(x).$$

Die Ableitungen g_k' kann man dabei der Übersicht über wichtige Ableitungen (s. S. 48) entnehmen.

Der entsprechende Rechenweg ist in den Teilaufgaben a) und b) ausführlich dargestellt; in den weiteren Teilaufgaben wird er ähnlich genutzt.

a) Es ist

$$f'(x) \; = \; (x^2)' - 3 \cdot (x)' + (2)' \; = \; 2x - 3 \cdot 1 + 0 \; = \; 2x - 3.$$

b) Hier ist y die Variable, bzgl. derer man ableitet:

$$f'(y) \; = \; -\tfrac{1}{4} \cdot (y^4)' + \tfrac{1}{2} \cdot (y^3)' - 2 \cdot (y)' + (1)'$$
$$= \; -\tfrac{1}{4} \cdot 4y^3 + \tfrac{1}{2} \cdot 3 \cdot y^2 - 2 \cdot 1 + 0 \; = \; -y^3 + \tfrac{3}{2}y^2 - 2.$$

c) Durch Umschreiben in Potenzschreibweise, also $\frac{1}{x^k} = x^{-k}$, kann man die Ableitungsregel $x^a = a x^{a-1}$ nutzen:

$$f'(x) \; = \; (x^{-3} - 2 \cdot x^{-2} + 3 \cdot x^{-1})'$$
$$= \; -3 \cdot x^{-4} - 2 \cdot (-2) \cdot x^{-3} + 3 \cdot (-1) \cdot x^{-2}$$
$$= \; -\frac{3}{x^4} + \frac{4}{x^3} - \frac{3}{x^2}.$$

d) Hier kommen Parameter a und b vor, die man wie konstante Zahlen behandelt; die Variable, bzgl. derer man ableitet, ist z. Mit Umschreiben in Potenzschreibweise ähnlich zu c) erhält man

$$f'(z) \; = \; (az^4 + b \cdot z^{-3})' \; = \; a \cdot 4 \cdot z^3 + b \cdot (-3) \cdot z^{-4}$$
$$= \; 4a \cdot z^3 - \frac{3b}{z^4}$$

e) Hier kommen Parameter c und d vor, die man wie konstante Zahlen behandelt. Bei der Ableitung verschwindet dabei die additive Konstante d.

Die Ableitung des Summanden $\sqrt[3]{x}$ erhält man mittels der Darstellung $\sqrt[3]{x} = x^{1/3}$ aus der Ableitungsregel $x^a = a x^{a-1}$:

$$\left(\sqrt[3]{x}\right)' \; = \; \left(x^{1/3}\right)' \; = \; \frac{1}{3} \cdot x^{1/3-1} \; = \; \frac{1}{3} \cdot x^{-2/3} \; = \; \frac{1}{3} \cdot \frac{1}{x^{2/3}}.$$

(Man kann das Ergebnis auch schreiben als $\frac{1}{\sqrt[3]{x^2}}$ oder als $\frac{1}{\sqrt[3]{x^2}}$.)

Die Ableitung von $\sqrt{x}$ erhält man direkt aus der Ableitungstabelle als $\frac{1}{2\sqrt{x}}$ oder auch mittels der Darstellung $\sqrt{x} = x^{1/2}$ aus der Ableitungsregel $x^a = a x^{a-1}$:

$$\left(\sqrt{x}\right)' \; = \; \left(x^{1/2}\right)' \; = \; \frac{1}{2} \cdot x^{1/2-1} \; = \; \frac{1}{2} \cdot x^{-1/2} \; = \; \frac{1}{2} \cdot \frac{1}{x^{1/2}} \; = \; \frac{1}{2\sqrt{x}}.$$

Damit erhält man

$$f'(x) = c + \frac{1}{3} \cdot \frac{1}{x^{2/3}} + 3 \cdot \frac{1}{2\sqrt{x}}.$$

f) Hier ist a die Variable, nach der man ableitet. Die Ableitungen der Wurzelausdrücke erhält man ähnlich zu e). Da c als Parameter konstant ist, ist auch $\sqrt[5]{c}$ konstant und fällt beim Ableiten weg:

$$f'(a) = \left(a^{1/3} + a^{1/4} + \sqrt[5]{c}\right)' = \frac{1}{3} \cdot a^{1/3-1} + \frac{1}{4} \cdot a^{1/4-1} + 0$$

$$= \frac{1}{3} \cdot a^{-2/3} + \frac{1}{4} \cdot a^{-3/4} = \frac{1}{3 \cdot a^{2/3}} + \frac{1}{4 \cdot a^{3/4}}.$$

g) Mit den Ableitungen $\left(e^x\right)' = e^x$ und $\left(\ln x\right)' = \frac{1}{x}$ aus der Übersicht über wichtige Ableitungen (s. S. 48) erhält man

$$f'(x) = 2 \cdot e^x - d \cdot \frac{1}{x}.$$

h) Unter Beachtung, dass x und y hier Parameter sind, und nach t abgeleitet wird, erhält man mit den Ableitungen der Winkelfunktionen (s. S. 48)

$$f'(t) = x \cdot \cos t + y \cdot (-\sin t) = x \cdot \cos t - y \cdot \sin t.$$

Aufgabe 3.1.2

Geben Sie die Geradengleichung der Tangenten an die Funktionsgrafen

a) von $f(x) = x^2$ in $x_0 = \frac{1}{2}$

b) von $f(x) = \frac{1}{x}$ in $x_0 = 2$

c) von $f(x) = e^x$ in $x_0 = 0$

an und fertigen Sie entsprechende Zeichnungen an.

Lösung:

Die Tangente an einer Stelle x_0 führt durch den Punkt $(x_0, f(x_0))$. Die Ableitung $f'(x_0)$ gibt die Steigung der Tangente an. Man kann daher mit der Punkt-Steigungsformel (s. Satz 2.1.5) die Tangentengleichung direkt angeben als

$$t(x) = f'(x_0) \cdot (x - x_0) + f(x_0).$$

a) Zu $f(x) = x^2$ und $x_0 = \frac{1}{2}$ ist

$$f(x_0) = \left(\frac{1}{2}\right)^2 = \frac{1}{4} \quad \text{und} \quad f'(x_0) = 2x_0 = 2 \cdot \frac{1}{2} = 1.$$

Die Tangente führt also durch den Punkt $(\frac{1}{2}, \frac{1}{4})$ und besitzt die Steigung 1. Die Tangentengleichung ist damit nach der Punkt-Steigungsformel

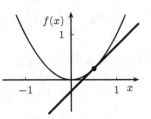

$$t(x) = 1 \cdot (x - \frac{1}{2}) + \frac{1}{4}$$
$$= x - \frac{1}{2} + \frac{1}{4} = x - \frac{1}{4}.$$

Abb. 3.1 Tangente in $x_0 = \frac{1}{2}$.

b) Zu $f(x) = \frac{1}{x}$ und $x_0 = 2$ ist

$$f(x_0) = \frac{1}{2} \quad \text{und} \quad f'(x_0) = -\frac{1}{x_0^2} = -\frac{1}{4}.$$

Die Tangente führt also durch den Punkt $(2, \frac{1}{2})$ und besitzt die Steigung $-\frac{1}{4}$. Die Tangentengleichung ist damit

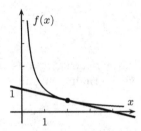

$$t(x) = -\frac{1}{4} \cdot (x - 2) + \frac{1}{2}$$
$$= -\frac{1}{4} \cdot x + \frac{1}{2} + \frac{1}{2}$$
$$= -\frac{1}{4}x + 1.$$

Abb. 3.2 Tangente in $x_0 = 2$.

c) Zu $f(x) = e^x$ und $x_0 = 0$ ist

$$f(x_0) = e^0 = 1$$

und

$$f'(x_0) = e^0 = 1.$$

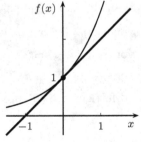

Die Tangente führt also durch den Punkt $(0, 1)$ und besitzt die Steigung 1. Die Tangentengleichung ist damit

Abb. 3.3 Tangente in $x_0 = 0$.

$$t(x) = 1 + 1 \cdot (x - 0) = x + 1.$$

Aufgabe 3.1.3

Berechnen Sie die Ableitungen der folgenden Funktionen mit der Produkt- bzw. Quotientenregel.

Finden Sie auch einen einfacheren Weg zur Ableitungsberechnung?

a) $f(x) = x \cdot e^x$,   b) $f(t) = t^2 \cdot \sin t$,   c) $f(a) = (a^2 - 1) \cdot (1 + a^2)$,

d) $f(z) = \sqrt{z} \cdot z$,   e) $f(x) = x \cdot \ln x$,   f) $f(\omega) = \cos \omega \cdot \tan \omega$,

g) $f(x) = \dfrac{x^2 + 2x}{3x + 1}$,   h) $f(x) = \dfrac{1}{x^2 + x + 1}$,   i) $f(s) = \dfrac{s^2 + 4s + 5}{s^3}$,

j) $f(x) = \dfrac{\sqrt[3]{x}}{x}$,   k) $f(s) = \dfrac{\ln s}{s}$,   l) $f(w) = \dfrac{\tan w}{\sin w}$.

Lösung:

Die Anwendung der Produktregel (a) bis f), s. Satz 3.1.3, 3.) bzw. Quotientenregel (g) bis l), s. Satz 3.1.3, 4.) wird jeweils bei den ersten beiden Teilaufgaben ausführlicher vorgeführt.

a) Mit der Produktregel erhält man

$$f'(x) \;=\; (x)' \cdot e^x + x \cdot (e^x)' \;=\; 1 \cdot e^x + x \cdot e^x \;=\; e^x \cdot (x + 1).$$

b) Mit der Produktregel erhält man

$$f'(t) \;=\; (t^2)' \cdot \sin t + t^2 \cdot (\sin t)' \;=\; 2t \cdot \sin t + t^2 \cdot \cos t.$$

c) Nach Anwendung der Produktregel kann man ausmultiplizieren und zusammenfassen:

$$f'(a) \;=\; 2a \cdot (1 + a^2) + (a^2 - 1) \cdot 2a \;=\; 2a + 2a^3 + 2a^3 - 2a \;=\; 4a^3.$$

Man kann $f(a)$ aber auch mittels der dritten binomischen Formel umformen:

$$f(a) \;=\; (a^2 - 1) \cdot (a^2 + 1) \;=\; (a^2)^2 - 1 \;=\; a^4 - 1$$

und erhält dann direkt die Ableitung $f'(a) = 4a^3$.

d) Nach Anwendung der Produktregel unter Benutzung von $(\sqrt{z})' = \frac{1}{2\sqrt{z}}$ kann man $\sqrt{z}$ kürzen und zusammenfassen:

$$f'(z) \;=\; \frac{1}{2\sqrt{z}} \cdot z + \sqrt{z} \cdot 1 \;=\; \frac{1}{2} \cdot \sqrt{z} + \sqrt{z} \;=\; \frac{3}{2} \cdot \sqrt{z}.$$

Alternativ erhält man durch die Potenzschreibweise $\sqrt{z} = z^{1/2}$

$$f(z) \;=\; z^{1/2} \cdot z \;=\; z^{3/2}$$

und damit

$$f'(z) \;=\; \frac{3}{2}\cdot z^{3/2-1} \;=\; \frac{3}{2}\cdot z^{1/2} \;=\; \frac{3}{2}\cdot\sqrt{z}.$$

e) Mit der Produktregel erhält man

$$f'(x) \;=\; 1\cdot\ln x + x\cdot\frac{1}{x} \;=\; \ln x + 1.$$

f) Mit der Produktregel erhält man unter Verwendung von $\left(\tan\omega\right)' = \frac{1}{\cos^2\omega}$

$$f'(\omega) \;=\; -\sin\omega\cdot\tan\omega + \cos\omega\cdot\frac{1}{\cos^2\omega}$$

$$\qquad\;=\; -\sin\omega\cdot\tan\omega + \frac{1}{\cos\omega} \tag{$*$}$$

Wegen $\tan\omega = \frac{\sin\omega}{\cos\omega}$ kann man $f(\omega)$ aber auch einfacher schreiben:

$$f(\omega) \;=\; \cos\omega\cdot\frac{\sin\omega}{\cos\omega} \;=\; \sin\omega.$$

Damit erhält man $f'(\omega) = \cos\omega$.

Tatsächlich erhält man auch aus $(*)$ mit $\tan\omega = \frac{\sin\omega}{\cos\omega}$ und dem trigonometrischen Pythagoras in der Form $\cos^2\omega = 1 - \sin^2\omega$:

$$-\sin\omega\cdot\tan\omega + \frac{1}{\cos\omega} \;=\; -\sin\omega\cdot\frac{\sin\omega}{\cos\omega} + \frac{1}{\cos\omega}$$

$$\qquad\qquad\;=\; \frac{-\sin^2\omega + 1}{\cos\omega} \;=\; \frac{\cos^2\omega}{\cos\omega} \;=\; \cos\omega.$$

g) Mit der Quotientenregel erhält man

$$f'(x) \;=\; \frac{\left(x^2+2x\right)'\cdot(3x+1) - \left(x^2+2x\right)\cdot\left(3x+1\right)'}{(3x+1)^2}$$

$$\;=\; \frac{(2x+2)\cdot(3x+1) - \left(x^2+2x\right)\cdot 3}{(3x+1)^2}$$

$$\;=\; \frac{6x^2+2x+6x+2-3x^2-6x}{(3x+1)^2} \;=\; \frac{3x^2+2x+2}{(3x+1)^2}.$$

h) Mit der Quotientenregel für $\frac{f}{g}$, wobei hier $f(x)=1$ ist, erhält man

$$f'(x) \;=\; \frac{(1)'\cdot\left(x^2+x+1\right) - 1\cdot\left(x^2+x+1\right)'}{(x^2+x+1)^2}$$

$$\;=\; \frac{0\cdot\left(x^2+x+1\right) - 1\cdot(2x+1)}{(x^2+x+1)^2} \;=\; -\frac{2x+1}{(x^2+x+1)^2}.$$

Mit der Quotientenregel für den Spezialfall $\frac{1}{g}$ erhält man direkt

$$f'(x) = \frac{-(x^2 + x + 1)'}{(x^2 + x + 1)^2} = -\frac{2x + 1}{(x^2 + x + 1)^2}.$$

i) Mit der Quotientenregel erhält man

$$f'(s) = \frac{(2s + 4) \cdot s^3 - (s^2 + 4s + 5) \cdot 3s^2}{\left(s^3\right)^2}$$

$$= \frac{s^2 \cdot \left[(2s + 4) \cdot s - (s^2 + 4s + 5) \cdot 3\right]}{s^6}$$

$$= \frac{2s^2 + 4s - 3s^2 - 12s - 15}{s^4} = \frac{-s^2 - 8s - 15}{s^4}.$$

Alternativ kann man $f(s)$ schreiben als

$$f(s) = \frac{s^2}{s^3} + \frac{4s}{s^3} + \frac{5}{s^3} = \frac{1}{s} + 4 \cdot \frac{1}{s^2} + 5 \cdot \frac{1}{s^3}$$

und erhält als Ableitung

$$f'(s) = -\frac{1}{s^2} + 4 \cdot \frac{-2}{s^3} + 5 \cdot \frac{-3}{s^4} = \frac{-s^2 - 8s - 15}{s^4}.$$

j) Um bei der Anwendung der Quotientenregel die Ableitung des Zählers zu berechnen, kann man die Potenzschreibweise nutzen:

$$\left(\sqrt[3]{x}\right)' = \left(x^{1/3}\right)' = \frac{1}{3} \cdot x^{1/3 - 1} = \frac{1}{3} \cdot x^{-2/3}.$$

Damit erhält man

$$f'(x) = \frac{\frac{1}{3}x^{-2/3} \cdot x - \sqrt[3]{x} \cdot 1}{x^2}.$$

Dies kann man unter Ausnutzung der Potenzschreibweise weiter vereinfachen:

$$f'(x) = \frac{\frac{1}{3}x^{-2/3 + 1} - x^{1/3}}{x^2} = \frac{\left(\frac{1}{3} - 1\right) \cdot x^{1/3}}{x^2} = -\frac{2}{3}x^{-5/3}.$$

Besser ist es, zunächst $f(x)$ in Potenzschreibweise zu vereinfachen:

$$f(x) = x^{1/3} \cdot x^{-1} = x^{1/3 - 1} = x^{-2/3}.$$

Damit erhält man direkt

$$f'(x) = -\frac{2}{3}x^{-2/3 - 1} = -\frac{2}{3}x^{-5/3}.$$

k) Mit der Quotientenregel erhält man

$$f'(s) = \frac{\frac{1}{s} \cdot s - \ln(s)}{s^2} = \frac{1 - \ln(s)}{s^2}.$$

l) Unter Verwendung von

$$(\tan w)' = \frac{1}{\cos^2 w}$$

erhält man mit der Quotientenregel

$$f'(w) = \frac{\frac{1}{\cos^2 w} \cdot \sin w - \tan w \cdot \cos w}{\sin^2 w}.$$

Mit $\tan x = \frac{\sin x}{\cos x}$ und dem trigonometrischen Pythagoras in der Form $1 - \cos^2 w = \sin^2 w$ kann man den Ausdruck vereinfachen:

$$f'(w) = \frac{\frac{1}{\cos^2 w} \cdot \sin w - \frac{\sin w}{\cos w} \cdot \cos w}{\sin^2 w}$$

$$= \frac{\left(\frac{1}{\cos^2 w} - 1\right) \cdot \sin w}{\sin^2 w} = \frac{\frac{1 - \cos^2 w}{\cos^2 w}}{\sin w}$$

$$= \frac{\sin^2 w}{\cos^2 w \cdot \sin w} = \frac{\sin w}{\cos^2 w}.$$

Einfacher ist es, direkt mit $\tan x = \frac{\sin x}{\cos x}$ die Darstellung von $f(w)$ zu vereinfachen:

$$f(w) = \frac{\frac{\sin w}{\cos w}}{\sin w} = \frac{\sin w}{\cos w \cdot \sin w} = \frac{1}{\cos w}.$$

Damit erhält man mit der speziellen Quotientenregel direkt

$$f'(w) = -\frac{-\sin w}{\cos^2 w} = \frac{\sin w}{\cos^2 w}.$$

Aufgabe 3.1.4

a) Berechnen Sie die Ableitung von $f(x) = x^2 \cdot \sin x \cdot \ln x$.

b) Leiten Sie allgemein eine Produktregel zur Ableitung von $f \cdot g \cdot h$ her. Vergleichen Sie die Formel mit Ihrer Berechnung aus a).

Lösung:

a) Zur Ableitung muss man die Produktregel anwenden. Dabei muss man das dreifache Produkt als ein Produkt von zwei Faktoren auffassen, also Klammern setzen. Dazu gibt es zwei Möglichkeiten:

1. Möglichkeit: $f(x) = (x^2 \cdot \sin x) \cdot \ln x$.

Dann erhält man mit der Produktregel

$$f'(x) = (x^2 \cdot \sin x)' \cdot \ln x + (x^2 \cdot \sin x) \cdot (\ln x)'.$$

Die Ableitung von $x^2 \cdot \sin x$ berechnet man wieder mit der Produktregel:

$$\begin{aligned} f'(x) &= \left[(x^2)' \cdot \sin x + x^2 \cdot (\sin x)' \right] \cdot \ln x + (x^2 \cdot \sin x) \cdot \frac{1}{x} \\ &= \left[2x \cdot \sin x + x^2 \cdot \cos x \right] \cdot \ln x + x \cdot \sin x \\ &= 2x \cdot \sin x \cdot \ln x + x^2 \cdot \cos x \cdot \ln x + x \cdot \sin x. \end{aligned}$$

2. Möglichkeit: $f(x) = x^2 \cdot (\sin x \cdot \ln x)$.

Durch doppelte Anwendung der Produktregel ähnlich zu oben erhält man

$$\begin{aligned} f'(x) &= (x^2)' \cdot (\sin x \cdot \ln x) + x^2 \cdot (\sin x \cdot \ln x)' \\ &= 2x \cdot (\sin x \cdot \ln x) + x^2 \cdot \left[(\sin x)' \cdot \ln x + \sin x \cdot (\ln x)' \right] \\ &= 2x \cdot \sin x \cdot \ln x + x^2 \cdot \left[\cos x \cdot \ln x + \sin x \cdot \frac{1}{x} \right] \\ &= 2x \cdot \sin x \cdot \ln x + x^2 \cdot \cos x \cdot \ln x + x \cdot \sin x, \end{aligned}$$

also das gleiche Ergebnis wie oben.

b) Wie bei dem konkreten Beispiel in a) erhält man durch mehrfache Anwendung der Produktregel

$$\begin{aligned} (f \cdot g \cdot h)' &= \left((f \cdot g) \cdot h \right)' = (f \cdot g)' \cdot h + (f \cdot g) \cdot h' \\ &= (f' \cdot g + f \cdot g') \cdot h + f \cdot g \cdot h' \\ &= f' \cdot g \cdot h + f \cdot g' \cdot h + f \cdot g \cdot h'. \end{aligned}$$

Das gleiche Ergebnis erhält man, wenn man die Klammerung zunächst anders wählt und $\left(f \cdot (g \cdot h) \right)'$ berechnet.

Bemerkung:

Eine entsprechende Formel gilt auch bei mehr Faktoren: Die Ableitung erhält man als Summe von Produkten, bei denen jeweils ein Faktor abgeleitet ist.

Das Ergebnis von a) zeigt diese Struktur; noch deutlicher wird sie, wenn man den dritten Summanden der Ableitung als $x^2 \cdot \sin x \cdot \frac{1}{x}$ schreibt.

Aufgabe 3.1.5

Nutzen Sie die Kettenregel zur Ableitung der folgenden Funktionen. (Zum Teil kommen zusätzliche Parameter vor.)

a) $f(x) = \sin(3x)$,   b) $f(y) = \sin(y + 3)$,   c) $f(z) = \sin(z^3)$,

d) $f(s) = \sin^3(s)$,   e) $f(x) = \sin(ax + b)$,   f) $f(t) = (2t + 1)^3$,

g) $f(r) = e^{5r-2}$,   h) $f(x) = \left(e^x\right)^2$,   i) $f(x) = e^{x^2}$,

j) $f(y) = \ln(a \cdot y)$,   k) $f(r) = \ln(r^2)$,   l) $f(t) = \ln\dfrac{1}{t}$,

m) $f(x) = (\sin^4 x + 1)^3$,   n) $f(t) = \sin(e^{ct})$,   o) $f(z) = \sqrt[3]{\sqrt{z^2 + 1}}$.

Lösung:

Bei den ersten drei Teilaufgaben ist die Sinus-Funktion die äußere Funktion. Die äußere Ableitung liefert also stets die Cosinus-Funktion.

a) Die innere Funktion ist $3x$; die Kettenregel (s. Satz 3.1.9) liefert also

$$f'(x) \;=\; \cos(3x) \cdot \left(3x\right)' \;=\; \cos(3x) \cdot 3.$$

b) Die innere Funktion ist $y + 3$; die Kettenregel liefert also

$$f'(y) \;=\; \cos(y + 3) \cdot \left(y + 3\right)' \;=\; \cos(y + 3) \cdot 1 \;=\; \cos(y + 3).$$

c) Die innere Funktion ist z^3 mit Ableitung $\left(z^3\right)' = 3z^2$, also

$$f'(z) \;=\; \cos(z^3) \cdot 3z^2.$$

d) Hier ist die Sinus-Funktion die innere Funktion; die Cosinus-Funktion erscheint also als innere Ableitung. Die äußere Funktion ist die Potenzierung mit 3. Wegen $\left(x^3\right)' = 3x^2$ folgt

$$f'(s) \;=\; 3\sin^2(s) \cdot \left(\sin(s)\right)' \;=\; 3\sin^2(s) \cdot \cos s.$$

e) Hier ist die Sinus-Funktion wieder die äußere Funktion. Durch die Ableitung der inneren Funktion $ax + b$ erhält man nur einen Faktor a:

$$f'(x) \;=\; \cos(ax + b) \cdot a.$$

f) Die innere Funktion ist $2t + 1$; durch die innere Ableitung erhält man also einen Faktor 2. Die äußere Funktion ist die Potenzierung mit 3. Wegen $\left(x^3\right)' = 3x^2$ ist

$$f'(t) \;=\; 3(2t+1)^2 \cdot 2 \;=\; 6 \cdot (2t+1)^2. \tag{$*$}$$

Alternativ könnte man die dritte Potenz auch ausmultiplizieren. Mit ein bisschen Geduld erhält man

$$(2t+1)^3 \;=\; 8t^3 + 12t^2 + 6t + 1$$

und daraus als Ableitung ohne Anwendung der Kettenregel $24t^2 + 24t + 6$. Dieses Ergebnis stimmt mit $(*)$ überein, denn wenn man das Quadrat bei $(*)$ auflöst, erhält man $6 \cdot (4t^2 + 4t + 1) = 24t^2 + 24t + 6$.

Die Ableitung mittels der Kettenregel ist meist günstiger, da sie eine faktorisierte Darstellung liefert, mit der man später ggf. besser weiterrechnen kann.

g) Die äußere Funktion ist die e-Funktion, die beim Ableiten unverändert bleibt. Die innere Funktion ist $5r - 2$ mit Ableitung 5:

$$f'(r) \;=\; e^{5r-2} \cdot 5.$$

h) Hier ist die e-Funktion die innere Funktion und die Quadrat-Funktion die äußere Funktion:

$$f'(x) \;=\; 2 \cdot e^x \cdot \left(e^x\right)' \;=\; 2 \cdot e^x \cdot e^x \;=\; 2 \cdot e^{x+x} \;=\; 2 \cdot e^{2x}.$$

Eine Alternative ist die Umformung mit den Potenzregeln zu $f(x) = e^{2x}$ (s. Satz 2.4.2, 3.), so dass man mit der Kettenregel direkt die Ableitung $f'(x) = e^{2x} \cdot 2$ erhält.

i) Ohne Klammern ist $e^{x^2} = e^{(x^2)}$, d.h. im Gegensatz zu h) ist nun die e-Funktion die äußere Funktion (die bei der Ableitung unverändert bleibt) und die Quadrat-Funktion die innere Funktion:

$$f'(x) \;=\; e^{x^2} \cdot \left(x^2\right)' \;=\; e^{x^2} \cdot 2x.$$

Hier gibt es keine einfache alternative Berechnungsmöglichkeit.

j) Die äußere Funktion ist der Logarithmus $\ln x$ mit Ableitung $\frac{1}{x}$; die innere Funktion $a \cdot y$ mit y als Variable bringt als innere Ableitung den Faktor a:

$$f'(y) \;=\; \frac{1}{a \cdot y} \cdot a \;=\; \frac{1}{y}.$$

Dass hier der Parameter a verschwindet, ist auf den ersten Blick erstaunlich; allerdings kann man die Funktion mit Hilfe der Logarithmen-Regeln als $f(y) = \ln a + \ln y$ darstellen (s. Satz 2.4.12, 2.); als additive Konstante verschwindet $\ln a$.

k) Wie bei j) ist die äußere Funktion der Logarithmus; die innere Funktion ist die Quadrat-Funktion:

$$f'(r) \;=\; \frac{1}{r^2} \cdot 2r \;=\; \frac{2}{r}.$$

Alternativ kann man mit Hilfe der Logarithmen-Regeln $f(r) = 2 \cdot \ln r$ schreiben (s. Satz 2.4.12, 4.), so dass man direkt $f'(r) = 2 \cdot \frac{1}{r}$ erhält.

l) Mit dem Logarithmus als äußerer Funktion und $\frac{1}{t}$ mit Ableitung $-\frac{1}{t^2}$ als innerer Funktion ist

$$f'(t) \;=\; \frac{1}{\frac{1}{t}} \cdot \left(-\frac{1}{t^2} \right) \;=\; -t \cdot \frac{1}{t^2} \;=\; -\frac{1}{t}.$$

Wie bei j) und k) erhält man auch hier mit den Logarithmen-Potenz-Regel (s. Satz 2.4.12, 4.) eine einfachere Darstellung $f(t) = \ln(t^{-1}) = -1 \cdot \ln t = -\ln t$ (oder über die Logarithmen-Quotienten-Regel (s. Satz 2.4.12, 3.) $f(t) = \ln 1 - \ln t = 0 - \ln t = -\ln t$) und damit direkt die Ableitung $f'(t) = -\frac{1}{t}$.

Bei den letzten drei Teilaufgaben handelt es sich jeweils um eine mehrfache Verkettung, so dass man die Kettenregel zwei Mal anwenden muss.

m) Betrachtet man die Potenzierung mit 3 als äußere Funktion, so ist die innere Funktion gleich $\sin^4 x + 1$, und damit

$$\left((\sin^4 x + 1)^3 \right)' \;=\; 3 \cdot (\sin^4 x + 1)^2 \cdot (\sin^4 x + 1)'$$

Bei der inneren Ableitung berechnet man die Ableitung von $\sin^4$ wieder mit der Kettenregel:

$$\left(\sin^4 x + 1 \right)' \;=\; 4 \cdot \sin^3 x \cdot \cos x + 0 \;=\; 4 \cdot \sin^3 x \cdot \cos x.$$

Damit ist

$$f'(x) \;=\; 3 \cdot (\sin^4 x + 1)^2 \cdot 4 \cdot \sin^3 x \cdot \cos x.$$

n) Betrachtet man die Sinus-Funktion als äußere Funktion, so ist die innere Funktion e^{ct}. Zur Berechnung der inneren Ableitung nutzt man wieder die Kettenregel (mit der e-Funktion als äußerer und ct als innerer Funktion):

$$\left(e^{ct} \right)' \;=\; e^{ct} \cdot \left(ct \right)' \;=\; e^{ct} \cdot c,$$

also

$$f'(t) \;=\; \cos(e^{ct}) \cdot e^{ct} \cdot c.$$

o) Betrachtet man die dritte Wurzel als äußere Funktion, so ist die innere Funktion $\sqrt{z^2 + 1}$. Die dritte Wurzel $\sqrt[3]{x}$ hat als Ableitung

$$\left(\sqrt[3]{x} \right)' \;=\; \left(x^{1/3} \right)' \;=\; \frac{1}{3} \cdot x^{1/3 - 1} \;=\; \frac{1}{3} \cdot x^{-2/3}.$$

Zur Berechnung der inneren Ableitung nutzt man wieder die Kettenregel (mit der Wurzelfunktion als äußerer und $z^2 + 1$ als innerer Funktion):

$$\left(\sqrt{z^2 + 1}\right)' = \frac{1}{2\sqrt{z^2 + 1}} \cdot (z^2 + 1)' = \frac{1}{2\sqrt{z^2 + 1}} \cdot 2z = \frac{z}{\sqrt{z^2 + 1}},$$

also

$$\begin{aligned} f'(z) &= \frac{1}{3} \cdot \left(\sqrt{z^2 + 1}\right)^{-2/3} \cdot \frac{z}{\sqrt{z^2 + 1}} \\ &= \frac{1}{3} \cdot \left(\sqrt{z^2 + 1}\right)^{-2/3} \cdot z \cdot \left(\sqrt{z^2 + 1}\right)^{-1} \\ &= \frac{1}{3} z \cdot \left(\sqrt{z^2 + 1}\right)^{-2/3-1} = \frac{1}{3} z \cdot \left(\sqrt{z^2 + 1}\right)^{-5/3}. \end{aligned}$$

Schreibt man $\sqrt{z^2 + 1} = (z^2 + 1)^{1/2}$ so erhält man als Darstellung der Ableitung

$$\begin{aligned} f'(z) &= \frac{1}{3} z \cdot \left((z^2 + 1)^{1/2}\right)^{-5/3} = \frac{1}{3} z \cdot (z^2 + 1)^{1/2 \cdot (-5/3)} \\ &= \frac{1}{3} z \cdot (z^2 + 1)^{-5/6}. \end{aligned}$$

Dieses Ergebnis erhält man schneller, wenn man die Wurzeln schon bei der ursprünglichen Funktion in Potenzschreibweise umwandelt:

$$f(z) = \left((z^2 + 1)^{1/2}\right)^{1/3} = (z^2 + 1)^{1/2 \cdot 1/3} = (z^2 + 1)^{1/6};$$

die Ableitung ist dann mit einfacher Anwendung der Kettenregel

$$\begin{aligned} f'(z) &= \frac{1}{6} \cdot (z^2 + 1)^{1/6-1} \cdot (z^2 + 1)' = \frac{1}{6} \cdot (z^2 + 1)^{-5/6} \cdot 2z \\ &= \frac{1}{3} z \cdot (z^2 + 1)^{-5/6}. \end{aligned}$$

Aufgabe 3.1.6

Berechnen Sie die Ableitung zu den folgenden Funktionen; beachten Sie was die freie Variable ist; der Rest sind Konstanten.

a) $f(x) = \dfrac{x}{y} + y^2$ b) $f(y) = \dfrac{x}{y} + y^2$

c) $f(a) = ab + \sin(ab)$ d) $f(b) = ab + \sin(ab)$

Lösung:

a) Hier ist x die Variable und y konstant. Bei der Ableitung von $\frac{x}{y} = \frac{1}{y} \cdot x$ ist also der Faktor $\frac{1}{y}$ ein konstanter Vorfaktor. Als additive Konstante verschwindet y^2 beim Ableiten:

$$f'(x) \;=\; \frac{1}{y} \cdot 1 + 0 \;=\; \frac{1}{y}.$$

b) Im Gegensatz zu a) ist nun y die Variable und x eine Konstante, die beim Ableiten von $\frac{x}{y} = x \cdot \frac{1}{y}$ als Vorfaktor erhalten bleibt. Es ist

$$f'(y) \;=\; x \cdot \left(-\frac{1}{y^2}\right) + 2y \;=\; -\frac{x}{y^2} + 2y.$$

c) Hier ist a die Variable und b konstant. Die Ableitung des Produkts $ab = b \cdot a$ wird dann $b \cdot 1 = b$, d.h., es bleibt nur die Konstante b übrig. Bei der Ableitung von $\sin(ab)$ muss man die Kettenregel anwenden; die innere Ableitung ist dann die Ableitung von ab, also wieder die Konstante b:

$$f'(a) \;=\; b + b \cdot \cos(ab).$$

d) Die Rollen von Variable und Parameter sind gegenüber c) vertauscht. Mit den gleichen Überlegungen erhält man

$$f'(b) \;=\; a + a \cdot \cos(ab).$$

Aufgabe 3.1.7

Berechnen Sie die Ableitungen der folgenden Funktionen. (Zum Teil kommen zusätzliche Paramter vor.)

Welche Regeln muss man anwenden?

a) $f(y) = y \cdot \sin(y^2)$,   b) $f(x) = e^{x \cdot \ln x}$,   c) $f(t) = t^2 \, e^{at}$,

d) $f(x) = \dfrac{1}{(3x+1)^2}$,   e) $f(y) = \dfrac{2y}{(y^2+1)^2}$,   f) $f(\omega) = \dfrac{1}{\sin(c\omega + d)}$,

g) $f(y) = y^4 \cdot \cos(ay) \cdot e^{by}$,   h) $f(x) = \sin\big(x \cdot \ln(x^2+1)\big)$.

Lösung:

a) Man muss die Produktregel anwenden, wobei bei der Ableitung von $\sin(y^2)$ die Kettenregel zum Einsatz kommt:

$$f'(y) \;=\; 1 \cdot \sin(y^2) + y \cdot \big(\sin(y^2)\big)' \;=\; \sin(y^2) + y \cdot \cos(y^2) \cdot 2y.$$

b) Man nutzt die Kettenregel, wobei man zur Berechnung der inneren Ableitung die Produktregel anwendet:

$$f'(x) = e^{x \cdot \ln x} \cdot (x \cdot \ln x)' = e^{x \cdot \ln x} \cdot \left[1 \cdot \ln x + x \cdot \frac{1}{x}\right]$$
$$= e^{x \cdot \ln x} \cdot \left[\ln x + 1\right].$$

c) Man wendet die Produktregel an. Zur Berechnung der Ableitung des zweiten Faktors nutzt man die Kettenregel:

$$f'(t) = \left(t^2\right)' \cdot e^{at} + t^2 \cdot \left(e^{at}\right)' = 2t \cdot e^{at} + t^2 \cdot e^{at} \cdot a.$$

d) Man kann die spezielle Quotientenregel nutzen und bei der Ableitung des Nenners dann die Kettenregel:

$$f'(x) = \frac{-\left((3x+1)^2\right)'}{\left((3x+1)^2\right)^2} = -\frac{2 \cdot (3x+1) \cdot (3x+1)'}{(3x+1)^4}$$
$$= -\frac{2 \cdot (3x+1) \cdot 3}{(3x+1)^{\cancel{4}3}} = -\frac{6}{(3x+1)^3}.$$

Man könnte auch vor dem Ableiten den Nenner ausmultiplizieren, $(3x+1)^2 = 9x^2 + 6x + 1$, und erhält dann

$$f'(x) = \frac{-\left(9x^2 + 6x + 1\right)'}{(9x^2 + 6x + 1)^2} = -\frac{18x + 6}{(9x^2 + 6x + 1)^2}.$$

An dieser Darstellung ist es allerdings schwierig zu sehen, dass man den Bruch durch Kürzen vereinfachen kann.

e) Man nutzt die Quotientenregel. Wie bei d) bietet es sich an, den Nenner nicht auszumultiplizieren sondern bei dessen Ableitung die Kettenregel zu verwenden. Anschließend kann man Ausklammern und Kürzen:

$$f'(y) = \frac{(2y)' \cdot (y^2 + 1)^2 - 2y \cdot ((y^2 + 1)^2)'}{\left((y^2 + 1)^2\right)^2}$$
$$= \frac{2 \cdot (y^2 + 1)^2 - 2y \cdot 2 \cdot (y^2 + 1) \cdot (y^2 + 1)'}{(y^2 + 1)^4}$$
$$= \frac{\cancel{(y^2 + 1)} \cdot (2 \cdot (y^2 + 1) - 4y \cdot 2y)}{(y^2 + 1)^{\cancel{4}3}}$$
$$= \frac{2y^2 + 2 - 8y^2}{(y^2 + 1)^3} = \frac{2 - 6y^2}{(y^2 + 1)^3}.$$

f) Man kann wie bei j) die spezielle Quotientenregel nutzen und bei der Ableitung des Nenners dann die Kettenregel:

$$f'(\omega) \;=\; \frac{-\big(\sin(c\omega + d)\big)'}{(\sin(c\omega + d))^2} \;=\; -\frac{\cos(c\omega + d)\cdot\big(c\omega + d\big)'}{\sin^2(c\omega + d)}$$

$$=\; -\frac{\cos(c\omega + d)\cdot c}{\sin^2(c\omega + d)}.$$

g) Man kann dieses dreifache Produkt wie bei Aufgabe 3.1.4 hergeleitet ableiten. (Die entsprechende Formel kann man auch leicht durch zweifache Anwendung der Produktregel neu herleiten.) Bei den Ableitungen des zweiten
und dritten Faktors nutzt man die Kettenregel.

$$\begin{aligned}
f'(y) \;&=\; \big(y^4\big)' \cdot \cos(ay) \cdot e^{by} + y^4 \cdot \big(\cos(ay)\big)' \cdot e^{by}\\
&\quad + y^4 \cdot \cos(ay) \cdot \big(e^{by}\big)'\\
&=\; 4y^3 \cdot \cos(ay) \cdot e^{by} + y^4 \cdot \big(-\sin(ay)\cdot a\cdot e^{by}\big)\\
&\quad + y^4 \cdot \cos(ay) \cdot e^{by} \cdot b.
\end{aligned}$$

h) Hier muss man Ketten-, Produkt- und wieder Kettenregel anwenden:

$$\begin{aligned}
f'(x) \;&=\; \cos\big(x\cdot\ln(x^2+1)\big)\cdot\big(x\cdot\ln(x^2+1)\big)'\\
&=\; \cos\big(x\cdot\ln(x^2+1)\big)\cdot\Big[(x)'\cdot\ln(x^2+1) + x\cdot\big(\ln(x^2+1)\big)'\Big]\\
&=\; \cos\big(x\cdot\ln(x^2+1)\big)\cdot\Big[1\cdot\ln(x^2+1) + x\cdot\frac{1}{x^2+1}\cdot\big(x^2+1\big)'\Big]\\
&=\; \cos\big(x\cdot\ln(x^2+1)\big)\cdot\Big[\ln(x^2+1) + x\cdot\frac{1}{x^2+1}\cdot 2x\Big]\\
&=\; \cos\big(x\cdot\ln(x^2+1)\big)\cdot\Big[\ln(x^2+1) + \frac{2x^2}{x^2+1}\Big].
\end{aligned}$$

Aufgabe 3.1.8

Berechnen Sie die Ableitungen der folgenden Funktionen. (Zum Teil kommen
zusätzliche Paramter vor.)

Welche Regeln kann man anwenden? Finden Sie alternative Berechnungswege!

a) $f(x) = (x^2 + c)^2,$　　　b) $f(x) = \sqrt{x \cdot e^x},$　　　c) $f(s) = \sqrt{c \cdot s},$

d) $f(a) = (2a + 1)\cdot\sqrt{a},$　　e) $f(z) = e^{cz+d},$　　　f) $f(x) = \frac{1}{\sin^2 x},$

Lösung:

a) Mit der Kettenregel erhält man

$$f'(x) \;=\; 2\cdot(x^2+c)\cdot\big(x^2+c\big)' \;=\; 2\cdot(x^2+c)\cdot 2x \;=\; 4x^3 + 4cx.$$

Alternativ kann man das Quadrat auflösen,

$$f(x) = (x^2)^2 + 2x^2c + c^2 = x^4 + 2x^2c + c^2,$$

und erhält damit die gleiche Ableitung.

Man kann das Quadrat auch als Produkt auffassen und die Produktregel anwenden:

$$f'(x) = \left((x^2 + c) \cdot (x^2 + c)\right)' = 2x \cdot (x^2 + c) + (x^2 + c) \cdot 2x$$
$$= 4x \cdot (x^2 + c) = 4x^3 + 4cx.$$

b) Man kann die Kettenregel mit der Wurzelfunktion als äußerer Funktion nutzen. Zur Berechnung der inneren Ableitung braucht man dann die Produktregel:

$$f'(x) = \frac{1}{2\sqrt{x \cdot e^x}} \cdot (x \cdot e^x)' = \frac{1}{2\sqrt{x \cdot e^x}} \cdot \left[(x)' \cdot e^x + x \cdot \left(e^x\right)'\right]$$
$$= \frac{1}{2\sqrt{x \cdot e^x}} \cdot \left[1 \cdot e^x + x \cdot e^x\right] = \frac{(1+x) \cdot e^x}{2\sqrt{x \cdot e^x}}.$$

Man kann hier noch $\sqrt{e^x}$ kürzen (wegen $\frac{z}{\sqrt{z}} = \frac{\sqrt{z} \cdot \sqrt{z}}{\sqrt{z}} = \sqrt{z}$) und erhält $f'(x) = \frac{(1+x)}{2\sqrt{x}} \cdot \sqrt{e^x}$. Ferner kann man $\sqrt{e^x} = (e^x)^{1/2} = e^{\frac{1}{2}x}$ schreiben und auch den Bruch auflösen:

$$f'(x) = \left(\frac{1}{2\sqrt{x}} + \frac{x}{2\sqrt{x}}\right) \cdot e^{\frac{1}{2}x} = \left(\frac{1}{2\sqrt{x}} + \frac{1}{2}\sqrt{x}\right) \cdot e^{\frac{1}{2}x}.$$

Eine alternative Berechnung der Ableitung erhält man durch die Darstellung

$$f(x) = \sqrt{x} \cdot \sqrt{e^x} = \sqrt{x} \cdot e^{\frac{1}{2}x}.$$

Dann erhält man mit der Produktregel (unter Anwendung der Kettenregel bei der Ableitung des zweiten Faktors)

$$f'(x) = \left(\sqrt{x}\right)' \cdot e^{\frac{1}{2}x} + \sqrt{x} \cdot \left(e^{\frac{1}{2}x}\right)' = \frac{1}{2\sqrt{x}} \cdot e^{\frac{1}{2}x} + \sqrt{x} \cdot e^{\frac{1}{2}x} \cdot \frac{1}{2}$$
$$= \left(\frac{1}{2\sqrt{x}} + \frac{1}{2}\sqrt{x}\right) \cdot e^{\frac{1}{2}x}.$$

c) Auch hier kann man die Kettenregel anwenden, indem man die Wurzelfunktion als äußere Funktion betrachtet und $c \cdot s$ mit Ableitung c als innere Funktion. Nach Anwendung der Kettenregel kann man $\sqrt{c}$ kürzen:

$$f'(s) = \frac{1}{2\sqrt{cs}} \cdot (c \cdot s)' = \frac{1}{2\sqrt{c} \cdot \sqrt{s}} \cdot c = \frac{1}{2\sqrt{s}} \cdot \sqrt{c}.$$

Die Ableitung erhält man einfacher, wenn man $f(s) = \sqrt{c} \cdot \sqrt{s}$ schreibt, da dann $\sqrt{c}$ ein konstanter Vorfaktor ist.

d) Mit der Produktregel ist

$$f'(a) = (2a+1)' \cdot \sqrt{a} + (2a+1) \cdot (\sqrt{a})'$$
$$= 2 \cdot \sqrt{a} + (2a+1) \cdot \frac{1}{2\sqrt{a}}.$$

Nach Ausmultiplizieren des zweiten Faktors kann man $\sqrt{a}$ kürzen und dann weiter zusammenfassen:

$$f'(a) = 2 \cdot \sqrt{a} + 2a \cdot \frac{1}{2\sqrt{a}} + \frac{1}{2\sqrt{a}}$$
$$= 2 \cdot \sqrt{a} + \sqrt{a} + \frac{1}{2\sqrt{a}} = 3 \cdot \sqrt{a} + \frac{1}{2\sqrt{a}}.$$

Man kommt schneller zu diesem Ergebnis, wenn man zunächst ausmultipliziert und die Potenzschreibweise nutzt:

$$f(a) = 2a \cdot \sqrt{a} + \sqrt{a} = 2a \cdot a^{1/2} + \sqrt{a} = 2a^{3/2} + \sqrt{a}.$$

Die Ableitung dieses Ausdrucks liefert dann direkt

$$f'(a) = 2 \cdot \frac{3}{2} \cdot a^{3/2-1} + \frac{1}{2\sqrt{a}} = 3a^{1/2} + \frac{1}{2\sqrt{a}} = 3 \cdot \sqrt{a} + \frac{1}{2\sqrt{a}}.$$

e) Mit der Kettenregel erhält man

$$f'(z) = e^{cz+d} \cdot (cz+d)' = e^{cz+d} \cdot c.$$

Man kann auch $e^{cz+d} = e^d \cdot e^{cz}$ schreiben und erhält dann mit der Kettenregel

$$f'(z) = (e^d \cdot e^{cz})' = e^d \cdot (e^{cz})' = e^d \cdot e^{cz} \cdot c = e^{cz+d} \cdot c.$$

f) 1) Mit der Quotientenregel erhält man

$$f'(x) = \frac{0 \cdot \sin^2 x - 1 \cdot 2 \cdot \sin x \cdot \cos x}{(\sin^2 x)^2}$$
$$= -2 \cdot \frac{\sin x \cdot \cos x}{\sin^4 x} = -2 \cdot \frac{\cos x}{\sin^3 x}.$$

2) Mit Hilfe der Formel $\left(\frac{1}{g}\right)' = -\frac{g'}{g^2}$ ist

$$f'(x) = -\frac{2 \cdot \sin x \cdot \cos x}{\sin^4 x} = -2 \cdot \frac{\cos x}{\sin^3 x}.$$

3) Aus der Darstellung $f(x) = (\sin x)^{-2}$ führt die Kettenregel zu

$$f'(x) = -2 \cdot (\sin x)^{-3} \cdot \cos x = -2 \cdot \frac{\cos x}{\sin^3 x}.$$

4) Aus der Darstellung $f(x) = (\sin^2 x)^{-1}$ führt die iterierte Anwendung der Kettenregel zu

$$f'(x) = -1 \cdot (\sin^2 x)^{-2} \cdot 2 \cdot \sin x \cdot \cos x$$

$$= -\frac{2 \sin x \cdot \cos x}{\sin^4 x} = -2 \cdot \frac{\cos x}{\sin^3 x}.$$

5) Wegen $\left(\frac{1}{\sin x}\right)' = -\frac{\cos x}{\sin^2 x}$ erhält man mit der Produktregel

$$f'(x) = \left(\frac{1}{\sin x} \cdot \frac{1}{\sin x} \right)'$$

$$= -\frac{\cos x}{\sin^2 x} \cdot \frac{1}{\sin x} + \frac{1}{\sin x} \cdot \left(-\frac{\cos x}{\sin^2 x} \right) = -2 \cdot \frac{\cos x}{\sin^3 x}.$$

Aufgabe 3.1.9

Berechnen Sie die ersten drei Ableitungen zu

a) $f(x) = x^2 + 4x - 2$,   b) $f(x) = x \cdot e^x$,   c) $f(x) = \sin(x^2)$.

Lösung:

Durch sukzessives Ableiten erhält man

a) $f'(x) = 2x + 4$,
   $f''(x) = 2$,
   $f'''(x) = 0$.

b) $f'(x) = 1 \cdot e^x + x \cdot e^x = e^x + x \cdot e^x$,
   $f''(x) = e^x + (1 \cdot e^x + x \cdot e^x) = 2e^x + x \cdot e^x$,
   $f'''(x) = 2e^x + (1 \cdot e^x + x \cdot e^x) = 3e^x + x \cdot e^x$.

c) $f'(x) = \cos(x^2) \cdot 2x$,
   $f''(x) = (-\sin(x^2) \cdot 2x) \cdot 2x + \cos(x^2) \cdot 2 = -4x^2 \cdot \sin(x^2) + 2\cos(x^2)$,
   $f'''(x) = (-4 \cdot 2x \cdot \sin(x^2) - 4x^2 \cdot \cos(x^2) \cdot 2x) + 2 \cdot (\ \sin(x^2) \cdot 2x)$
   $= -12x \sin(x^2) - 8x^3 \cos(x^2)$.

Aufgabe 3.1.10

Sei

$$f(x) = \frac{1}{2}(e^x + e^{-x}) \qquad \text{und} \qquad g(x) = \frac{1}{2}(e^x - e^{-x}).$$

Berechnen Sie die ersten beiden Ableitungen von f und g.

Lösung:

Als Ableitungen erhält man (bei e^{-x} mit Anwendung der Kettenregel)

$$f'(x) = \frac{1}{2} \cdot (e^x + e^{-x} \cdot (-1)) = \frac{1}{2} \cdot (e^x - e^{-x}) = g(x),$$
$$g'(x) = \frac{1}{2} \cdot (e^x - e^{-x} \cdot (-1)) = \frac{1}{2} \cdot (e^x + e^{-x}) = f(x).$$

Dann gilt für die zweiten Ableitungen

$$f''(x) = \left(f'(x)\right)' = \left(g(x)\right)' = f(x),$$
$$g''(x) = \left(g'(x)\right)' = \left(f(x)\right)' = g(x).$$

Bemerkung: Man nennt f auch *Cosinus hyperbolicus*, $f(x) = \cosh x$, und g auch *Sinus hyperbolicus*, $g(x) = \sinh x$. Es gilt

$$(\cosh x)' = \sinh x \qquad \text{und} \qquad (\sinh x)' = \cosh x.$$

3.1.2 Kurvendiskussion

Aufgabe 3.1.11

Führen Sie eine Kurvendiskussion durch zu

a) $f(x) = x^4 - 4x^3 - 2x^2 + 12x - 7$ (Tipp: 1 ist mehrfache Nullstelle),

b) $f(x) = \dfrac{x}{(x-1)^2}$.

Lösung:

a) 1. Definitionsbereich:

      Die Funktion f ist für alle $x \in \mathbb{R}$ definiert, d.h., der Definitionsbereich ist $D = \mathbb{R}$.

2. Nullstellen:

Gemäß des Tipps ist 1 Nullstelle von f, wie man sich leicht überzeugen kann. Durch Anwendung des Horner-Schemas oder Polynomdivision (s. Abschnitt 2.3.1) erhält man

$$f(x) : (x-1) = x^3 - 3x^2 - 5x + 7.$$

Als mehrfache Nullstelle entsprechend des Tipps ist 1 auch Nullstelle des Restpolynoms, wie man durch Einsetzen verifiziert. Eine Division durch $(x-1)$ des Restpolynoms mit Horner-Schema oder Polynomdivision führt zu $x^2 - 2x - 7$. (Alternativ kann man dieses Polynom auch direkt aus einer Polynomdivision von f durch $(x-1)^2 = x^2 - 2x + 1$ erhalten). Nullstellen dieses quadratischen Polynoms sind nach der p-q-Formel (s. Satz 2.2.5)

$$-\frac{-2}{2} \pm \sqrt{\left(\frac{-2}{2}\right)^2 - (-7)} = 1 \pm \sqrt{8}.$$

Die Funktion f hat also 1 als doppelte Nullstelle und ferner die beiden Nullstellen $1 \pm \sqrt{8}$ als einfache Nullstellen.

Um die Nullstellen in einer Skizze (s. 7.) einzeichnen zu können, kann man mit dem Taschenrechner berechnen:

$$1 + \sqrt{8} \approx 3.83 \qquad \text{und} \qquad 1 - \sqrt{8} \approx -1.83.$$

3. Extremstellen:

Die ersten beiden Ableitungen von f sind

$$f'(x) = 4x^3 - 12x^2 - 4x + 12,$$
$$f''(x) = 12x^2 - 24x - 4.$$

Eine notwendige Bedingung für Extremstellen ist

$$0 \stackrel{!}{=} f'(x) = 4 \cdot (x^3 - 3x^2 - x + 3)$$
$$\Leftrightarrow \quad 0 = x^3 - 3x^2 - x + 3.$$

Da 1 eine doppelte Nullstelle, also ein Berührpunkt der x-Achse ist, ist 1 eine Extremstelle und damit Nullstelle der Ableitung, wie man durch Einsetzen nachprüfen kann. Um weitere Nullstellen zu finden kann man mittels des Horner-Schemas oder Polynomdivision berechnen, dass

$$f'(x) : (x-1) = x^2 - 2x - 3$$

ist mit den Nullstelle -1 und 3. Alternativ könnte man die Nullstellen von f' auch durch Faktorisierung finden, wenn man sieht, dass man geschickt ausklammern kann:

$$f'(x) = x^2 \cdot (x-3) - x + 3 = x^2 \cdot (x-3) - (x-3)$$
$$= (x^2 - 1) \cdot (x-3) = (x-1) \cdot (x+1) \cdot (x-3).$$

Kandidaten für Extremstellen sind also -1, 1 und 3.

Man kann den groben Verlauf des Funktionsgrafen anhand der Nullstellen wie in Bem. 2.3.12 bestimmen (s. Abb. 3.4). Daran sieht man, dass es zwischen -1.83 und 1 sowie zwischen 1 und 3.83 Minimalstellen geben muss. Also müssen (als einzige Kandidaten) -1 und 3 Minimalstellen sein. Ferner ist 1 offensichtlich Maximalstelle.

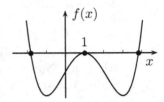

Abb. 3.4 Funktionsverlauf anhand der Nullstellen.

Alternativ kann man die Art der Extremstelle mit Satz 3.1.18, 2., bestimmen:

$$f''(-1) > 0, \quad \text{d.h., } -1 \text{ ist Minimalstelle,}$$
$$f''(1) < 0, \quad \text{d.h., } 1 \text{ ist Maximalstelle,}$$
$$f''(3) > 0, \quad \text{d.h., } 3 \text{ ist Minimalstelle.}$$

Als Funktionswerte in den Extremstellen erhält man

$$f(-1) = -16, \quad f(1) = 0 \quad \text{und} \quad f(3) = -16.$$

4. Wendestellen:

Eine notwendige Bedingung für Wendestellen ist

$$0 \stackrel{!}{=} f''(x) = 12x^2 - 24x - 4 = 12 \cdot (x^2 - 2x - \frac{1}{3})$$
$$\Leftrightarrow \quad x = 1 \pm \sqrt{1 + \frac{1}{3}} = 1 \pm \sqrt{\frac{4}{3}}.$$

Da das quadratische Polynom f'' zwei verschiedene Nullstellen hat, sind dies einfache Nullstellen. Also hat f'' dort einen Vorzeichenwechsel. Nach Satz 3.1.20 folgt, dass $1 \pm \sqrt{\frac{4}{3}}$ tatsächlich Wendestellen sind.

Um die Wendestellen zum Skizzieren des Funktionsgrafen zu nutzen (s. 7.), kann man die Werte mit dem Taschenrechner berechnen:

$$1 + \sqrt{\frac{4}{3}} \approx 2.15, \quad 1 - \sqrt{\frac{4}{3}} \approx -0.15 \quad \text{und}$$
$$f\left(1 + \sqrt{\frac{4}{3}}\right) \approx -8,89 \approx f\left(1 - \sqrt{\frac{4}{3}}\right).$$

5. Krümmungsverhalten:

Die zweite Ableitung f'' ist als quadratisches Polynom mit positivem führenden Koeffizienten (also eine nach oben geöffnete Parabel) für große x positiv, d.h., die Funktion f ist für große x linksgekrümmt.

Die Wendestellen sind genau die Stellen, an denen sich das Krümmungsverhalten ändert. Daraus folgt:

für $x > 1 + \sqrt{\frac{4}{3}}$ ist f linksgekrümmt,

in $\left]1 - \sqrt{\frac{4}{3}};\ 1 + \sqrt{\frac{4}{3}}\right[$ ist f rechtsgekrümmt,

für $x < 1 - \sqrt{\frac{4}{3}}$ ist f linksgekrümmt.

6. Grenzverhalten:

Für immer größer und immer stärker negativ werdende Argumente x wird der Funktionswert $f(x)$ immer größer.

7. Funktionsgraf:

Aus den Null-, Extrem- und Wendestellen sowie dem Krümmungs- und Grenzverhalten kann man dan Funktionsgraf skizzieren:

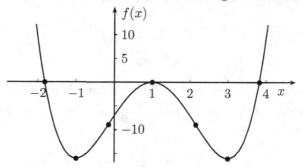

Abb. 3.5 Funktionsgraf zu f.

b) 1. Definitionsbereich:

Der Nenner wird bei $x = 1$ gleich 0; daher ist der maximale Definitionsbereich $D = \mathbb{R} \setminus \{1\}$.

2. Nullstellen: Es ist

$$f(x) = 0 \quad \Leftrightarrow \quad \frac{x}{(x-1)^2} = 0 \quad \Leftrightarrow \quad x = 0,$$

d.h., 0 ist die einzige Nullstelle von f.

3. Extremstellen:

Um Satz 3.1.18 anzuwenden, werden die ersten beiden Ableitungen berechnet. Mit der Quotientenregel erhält man

$$f'(x) = \frac{1 \cdot (x-1)^2 - x \cdot 2 \cdot (x-1)}{(x-1)^4}$$

$$= \frac{(x-1) - 2x}{(x-1)^3} = \frac{-x-1}{(x-1)^3},$$

$$f''(x) = \frac{-1 \cdot (x-1)^3 - (-x-1) \cdot 3 \cdot (x-1)^2}{(x-1)^6}$$

$$= \frac{-(x-1) + (x+1) \cdot 3}{(x-1)^4} = \frac{2x+4}{(x-1)^4}.$$

Eine notwendige Bedingung für eine Extremstelle x ist

$$0 \overset{!}{=} f'(x) = \frac{-x-1}{(x-1)^3}$$

$$\Leftrightarrow \quad 0 = -x - 1 \quad \Leftrightarrow \quad x = -1.$$

Also ist -1 einziger Kandidat für eine Extremstelle.

Wegen $f''(-1) = \frac{2}{(-2)^4} > 0$ ist -1 tatsächlich Minimalstelle mit $f(-1) = \frac{-1}{(-2)^2} = -\frac{1}{4}$.

4. Wendestellen und Krümmungsverhalten

Eine notwendige Bedingung für eine Wendestelle x ist

$$0 \overset{!}{=} f''(x) = \frac{2x+4}{(x-1)^4}$$

$$\Leftrightarrow \quad 0 = 2x + 4 \quad \Leftrightarrow \quad x = -2.$$

Also ist -2 einziger Kandidat für eine Wendestelle.

Offensichtlich ist $f''(x) = \frac{2x+4}{(x-1)^4} > 0$ für $x > -2$ und $f''(x) < 0$ für $x < -2$. Damit gilt:

für $x > -2$ ist f linksgekrümmt,   für $x < -2$ rechtsgekrümmt.

Daraus folgt ferner, dass -2 tatsächlich eine Wendestelle ist mit $f(-2) = \frac{-2}{(-3)^2} = -\frac{2}{9}$.

5. Grenzverhalten:

Die Stelle $x = 1$ ist Nullstelle des Nenners, also Polstelle von f. Wegen des Quadrats im Nenner sind die Funktionswerte in der Nähe der Stelle 1 alle positiv, d.h., die Funktionswerte werden dort immer größer.

Für immer größer und immer stärker negativ werdende Argumente x wächst der Nenner quadratisch, und damit schneller als der Zähler. Damit nähert sich der Funktionswert immer mehr der Null an.

6. Funktionsgraf:

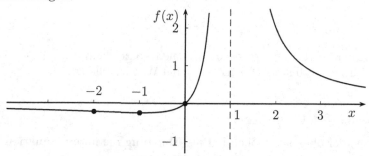

Abb. 3.6 Funktionsgraf zu f.

Aufgabe 3.1.12

Sei $f(x) = x^3 + cx$ mit einem Parameter c.

a) Welchen Wert muss der Parameter c haben, damit die Funktion f bei $x = 1$ eine Extremstelle hat?

Welcher Art ist diese Extremstelle?

b) Gibt es einen Parameter c, so dass die Funktion f in $x = -2$ eine Minimalstelle hat?

c) Für welchen Parameter c hat die Funktion f in $x = 0$ eine Wendestelle?

Lösung:

a) Eine notwendige Bedingung für eine Extremstelle ist

$$0 \overset{!}{=} f'(x) = 3x^2 + c.$$

Damit die Funktion an der Stelle $x = 1$ eine Extremstelle hat, muss also gelten:

$$0 = 3 \cdot 1^2 + c \quad \Leftrightarrow \quad c = -3$$

Wegen $f''(x) = 6 \cdot x$ ist dann $f''(1) = 6 > 0$. Nach Satz 3.1.18, 2., ist 1 also eine Minimalstelle.

b) Wenn die Funktion in $x = -2$ eine Minimalstelle hat, muss insbesondere gelten

$$0 = f'(-2) = 3 \cdot (-2)^2 + c \quad \Leftrightarrow \quad c = -12.$$

Dann ist aber $f''(-2) = 6 \cdot (-2) = -12 < 0$, also nach Satz 3.1.18, 2., -2 eine Maximalstelle.

Es gibt daher kein c, so dass -2 Minimalstelle ist.

c) Eine notwendige Bedingung für eine Wendestelle ist

$$0 \stackrel{!}{=} f''(x) \;=\; 6 \cdot x \quad \Leftrightarrow \quad x = 0$$

Offensichtlich hat f'' bei $x = 0$ einen Vorzeichenwechsel, so dass nach Satz 3.1.20 $x = 0$ stets (für jedes c) eine Wendestelle ist.

Aufgabe 3.1.13

Welche der oberen Graphen hat als Ableitung die untere Funktion?

Wie sehen die Ableitungen der anderen Funktionen aus?

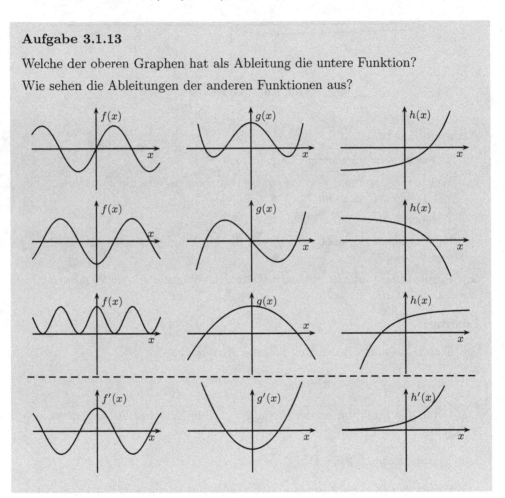

Lösung:

Bei Extremstellen einer Funktion ist die Ableitung gleich Null. Damit sieht man schon, dass nur die oberste der abgebildeten linken Funktionen f zu der Ableitung f' passen kann, und dass nur die mittlere der abgebildeten mittleren Funktionen g zu der Ableitung g' passen kann.

In monoton wachsenden Abschnitten ist die Ableitung größer oder gleich Null; die monoton fallende mittlere h-Funktion kann also nicht zu der Ableitung h'

passen. Da die Ableitung, also die Steigung, von h zunächst nahe Null ist und dann größer wird, ist die obere abgebildete h-Funktion die richtige.

Im Abb. 3.7 sind alle Funktionen mit ihren Ableitungen skizziert:

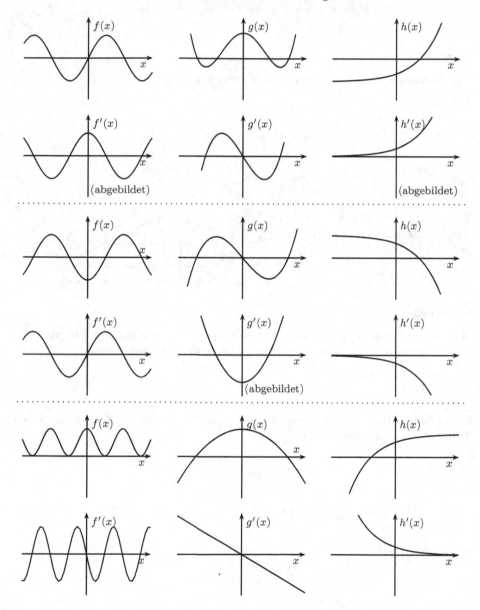

Abb. 3.7 Funktionen und ihre Ableitungen.

Aufgabe 3.1.14

Zeigen Sie mit Hilfe der Ableitung, dass der Scheitelpunkt der Parabel zur Funktion $f(x) = x^2 + px + q$ bei $x = -\frac{p}{2}$ liegt.

Lösung:

Der Scheitelpunkt ist die Minimalstelle von $f(x) = x^2 + px + q$.

Dort gilt

$$0 \overset{!}{=} f'(x) \; = \; 2x + p \quad \Leftrightarrow \quad x \; = \; -\frac{p}{2}.$$

Aufgabe 3.1.15

Für welche Stelle $a \geq 0$ wird die Fläche des Rechtecks unter der Geraden (s. Skizze) maximal?

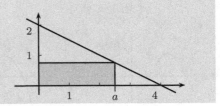

Lösung:

An der Skizze sieht man, dass die Gerade eine Steigung von $-\frac{1}{2}$ hat und den y-Achsenabschnitt 2 besitzt, also beschrieben werden kann durch

$$g(x) \; = \; -\frac{1}{2}x + 2.$$

Der Flächeninhalt A des Rechtecks in Abhängigkeit von a ist gegeben durch Höhe $g(a)$ mal Breite a, also

$$A(a) \; = \; a \cdot g(a) \; = \; a \cdot \left(2 - \frac{1}{2}a \right) \; = \; 2a - \frac{1}{2}a^2.$$

Offensichtlich gibt es wegen $A(0) = A(4) = 0$ eine Maximalstelle $a \in {]}0,4{[}$. Für sie muss gelten:

$$0 \overset{!}{=} A'(a) \; = \; 2 - \frac{1}{2} \cdot 2a \; = \; 2 - a$$

$$\Leftrightarrow \quad a \; = \; 2.$$

Als einziger Kandidat muss $a = 2$ die Maximalstelle sein.

Aufgabe 3.1.16

Sie wollen eine oben offene Kiste mit quadratischer Grundfläche herstellen, die 1000 Liter fasst. Wie müssen Sie die Seitenlänge und die Höhe wählen, um minimalen Materialverbrauch (für den Boden und die Seitenwände) zu haben?

Lösung:

Das Volumen einer Kiste der Höhe h und quadratischer Grundfläche mit Seitenlänge x ist

$$V = x^2 \cdot h.$$

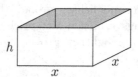

Da 1000 Liter einem Kubikmeter entsprechen, muss (in Einheit 1 Meter) gelten

Abb. 3.8 Oben offene Kiste.

$$1 = V = x^2 \cdot h, \qquad \text{also} \qquad h = \frac{1}{x^2}.$$

Der Materialverbrauch (Boden plus vier Seitenflächen) ist damit

$$x^2 + 4 \cdot x \cdot h = x^2 + 4 \cdot x \cdot \frac{1}{x^2} = x^2 + \frac{4}{x}.$$

Gesucht ist also eine Minimualstelle von $f(x) = x^2 + \frac{4}{x}$, wobei $x > 0$ ist.

Für Werte x, die sich immer mehr der Null nähern, wird $f(x)$ wegen des Summanden $\frac{4}{x}$ immer größer. Für immer größer werdende Werte x wird $f(x)$ wegen des Summanden x^2 immer größer. Also muss es tatsächlich eine positive Minimalstelle von f geben. Für diese muss dann gelten

$$0 \overset{!}{=} f'(x) = 2x + 4 \cdot \left(-\frac{1}{x^2}\right)$$

$$\Leftrightarrow \quad \frac{4}{x^2} = 2x \quad \Leftrightarrow \quad 2 = x^3 \quad \Leftrightarrow \quad x = \sqrt[3]{2}.$$

Als einziger Kandidat muss $\sqrt[3]{2}$ also die gesuchte Minimalstelle sein.

Minimalen Materialverbrauch hat man also bei der Seitenlänge $x = \sqrt[3]{2}$ und der Höhe

$$h = \frac{1}{x^2} = \frac{1}{\sqrt[3]{4}}.$$

Aufgabe 3.1.17

Aus drei 10cm breiten Brettern soll eine Rinne gebaut werden. Wie ist der Winkel α zu wählen, damit die Rinne möglichst viel Wasser fasst (s. Skizze)?

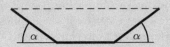

Lösung:

Ein möglichst großes Fassungsvermögen entspricht einem möglichst großen Querschnitt.

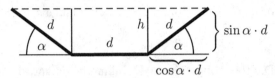

Mit $d = 10\,\text{cm}$ erhält man für die Höhe $h = \sin\alpha \cdot d$ (s. Abb. 3.9) und für den Querschnitt

Abb. 3.9 Querschnitt der Rinne.

$$Q = 2 \cdot \text{Dreiecksfläche} + \text{Rechteckfläche}.$$

Dabei ist

$$\text{Dreiecksfläche} = \frac{1}{2} \cdot \text{Grundseite} \cdot \text{Höhe} = \frac{1}{2} \cdot \cos\alpha \cdot d \cdot \sin\alpha \cdot d$$

und

$$\text{Rechteckfläche} = d \cdot h = d \cdot \sin\alpha \cdot d,$$

also

$$\begin{aligned}
Q &= 2 \cdot \frac{1}{2} \cdot \cos\alpha \cdot d \cdot \sin\alpha \cdot d + d \cdot \sin\alpha \cdot d \\
&= d^2 \cdot (\cos\alpha \cdot \sin\alpha + \sin\alpha).
\end{aligned}$$

Da d eine feste Größe ist, erhält man einen maximalen Querschnitt bei maximalem Wert von

$$f(\alpha) = \cos\alpha \cdot \sin\alpha + \sin\alpha.$$

Dabei ist $\alpha \geq 0$ (wobei $\alpha = 0$ zu einem Querschnitt 0 führt, also als Maximalstelle ausscheidet) und sinnvollerweise $\alpha \leq \frac{\pi}{2}$, wobei formal auch größere Werte von α betrachtet werden können.

Wenn man $\alpha \in \left[0; \frac{2}{3}\pi\right]$ zulässt, so muss also die gesuchte Maximalstelle im Innern des Intervalls liegen, also Nullstelle der Ableitung $f'(\alpha)$ sein. Mit dem trigonometrischen Pythagoras (s. Satz 2.5.8) ist

$$f'(\alpha) \;=\; -\sin\alpha \cdot \sin\alpha + \cos\alpha \cdot \cos\alpha + \cos\alpha$$
$$=\; -\sin^2\alpha + \cos^2\alpha + \cos\alpha$$
$$=\; -(1 - \cos^2\alpha) + \cos^2\alpha + \cos\alpha$$
$$=\; 2 \cdot \cos^2\alpha + \cos\alpha - 1.$$

Es muss also gelten

$$0 \;\overset{!}{=}\; f'(\alpha) \;=\; 2 \cdot \cos^2\alpha + \cos\alpha - 1.$$
$$\Leftrightarrow \quad 0 \;=\; \cos^2\alpha + \tfrac{1}{2} \cdot \cos\alpha - \tfrac{1}{2}.$$

Dies ist eine quadratische Gleichung in $\cos\alpha$, wie man durch eine Substitution $z = \cos\alpha$ sehen kann. Als Lösung erhält man mit der p-q-Formel

$$\cos\alpha \;=\; -\frac{1}{4} \pm \sqrt{\left(\frac{1}{4}\right)^2 + \frac{1}{2}} \;=\; -\frac{1}{4} \pm \sqrt{\frac{1}{16} + \frac{8}{16}} \;=\; -\frac{1}{4} \pm \frac{3}{4}.$$

Die Möglichkeit $\cos\alpha = -\tfrac{1}{4} - \tfrac{3}{4} = -1$ führt zum Winkel $\alpha = \arccos -1 = \pi$, der nicht im betrachteten Intervall liegt. Als einziger Kandidat muss dann $\cos\alpha = -\tfrac{1}{4} + \tfrac{3}{4} = \tfrac{1}{2}$ zur Maximalstelle führen, d.h., das Fassungsvermögen wird maximal bei

$$\alpha \;=\; \arccos\frac{1}{2} \;=\; \frac{\pi}{3} \;\hat{=}\; 60°.$$

3.2 Integralrechnung

3.2.1 Stammfunktionen

Aufgabe 3.2.1

Bestimmen Sie eine Stammfunktion zu den folgenden Funktionen.

a) $f(x) = x^2 + x + 1$,   b) $h(x) = 2x^2 + 8x + 4$,

c) $g(z) = (z - 2) \cdot (3z + \tfrac{1}{2})$,   d) $f(a) = (a + 3)^2$.

Lösung:

a) Indem man die einzelnen Summanden betrachtet, erhält man eine Stammfunktion

$$F(x) \;=\; \frac{1}{3}x^3 + \frac{1}{2}x^2 + x.$$

b) Unter Berücksichtigung der Vorfaktoren ist eine Stammfunktion

$$H(x) \;=\; 2 \cdot \frac{1}{3}x^3 + 8 \cdot \frac{1}{2}x^2 + 4x \;=\; \frac{2}{3}x^3 + 4x^2 + 4x.$$

c) Um eine Stammfunktion zu bestimmen, sollte man g ausmultiplizieren:

$$g(z) \;=\; 3z^2 + \frac{1}{2}z - 6z - 1 \;=\; 3z^2 - \frac{11}{2}z - 1.$$

Damit erhält man als eine Stammfunktion

$$G(z) \;=\; 3 \cdot \frac{1}{3}z^3 - \frac{11}{2} \cdot \frac{1}{2}z^2 - 1 \cdot z \;=\; z^3 - \frac{11}{4}z^2 - z.$$

d) Man kann f ausmultiplizieren zu

$$f(a) \;=\; a^2 + 6a + 9$$

und dann eine Stammfunktion bilden:

$$F(a) \;=\; \frac{1}{3}a^3 + 6 \cdot \frac{1}{2}a^2 + 9a \;=\; \frac{1}{3}a^3 + 3a^2 + 9a.$$

Man kann aber auch direkt

$$\tilde{F}(a) \;=\; \frac{1}{3}(a+3)^3$$

als Stammfunktion angeben; dass dies tatsächlich eine Stammfunktion ist, sieht man durch Ableiten (Kettenregel!). Die Funktion $\tilde{F}$ ist nicht identisch mit F sondern um eine additive Konstante verschoben: Durch Ausmultiplizieren erhält man

$$\tilde{F}(a) \;=\; \frac{1}{3} \cdot (a^3 + 9a^2 + 27a + 27) \;=\; \frac{1}{3}a^3 + 3a^2 + 9a + 9.$$

Aufgabe 3.2.2

Bestimmen Sie eine Stammfunktion zu den folgenden Funktionen.

Tipp: Nutzen Sie die Potenzschreibweise.

a) $f(y) = \dfrac{1}{y^3} - \dfrac{2}{y^2}$,

b) $f(z) = z^4 + \dfrac{1}{z^3}$,

c) $g(x) = x + \sqrt{x}$,

d) $h(a) = \sqrt[3]{a} + \sqrt[4]{a}$,

e) $f(x) = \dfrac{x^4 + 2x^3 + 3x - 2}{2x^3}$,

f) $f(y) = \dfrac{y^2 - 3y + 2}{\sqrt{y}}$.

Lösung:

Die auftretenden Summanden kann man alle in der Form $\lambda \cdot x^p$ schreiben. Wegen $\left(x^q\right)' = q \cdot x^{q-1}$ und daher $\left(x^{p+1}\right)' = (p+1) \cdot x^p$, ist dann $\lambda \cdot \frac{1}{p+1} \cdot x^{p+1}$ eine Stammfunktion dieses Summanden. Eine gesamte Stammfunktion ergibt sich als Summe dieser Stammfunktionen.

a) Mit negativen Exponenten ist

$$f(y) = y^{-3} - 2 \cdot y^{-2}$$

und damit eine Stammfunktion

$$F(y) = \frac{1}{-2}y^{-2} - 2 \cdot \frac{1}{-1}y^{-1} = -\frac{1}{2y^2} + \frac{2}{y}.$$

b) Es ist

$$f(z) = z^4 + z^{-3}$$

und damit eine Stammfunktion

$$F(z) = \frac{1}{5}z^5 + \frac{1}{-2}z^{-2} = \frac{1}{5}z^5 - \frac{1}{2z^2}.$$

c) Mit der Wurzel als Potenz geschrieben ist

$$g(x) = x + x^{1/2}.$$

Damit erhält man als eine Stammfunktion

$$G(x) = \frac{1}{2}x^2 + \frac{2}{3}x^{3/2} = \frac{1}{2}x^2 + \frac{2}{3}x \cdot \sqrt{x}.$$

d) Es ist

$$h(a) = a^{1/3} + a^{1/4}.$$

Damit erhält man als eine Stammfunktion

$$H(a) = \frac{3}{4}a^{4/3} + \frac{4}{5}a^{5/4}.$$

e) Indem man jeden Summanden des Zählers einzeln durch den Nenner dividiert und kürzt, erhält man

$$f(x) = \frac{x^4}{2x^3} + \frac{2x^3}{2x^3} + \frac{3x}{2x^3} - \frac{2}{2x^3} = \frac{1}{2}x + 1 + \frac{3}{2}x^{-2} - x^{-3}.$$

Damit kann man eine Stammfunktion bestimmen:

$$F(x) = \frac{1}{2} \cdot \frac{1}{2}x^2 + x + \frac{3}{2} \cdot (-1) \cdot x^{-1} - \frac{1}{-2}x^{-2}$$

$$= \frac{1}{4}x^2 + x - \frac{3}{2x} + \frac{1}{2x^2} = \frac{\frac{1}{4}x^4 + x^3 - \frac{3}{2}x + \frac{1}{2}}{x^2}$$

$$= \frac{x^4 + 4x^3 - 6x + 2}{4x^2}.$$

f) Durch Auflösen des Bruchs und Kürzen mit $\sqrt{y}$ ist

$$f(y) = \frac{y^2}{\sqrt{y}} - \frac{3y}{\sqrt{y}} + \frac{2}{\sqrt{y}} = y^{1,5} - 3 \cdot y^{0,5} + 2 \cdot y^{-0,5}.$$

Damit kann man eine Stammfunktion bestimmen:

$$F(y) = \frac{1}{2,5}y^{2,5} - 3 \cdot \frac{1}{1,5}y^{1,5} + 2 \cdot \frac{1}{0,5}y^{0,5}$$

$$= \frac{2}{5} \cdot y^2 \cdot \sqrt{y} - 2 \cdot y \cdot \sqrt{y} + 2 \cdot \frac{1}{1/2} \cdot \sqrt{y}$$

$$= \left(\frac{2}{5}y^2 - 2y + 4\right) \cdot \sqrt{y}.$$

Aufgabe 3.2.3

Berechnen Sie eine Stammfunktion zu den folgenden Funktionen; beachten Sie was die freie Variable ist; der Rest sind Konstanten.

a) $f(x) = cx^2 + dx$,

b) $f(z) = az^3 + \frac{1}{a}z$,

c) $g(x) = (2c - x) \cdot (2x - c)$,

d) $h(a) = ca^2 + ac^2$,

e) $f(x) = x^2y + \frac{x}{y^2} + y^2$,

f) $f(y) = x^2y + \frac{x}{y^2} + y^2$.

Lösung:

Unter Beachtung, was die Variable ist und was ein fester Parameter ist, erhält man folgende Stammfunktionen:

a) $F(x) = c \cdot \frac{1}{3}x^3 + d \cdot \frac{1}{2}x^2.$

b) $F(z) = a \cdot \frac{1}{4}z^4 + \frac{1}{a} \cdot \frac{1}{2}z^2.$

c) Hier muss man zunächst ausmultiplizieren:

$$g(x) = 4cx - 2c^2 - 2x^2 + cx = -2x^2 + 5cx - 2c^2,$$

um dann eine Stammfunktion zu bestimmen:

$$G(x) = -\frac{2}{3}x^3 + \frac{5}{2}cx^2 - 2c^2x.$$

d) $H(a) = c \cdot \frac{1}{3}a^3 + \frac{1}{2}a^2 \cdot c^2.$

e) $F(x) = \frac{1}{3}x^3 \cdot y + \frac{1}{2y^2}x^2 + y^2 \cdot x.$

f) $F(y) = x^2 \cdot \frac{1}{2}y^2 + x \cdot (-1) \cdot y^{-1} + \frac{1}{3}y^3 = \frac{1}{2}x^2y^2 - \frac{x}{y} + \frac{1}{3}y^3.$

Aufgabe 3.2.4

„Raten" Sie eine Stammfunktion, d.h., stellen Sie eine Vermutung auf, überprüfen Sie durch Ableiten Ihre Vermutung und passen Sie ggf. Konstanten geeignet an.

a) $f(x) = \sin x,$ b) $g(x) = \cos(3x + c),$ c) $h(x) = \sin(ax + b),$

d) $f(x) = e^{2x},$ e) $f(z) = (z + 1)^4,$ f) $g(y) = (2y - 5)^3,$

g) $h(x) = \sqrt{cx + d},$ h) $h(a) = \dfrac{3}{(a + 1)^2},$ i) $g(r) = \dfrac{1}{(5r + 4)^3}.$

Lösung:

Im Folgenden werden zunächst nur „grobe" Vermutungen aufgestellt, die dann noch angepasst werden müssen. Dass die resultierenden Ergebnisse tatsächlich Stammfunktionen sind, kann man dann leicht durch Ableiten prüfen. Mit ein bisschen Übung kann man oft auch direkt eine richtige Stammfunktion angeben.

a) Die Stammfunktion wird etwas mit dem Cosinus zu tun haben. Allerdings liefert $(\cos x)' = -\sin x$ das falsche Vorzeichen. Durch ein zusätzliches Minus kann man das ausgleichen. Eine Stammfunktion ist also

$$F(x) = -\cos x.$$

b) Die Stammfunktion wird etwas mit $\sin(3x + c)$ zu tun haben. Testweises Ableiten liefert mit der Kettenregel

$$\big(\sin(3x + c)\big)' = \cos(3x + c) \cdot 3,$$

also einen Faktor 3 zuviel, den man durch einen zusätzlichen Faktor $\frac{1}{3}$ ausgleichen kann. Eine Stammfunktion ist also

$$G(x) = \frac{1}{3}\sin(3x + c).$$

c) Ähnlich zu b) kann man zunächst $\cos(ax + b)$ testweise ableiten:

$$(\cos(ax + b))' = -\sin(ax + b) \cdot a.$$

Man muss also einen Faktor $-a$ ausgleichen; eine Stammfunktion ist daher

$$H(x) = -\frac{1}{a} \cdot \cos(ax + b).$$

d) Da die e-Funktion durch Ableiten in sich selber übergeht, wird auch bei der Bildung der Stammfunktion die Struktur gleich bleiben. Testweise Ableitung ergibt mit der Kettenregel

$$(e^{2x})' = e^{2x} \cdot 2,$$

also einen Faktor 2 zuviel; eine Stammfunktion ist daher

$$F(x) = \frac{1}{2} \cdot e^{2x}.$$

e) Es liegt nahe, die Potenz um Eins zu erhöhen. Testweise Ableitung liefert

$$((z + 1)^5)' = 5 \cdot (z + 1)^4,$$

also den Faktor 5 zuviel. Eine Stammfunktion ist daher

$$F(z) = \frac{1}{5}(z + 1)^5.$$

f) Ähnlich zu e) kann man $(2y - 5)^4$ testen:

$$((2y - 5)^4)' = 4 \cdot (2y - 5)^3 \cdot 2 = 8 \cdot (2y - 5)^3.$$

Eine Stammfunktion ist also

$$G(y) = \frac{1}{8}(2y - 5)^4.$$

g) Schreibt man die Wurzel als Potenz $1/2$, kann man auch hier einen Ausdruck mit einer um Eins erhöhten Potenz, also der Potenz $3/2$ testen:

$$((cx + d)^{3/2})' = \frac{3}{2} \cdot (cx + d)^{1/2} \cdot c = \frac{3c}{2} \cdot \sqrt{cx + d}.$$

Durch Ausgleich mit dem Kehrwert $\frac{2}{3c}$ erhält man also eine Stammfunktion:

$$H(x) = \frac{2}{3c} \cdot (cx + d)^{3/2}.$$

h) In Potenzschreibweise ist $h(a) = 3 \cdot (a + 1)^{-2}$. Es liegt wieder nahe, die Potenz um Eins zu erhöhen:

$$(3 \cdot (a+1)^{-1})' = 3 \cdot (-1) \cdot (a+1)^{-2},$$

was bis auf das Vorzeichen gleich $h(a)$ ist. Eine Stammfunktion ist also

$$H(a) = -3 \cdot (a+1)^{-1} = -\frac{3}{a+1}.$$

i) Ähnlich wie bei h) kann man sich den Ausdruck in Potenzschreibweise (mit der Potenz -3) vorstellen und testweise die Potenz um Eins erhöhen:

$$((5r+4)^{-2})' = (-2) \cdot (5r+4)^{-3} \cdot 5 = -10 \cdot \frac{1}{(5r+4)^3}.$$

Eine Stammfunktion ist also

$$G(r) = -\frac{1}{10} \cdot (5r+4)^{-2} = -\frac{1}{10} \cdot \frac{1}{(5r+4)^2}.$$

Aufgabe 3.2.5

Leiten Sie die Funktionen in der linken Spalte ab (Kettenregel!), um dann eine Idee zu bekommen, wie Sie bei den Funktionen in der mittleren und rechten Spalte eine Stammfunktion durch Raten, zurück Ableiten und ggf. Anpassen von Konstanten bestimmen können.

	Ableiten	Stammfunktion bilden	
a)	$F(x) = e^{x^3}$	$f_1(x) = x^3 \cdot e^{x^4}$	$f_2(x) = x \cdot e^{x^2}$
b)	$G(x) = \sin^3 x$	$g_1(x) = \cos^2 x \cdot \sin x$	$g_2(x) = \sin^3 x \cdot \cos x$
c)	$H(x) = \sin(x^3)$	$h_1(x) = x \cdot \cos(x^2)$	$h_2(x) = x^2 \cdot \sin(x^3)$
d)	$F(x) = (x^2+1)^2$	$f_1(x) = x \cdot (x^2+2)^3$	$f_2(x) = x^2 \cdot (4x^3-1)^2$

Lösung:

a) Durch Anwendung der Kettenregel bei innerer Funktion x^3 erhält man $F'(x) = e^{x^3} \cdot 3x^2$.

Bei f_1 und f_2 hat man einen ähnlichen Aufbau: Der Exponent x^n der e-Funktion besitzt einem um eins größeren Grad als der Faktor x^{n-1} davor. Diesen Faktor erhält man bis auf eine Konstante als innere Ableitung der entsprechenden e-Funktion.

Zur Bestimmung einer Stammfunktion von f_1 führt ein Test von e^{x^4} zu

$$\left(e^{x^4}\right)' = e^{x^4} \cdot 4x^3.$$

Die Korrektur des Faktors 4 führt zur Stammfunktion

$$F_1(x) \; = \; \frac{1}{4} \cdot e^{x^4}.$$

Bei f_2 erhält man ähnlich

$$F_2(x) \; = \; \frac{1}{2} \cdot e^{x^2}.$$

b) Die Ableitung ergibt $G'(x) = 3 \cdot \sin^2 x \cdot \cos x$.

Zur Suche einer Stammfunktion bei g_1 und g_2 kann man entsprechend den zweiten Faktor (also $\sin x$ bzw. $\cos x$) als innere Ableitung einer Potenz einer Winkelfunktion auffassen. Die äußere Ableitung dieser Winkelfunktion-Potenz liefert den jeweiligen ersten Faktor. Ggf. nach Test und Anpassen von Konstanten erhält man als Stammfunktionen

$$G_1(x) \; = \; -\frac{1}{3} \cdot \cos^3 x \qquad \text{und} \qquad G_2(x) \; = \; \frac{1}{4} \cdot \sin^4 x.$$

c) Es ist $H'(x) = \cos(x^3) \cdot 3x^2$.

Die Faktoren x^k bei h_1 und h_2 können entsprechend bis auf eine Konstante als innere Ableitung der jeweiligen x^{k+1}-Ausdrücke in den Winkelfunktionen aufgefasst werden. Unter Berücksichtigung der Konstanten erhält man als Stammfunktionen

$$H_1(x) \; = \; \frac{1}{2} \cdot \sin(x^2) \qquad \text{und} \qquad H_2(x) \; = \; -\frac{1}{3} \cdot \cos(x^3).$$

d) Die Ableitung ergibt $F'(x) = 2 \cdot (x^2 + 1) \cdot 2x = 4x \cdot (x^2 + 1)$.

Bei f_1 und f_2 kann man analog die x-Potenz als innere Ableitung des zweiten Faktors auffassen. Für f_1 ergibt ein Test von $(x^2 + 2)^4$

$$\left((x^2 + 2)^4 \right)' \; = \; 4 \cdot (x^2 + 2)^3 \cdot 2x \; = \; 8x \cdot (x^2 + 2)^3.$$

Die Korrektur der Kontante führt zur Stammfunktion

$$F_1(x) \; = \; \frac{1}{8} \cdot (x^2 + 2)^4.$$

Für f_2 kann man $(4x^3 - 1)^3$ testen:

$$\left((4x^3 - 1)^3 \right)' \; = \; 3 \cdot (4x^3 - 1)^2 \cdot 4 \cdot 3x^2 \; = \; 36x^2 \cdot (4x^3 - 1)^2.$$

Also ist eine Stammfunktion

$$F_2(x) \; = \; \frac{1}{36} \cdot (4x^3 - 1)^3.$$

3.2.2 Flächenbestimmung

Aufgabe 3.2.6

Berechnen Sie die folgenden Integrale. Zeichnen Sie die Integranden und machen Sie sich die Bedeutung des Ergebnisses Ihrer Rechnung grafisch klar.

a) $\displaystyle\int_2^4 \left(\frac{1}{2}x - 1\right)\,\mathrm{d}x,$ b) $\displaystyle\int_0^2 (-x + 1)\,\mathrm{d}x,$ c) $\displaystyle\int_{-1}^1 (y^2 - 1)\,\mathrm{d}y$

d) $\displaystyle\int_0^3 (z + 1)\cdot(z - 2)\,\mathrm{d}z,$ e) $\displaystyle\int_0^\pi \cos x\,\mathrm{d}x,$ f) $\displaystyle\int_0^{2\pi} \sin t\,\mathrm{d}t.$

Lösung:

Die Integrale kann man nach Bestimmung einer Stammfunktion mit Satz 3.2.8 berechnen. Die Integralwerte entsprechen der Fläche unterhalb des Funktionsgrafen zum Integranden innerhalb des Integrationsintervalls. Dabei werden Flächen unterhalb der x-Achse negativ gewertet.

a) Es ist

$$\int_2^4 \left(\frac{1}{2}x - 1\right)\,\mathrm{d}x \;=\; \left(\frac{1}{4}x^2 - x\right)\bigg|_2^4 \;=\; 4 - 4 - (1 - 2) \;=\; 1.$$

Der Integralwert entspricht dem Flächeninhalt unterhalb der Geraden $f(x) = \frac{1}{2}x - 1$ zwischen $x = 2$ und $x = 4$. An Abb. 3.10 sieht man, dass diese Fläche ein Dreieck ist, dessen Inhalt man auch elementargeometrisch berechnen kann als

$$\frac{1}{2}\cdot \text{Grundfläche}\,\cdot\,\text{Höhe}$$

$$= \frac{1}{2}\cdot 2\cdot 1 \;=\; 1.$$

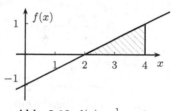

Abb. 3.10 $f(x) = \frac{1}{2}x - 1$.

b) Man erhält

$$\int_0^2 (-x + 1)\,\mathrm{d}x \;=\; \left(-\frac{1}{2}x^2 + x\right)\bigg|_0^2 \;=\; -2 + 2 - 0 \;=\; 0.$$

Das Ergebnis ist auch anschaulich klar: Der berechnete Wert entspricht der markierten Fläche in Abb. 3.11. Diese besteht aus zwei gleich großen Dreiecken, wobei eines oberhalb der x-Achse und eines unterhalb liegt, das eine also positiv, das andere negativ gewertet wird, so dass sich deren Flächen gegenseitig aufheben.

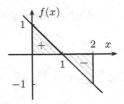

Abb. 3.11 $f(x) = -x + 1$.

c) Es ist

$$\int_{-1}^{1} (y^2 - 1)\,dy = \left(\frac{1}{3}y^3 - y\right)\Big|_{-1}^{1}$$

$$= \frac{1}{3} - 1 - \left(\frac{1}{3}\cdot(-1) - (-1)\right)$$

$$= \frac{1}{3} - 1 + \frac{1}{3} - 1 = -\frac{4}{3}.$$

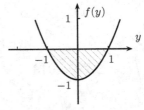

Abb. 3.12 $f(y) = y^2 - 1$.

Das Integral entspricht der in Abb. 3.12 markierten Fläche. Diese liegt unterhalb der y-Achse und wird daher negativ gewertet.

d) Um eine Stammfunktion zu bestimmen, kann man den Integranden ausmultiplizieren:

$$\int_{0}^{3} (z+1)(z-2)\,dz$$

$$= \int_{0}^{3} (z^2 - z - 2)\,dz$$

$$= \left(\frac{1}{3}z^3 - \frac{1}{2}z^2 - 2z\right)\Big|_{0}^{3}$$

$$= 9 - \frac{1}{2}\cdot 9 - 6 - 0 = -1.5.$$

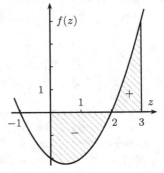

Abb. 3.13 $f(z) = (z+1)(z-2)$.

Der Integralwert setzt sich aus dem in Abb. 3.12 markierten negativen und positiven Flächenanteilen zusammen. In Summe überwiegt der negative Teil, daher ist der Integralwert negativ.

e) Es ist

$$\int_{0}^{\pi} \cos x\,dx = \sin x\Big|_{0}^{\pi}$$

$$= \sin\pi - \sin 0 = 0 - 0 = 0,$$

was auch anschaulich aus Symmetriegründen klar ist (s. Abb. 3.14).

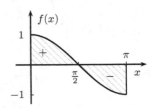

Abb. 3.14 $f(x) = \cos x$.

f) Es ist

$$\int_0^{2\pi} \sin t \, dt = (-\cos t)\Big|_0^{2\pi}$$

$$= -\cos(2\pi) - (-\cos 0)$$

$$= -\ 1\quad +\quad 1\ =\ 0,$$

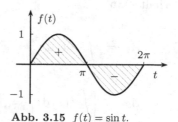

Abb. 3.15 $f(t) = \sin t$.

was wieder anschaulich aus Symmetrie-gründen klar ist (s. Abb. 3.15).

Aufgabe 3.2.7

Sei $f(x) = x^3 - 3x^2 - 4x + 12$.

Bestimmen Sie die drei Nullstellen von f (Tipp: die Nullstellen sind ganzzahlig), skizzieren Sie den Funktionsgraf, und berechnen Sie die von f und der x-Achse zwischen den (äußeren) Nullstellen eingeschlossene (nicht vorzeichenbehaftete) Fläche sowie das Integral von f zwischen den (äußeren) Nullstellen.

Lösung:

Da die Nullstellen ganzzahlig sind, sind sie Teiler des absoluten Koeffizienten 12 (s. Bem. 2.3.9). Durch Ausprobieren sieht man, dass 2 und −2 Nullstellen sind. Da das Produkt der Nulllstellen −12 ergeben muss, ist die dritte Nullstelle 3, wie man auch leicht durch Einsetzen überprüfen kann.

(Alternativ kann man, nachdem man eine Nullstelle gefunden hat, das Polynom durch den entsprechenden Linearfakor dividieren und dann die Nullstellen des resultierenden quadratischen Polynoms bestimmen.)

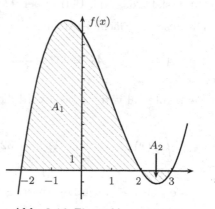

Abb. 3.16 Eingeschlossene Flächen.

Mit den drei (einfachen) Nullstellen −2, 2 und 3 kann man den Funktionsgraf skizzieren (s. Abb. 3.16).

Die eingeschlossene Fläche A setzt sich nun aus zwei Teilen A_1 und A_2 zusammen. Die Fläche A_1 erhält man durch das Integral von −2 bis 2, die Fläche A_2 als Betrag des Integrals von 2 bis 3 (das Integral von 2 bis 3 ist negativ, da die Fläche unterhalb der x-Achse liegt).

Mit der Stammfunktion

$$F(x) = \frac{1}{4}x^4 - x^3 - 2x^2 + 12x$$

erhält man

$$A_1 \;=\; \int_{-2}^{2} f(x)\,dx \;=\; F(x)\big|_{-2}^{2} \;=\; F(2) - F(-2),$$

$$A_2 \;=\; \left|\int_{2}^{3} f(x)\,dx\right| \;=\; \left|F(x)\big|_{2}^{3}\right| \;=\; |F(3) - F(2)|\,.$$

Mit den Werten

$$F(-2) \;=\; 4 + 8 - 8 - 24 \;=\; -20,$$
$$F(2) \;=\; 4 - 8 - 8 + 24 \;=\; 12,$$
$$F(3) \;=\; \frac{81}{4} - 27 - 18 + 36 \;=\; \frac{81}{4} - 9 \;=\; \frac{81 - 36}{4} \;=\; \frac{45}{4}$$

ist konkret

$$A_1 \;=\; 12 - (-20) \;=\; 32,$$
$$A_2 \;=\; \left|\frac{45}{4} - 12\right| \;=\; \left|-\frac{3}{4}\right| \;=\; \frac{3}{4}\,.$$

(Man sieht, dass der Betrag bei A_2 tatsächlich notwendig ist.)

Die gesamte Fläche ist dann

$$A \;=\; A_1 + A_2 \;=\; 32 + \frac{3}{4} \;=\; = \;\frac{131}{4}\,.$$

Beim Integral von -2 bis 3 wird die Fläche A_2 negativ gewertet:

$$\int_{-2}^{3} f(x)\,dx \;=\; A_1 - A_2 \;=\; 32 - \frac{3}{4} \;=\; \frac{125}{4}\,.$$

Dies erhält man auch bei Nutzung der Stammfunktion:

$$\int_{-2}^{3} f(x)\,dx \;=\; F(x)\big|_{-2}^{3} \;=\; F(3) - F(-2)$$

$$=\; \frac{45}{4} - (-20) \;=\; \frac{125}{4}\,.$$

4 Vektorrechnung

4.1 Vektoren

Aufgabe 4.1.1

a) Zeichnen Sie die Punkte $P = \begin{pmatrix} 3 \\ 1 \end{pmatrix}$, $Q = \begin{pmatrix} 1 \\ -2 \end{pmatrix}$ und $S = \begin{pmatrix} -2 \\ 3 \end{pmatrix}$ und die zugehörigen Ortsvektoren $\vec{p}$, $\vec{q}$ und $\vec{s}$.

b) Was ergibt $\vec{p} + \vec{q}$, was $\vec{p} - \vec{s}$?

c) Welcher Vektor führt von P zu S, welcher von Q zu P?

d) Bestimmen und zeichnen Sie $2 \cdot \vec{p}$, $-\frac{1}{2} \cdot \vec{p}$, $2 \cdot (\vec{p} + \vec{q})$.

e) Wie erhält man den Punkt T, der genau zwischen P und Q liegt?

Lösung:

a)

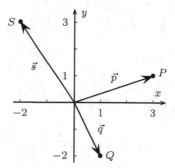

Abb. 4.1 Punkte und Ortsvektoren.

b) Rechnerisch erhält man

$$\vec{p} + \vec{q} = \begin{pmatrix} 3 \\ 1 \end{pmatrix} + \begin{pmatrix} 1 \\ -2 \end{pmatrix} = \begin{pmatrix} 3+1 \\ 1+(-2) \end{pmatrix} = \begin{pmatrix} 4 \\ -1 \end{pmatrix},$$

$$\vec{p} - \vec{s} = \begin{pmatrix} 3 \\ 1 \end{pmatrix} - \begin{pmatrix} -2 \\ 3 \end{pmatrix} = \begin{pmatrix} 3-(-2) \\ 1-3 \end{pmatrix} = \begin{pmatrix} 5 \\ -2 \end{pmatrix}.$$

Grafisch erhält man das Ergebnis durch Aneinanderhängen der Vektoren; bei $\vec{p} - \vec{s}$ muss man den Vektor $\vec{s}$ zunächst spiegeln, s. Abb. 4.2.

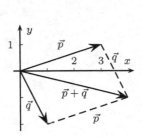 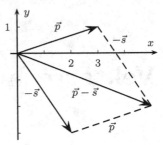

Abb. 4.2 Addition und Subtraktion zweier Vektoren.

c) Um die Verbindungsvektoren zu erhalten, muss man vom Startpunkt zunächst rückwärts zum Ursprung gehen, also den ersten Vektor invertieren, und dann zum Endpunkt gehen, also den zweiten Vektor addieren (s. Abb. 4.3):

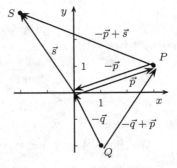

Von P zu S führt:

$$-\vec{p} + \vec{s} = -\binom{3}{1} + \binom{-2}{3}$$

$$= \binom{-3 - 2}{-1 + 3} = \binom{-5}{2}.$$

Abb. 4.3 Vektoren von P zu S und Q zu P.

Von Q zu P führt:

$$-\vec{q} + \vec{p} = -\binom{1}{-2} + \binom{3}{1} = \binom{-1 + 3}{2 + 1} = \binom{2}{3}.$$

d) Rechnerisch erhält man

$$2 \cdot \vec{p} = 2 \cdot \binom{3}{1} = \binom{2 \cdot 3}{2 \cdot 1} = \binom{6}{2},$$

$$-\frac{1}{2} \cdot \vec{p} = -\frac{1}{2} \cdot \binom{3}{1} = \binom{-1/2 \cdot 3}{-1/2 \cdot 1} = \binom{-3/2}{-1/2},$$

$$2 \cdot (\vec{p} + \vec{q}) = 2 \cdot \left(\binom{3}{1} + \binom{1}{-2} \right) = 2 \cdot \binom{4}{-1} = \binom{8}{-2}.$$

Abb. 4.4 zeigt die Vektoren im Koordinatensystem.

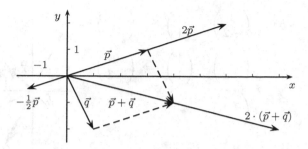

Abb. 4.4 Vektoraddition und skalare Multiplikationen.

e) Man kann von P aus die Hälfte der Verbindungsstrecke zu Q (also $\vec{q} - \vec{p}$) entlang gehen:

$$\vec{t} = \vec{p} + \frac{1}{2}(\vec{q} - \vec{p})$$

$$= \vec{p} + \frac{1}{2}\vec{q} - \frac{1}{2}\vec{p}$$

$$= \frac{1}{2}\vec{p} + \frac{1}{2}\vec{q}$$

$$= \frac{1}{2}(\vec{p} + \vec{q}).$$

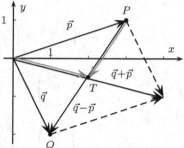

Das Ergebnis $\vec{t} = \frac{1}{2}(\vec{p} + \vec{q})$ ist aus Abb. 4.5 auch direkt ersichtlich.

Abb. 4.5 Mittelpunkt T zwischen P und Q.

Aufgabe 4.1.2

Berechnen Sie

$$\vec{a} + \vec{b}, \qquad \vec{a} - \vec{b}, \qquad -\vec{a}, \qquad 3\vec{b}, \qquad 2 \cdot (\vec{a} + \vec{b}), \qquad 2\vec{a} + 2\vec{b}$$

für die folgenden Fälle:

a) im Vektorraum $\mathbb{R}^2$ mit $\vec{a} = \begin{pmatrix} 1 \\ -2 \end{pmatrix}$, $\vec{b} = \begin{pmatrix} 1 \\ 1 \end{pmatrix}$. Zeichnen Sie die Vektoren.

b) im Vektorraum $\mathbb{R}^3$ mit $\vec{a} = \begin{pmatrix} 1 \\ 0 \\ -2 \end{pmatrix}$, $\vec{b} = \begin{pmatrix} 0 \\ 1 \\ 3 \end{pmatrix}$. Versuchen Sie, sich die Vektoren vorzustellen.

Lösung:

Die Ergebnisvektoren erhält man jeweils durch komponentenweise Rechnung.

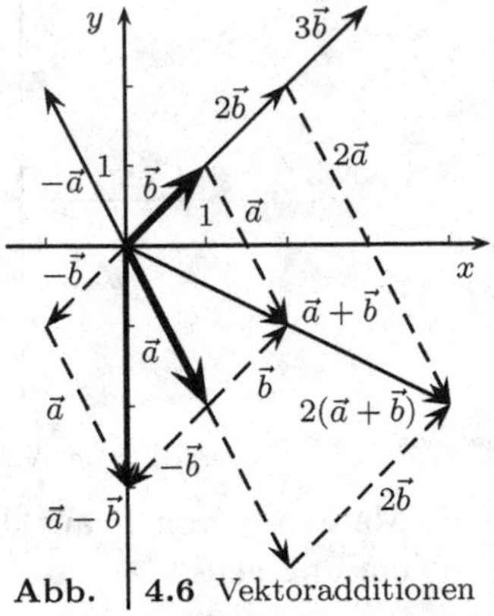

a) $\vec{a} + \vec{b} = \begin{pmatrix} 1 \\ -2 \end{pmatrix} + \begin{pmatrix} 1 \\ 1 \end{pmatrix} = \begin{pmatrix} 2 \\ -1 \end{pmatrix}$,

$\vec{a} - \vec{b} = \begin{pmatrix} 1 \\ -2 \end{pmatrix} - \begin{pmatrix} 1 \\ 1 \end{pmatrix} = \begin{pmatrix} 0 \\ -3 \end{pmatrix}$,

$-\vec{a} = \begin{pmatrix} -1 \\ 2 \end{pmatrix}$,

$3 \cdot \vec{b} = \begin{pmatrix} 3 \\ 3 \end{pmatrix}$,

$2 \cdot (\vec{a} + \vec{b}) = 2 \cdot \begin{pmatrix} 2 \\ -1 \end{pmatrix} = \begin{pmatrix} 4 \\ -2 \end{pmatrix}$,

$2 \cdot \vec{a} + 2 \cdot \vec{b} = \begin{pmatrix} 2 \\ -4 \end{pmatrix} + \begin{pmatrix} 2 \\ 2 \end{pmatrix} = \begin{pmatrix} 4 \\ -2 \end{pmatrix}$.

Abb. 4.6 Vektoradditionen und skalare Multiplikationen.

b) $\vec{a} + \vec{b} = \begin{pmatrix} 1 \\ 0 \\ -2 \end{pmatrix} + \begin{pmatrix} 0 \\ 1 \\ 3 \end{pmatrix} = \begin{pmatrix} 1+0 \\ 0+1 \\ -2+3 \end{pmatrix} = \begin{pmatrix} 1 \\ 1 \\ 1 \end{pmatrix}$,

$\vec{a} - \vec{b} = \begin{pmatrix} 1 \\ 0 \\ -2 \end{pmatrix} - \begin{pmatrix} 0 \\ 1 \\ 3 \end{pmatrix} = \begin{pmatrix} 1-0 \\ 0-1 \\ -2-3 \end{pmatrix} = \begin{pmatrix} 1 \\ -1 \\ -5 \end{pmatrix}$,

$-\vec{a} = \begin{pmatrix} -1 \\ 0 \\ 2 \end{pmatrix}$,

$3 \cdot \vec{b} = \begin{pmatrix} 0 \\ 3 \\ 9 \end{pmatrix}$,

$2 \cdot (\vec{a} + \vec{b}) = 2 \cdot \begin{pmatrix} 1 \\ 1 \\ 1 \end{pmatrix} = \begin{pmatrix} 2 \\ 2 \\ 2 \end{pmatrix}$,

$2 \cdot \vec{a} + 2 \cdot \vec{b} = \begin{pmatrix} 2 \\ 0 \\ -4 \end{pmatrix} + \begin{pmatrix} 0 \\ 2 \\ 6 \end{pmatrix} = \begin{pmatrix} 2 \\ 2 \\ 2 \end{pmatrix}$.

4.2 Linearkombination

Aufgabe 4.2.1

a) Stellen Sie die Vektoren $\begin{pmatrix} 2 \\ 5 \end{pmatrix}$, $\begin{pmatrix} 3 \\ 0 \end{pmatrix}$, $\begin{pmatrix} 1 \\ 0 \end{pmatrix}$ und $\begin{pmatrix} 0 \\ 1 \end{pmatrix}$ als Linearkombination von $\begin{pmatrix} 2 \\ 2 \end{pmatrix}$ und $\begin{pmatrix} 2 \\ -1 \end{pmatrix}$ dar.

Zeichnen Sie die Situation.

b) Stellen Sie $\vec{a} = \begin{pmatrix} 1 \\ 1 \\ 1 \end{pmatrix}$ und $\vec{b} = \begin{pmatrix} 0 \\ 3 \\ 2 \end{pmatrix}$ als Linearkombination von

$$\vec{v}_1 = \begin{pmatrix} 1 \\ 0 \\ 1 \end{pmatrix}, \quad \vec{v}_2 = \begin{pmatrix} 2 \\ 1 \\ 0 \end{pmatrix} \quad \text{und} \quad \vec{v}_3 = \begin{pmatrix} 0 \\ -1 \\ 0 \end{pmatrix}$$

dar. Versuchen Sie, sich die Situation vorzustellen.

Lösung:

a) Wie man an Abb. 4.7 sieht und leicht nachrechnet, gilt:

$$\begin{pmatrix} 2 \\ 5 \end{pmatrix} = 2 \cdot \begin{pmatrix} 2 \\ 2 \end{pmatrix} - 1 \cdot \begin{pmatrix} 2 \\ -1 \end{pmatrix}$$

Alternativ kann man zur Berechnung eine allgemeine Linearkombination ansetzen:

$$\begin{pmatrix} 2 \\ 5 \end{pmatrix} = \lambda \cdot \begin{pmatrix} 2 \\ 2 \end{pmatrix} + \mu \cdot \begin{pmatrix} 2 \\ -1 \end{pmatrix}.$$

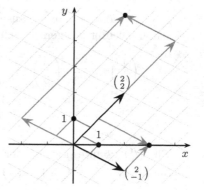

Abb. 4.7 Vektoren und mögliche Linearkombinationen.

Bei Betrachtung der einzelnen Komponenten führt dies zu einem Gleichungssystem

$$\begin{aligned} 2 &= 2\lambda + 2\mu \\ 5 &= 2\lambda - \mu. \end{aligned}$$

Um das Gleichungssystem aufzulösen, kann man eine Gleichung nach einer Variablen auflösen und in die zweite Gleichung einsetzen (Einsetzverfahren), oder man löst beide Gleichungen nach der gleichen Variablen auf und setzt dann die jeweils anderen Seiten gleich (Gleichsetzungsverfahren). Damit kann man dann die übrig gebliebene Variable berechnen. Man kann allerdings auch die Gleichungen direkt miteinander verrechnen: Zieht man die erste von der zweiten Gleichung ab, so heben sich die Terme, die λ enthalten, auf, und man erhält

$$5 - 2 = 2\lambda - \mu - (2\lambda + 2\mu)$$
$$\Leftrightarrow \qquad 3 = -3\mu$$
$$\Leftrightarrow \qquad \mu = -1,$$

und damit aus der zweiten Gleichung $5 = 2\lambda + 1$, also $\lambda = 2$.

Für $\binom{3}{0}$ erhält man mit dem allgemeinen Ansatz

$$\binom{3}{0} = \lambda \cdot \binom{2}{2} + \mu \cdot \binom{2}{-1}$$

$$\Leftrightarrow \qquad \begin{matrix} 3 & = & 2\lambda & + & 2\mu \\ 0 & = & 2\lambda & - & \mu \end{matrix}.$$

Zieht man hier die zweite von der ersten Gleichung ab, erhält man $3 = 3\mu$, also $\mu = 1$, und damit aus der zweiten Gleichung $0 = 2\lambda - 1$, also $\lambda = \frac{1}{2}$ und damit

$$\binom{3}{0} = \frac{1}{2} \cdot \binom{2}{2} + 1 \cdot \binom{2}{-1}.$$

Für $\binom{1}{0}$ könnte man genauso vorgehen. Da die Darstellung für $\binom{3}{0}$ aber schon bekannt ist, geht es schneller mit

$$\binom{1}{0} = \frac{1}{3} \cdot \binom{0}{3} = \frac{1}{3} \cdot \left(\frac{1}{2} \cdot \binom{2}{2} + 1 \cdot \binom{2}{-1} \right)$$
$$= \frac{1}{6} \cdot \binom{2}{2} + \frac{1}{3} \cdot \binom{2}{-1}.$$

Für $\binom{0}{1}$ könnte man wieder ein Gleichungssystem aufstellen. Sieht man aber, dass $\binom{2}{2} - \binom{2}{-1} = \binom{0}{3}$ ist, erhält man leicht

$$\binom{0}{1} = \frac{1}{3} \cdot \binom{3}{0} = \frac{1}{3} \cdot \left(1 \cdot \binom{2}{2} - 1 \cdot \binom{2}{-1} \right)$$
$$= \frac{1}{3} \cdot \binom{2}{2} - \frac{1}{3} \cdot \binom{2}{-1}.$$

Bemerkung:

Hat man nun Darstellungen von $\binom{1}{0}$ und $\binom{0}{1}$, so kann man jeden anderen Vektor leicht darstellen, beispielsweise

$$\begin{pmatrix} 3 \\ 4 \end{pmatrix} = 3 \cdot \begin{pmatrix} 1 \\ 0 \end{pmatrix} + 4 \cdot \begin{pmatrix} 0 \\ 1 \end{pmatrix}$$

$$= 3 \cdot \left(\frac{1}{6} \cdot \begin{pmatrix} 2 \\ 2 \end{pmatrix} + \frac{1}{3} \cdot \begin{pmatrix} 2 \\ -1 \end{pmatrix} \right)$$

$$\qquad + 4 \cdot \left(\frac{1}{3} \cdot \begin{pmatrix} 2 \\ 2 \end{pmatrix} - \frac{1}{3} \cdot \begin{pmatrix} 2 \\ -1 \end{pmatrix} \right)$$

$$= \left(\frac{1}{2} + \frac{4}{3} \right) \cdot \begin{pmatrix} 2 \\ 2 \end{pmatrix} + \left(1 - \frac{4}{3} \right) \cdot \begin{pmatrix} 2 \\ -1 \end{pmatrix}$$

$$= \frac{11}{6} \cdot \begin{pmatrix} 2 \\ 2 \end{pmatrix} + \left(-\frac{1}{3} \right) \cdot \begin{pmatrix} 2 \\ -1 \end{pmatrix}.$$

b) Der Ansatz für die Linearkombination zu $\vec{a}$ lautet:

$$\begin{pmatrix} 1 \\ 1 \\ 1 \end{pmatrix} = \alpha \cdot \begin{pmatrix} 1 \\ 0 \\ 1 \end{pmatrix} + \beta \cdot \begin{pmatrix} 2 \\ 1 \\ 0 \end{pmatrix} + \gamma \cdot \begin{pmatrix} 0 \\ -1 \\ 0 \end{pmatrix}$$

Dies führt auf das Gleichungssystem:

$$\begin{aligned} 1 &= \alpha + 2\beta \\ 1 &= \quad\;\; \beta - \gamma. \\ 1 &= \alpha \end{aligned}$$

Mit $\alpha = 1$ aus der dritten Gleichung erhält man aus der ersten Gleichung

$$\beta = \frac{1}{2}(1 - \alpha) = \frac{1}{2}(1 - 1) = 0$$

und damit aus der zweiten Gleichung

$$\gamma = \beta - 1 = 0 - 1 = -1.$$

Der Vektor $\vec{a}$ lässt sich also darstellen als

$$\begin{pmatrix} 1 \\ 1 \\ 1 \end{pmatrix} = 1 \cdot \begin{pmatrix} 1 \\ 0 \\ 1 \end{pmatrix} + 0 \cdot \begin{pmatrix} 2 \\ 1 \\ 0 \end{pmatrix} + (-1) \cdot \begin{pmatrix} 0 \\ -1 \\ 0 \end{pmatrix},$$

wie man auch leicht nachrechnen kann. In entsprechender Weise erhält man für $\vec{b}$ aus dem Ansatz

$$\begin{pmatrix} 0 \\ 3 \\ 2 \end{pmatrix} = \alpha \cdot \begin{pmatrix} 1 \\ 0 \\ 1 \end{pmatrix} + \beta \cdot \begin{pmatrix} 2 \\ 1 \\ 0 \end{pmatrix} + \gamma \cdot \begin{pmatrix} 0 \\ -1 \\ 0 \end{pmatrix}$$

das Gleichungssystem

$$0 = \alpha + 2\beta$$
$$3 = \quad\ \beta - \gamma.$$
$$2 = \alpha$$

Wie oben erhält man aus diesen Gleichungen

$$\alpha = 2,$$
$$\beta = \frac{1}{2}(0 - \alpha) = \frac{1}{2}(0 - 2) = -1,$$
$$\gamma = \beta - 3 = -1 - 3 = -4.$$

Der Vektor $\vec{b}$ lässt sich also darstellen als

$$\begin{pmatrix} 0 \\ 3 \\ 2 \end{pmatrix} = 2 \cdot \begin{pmatrix} 1 \\ 0 \\ 1 \end{pmatrix} - 1 \cdot \begin{pmatrix} 2 \\ 1 \\ 0 \end{pmatrix} + (-4) \cdot \begin{pmatrix} 0 \\ -1 \\ 0 \end{pmatrix},$$

wie man wieder leicht nachrechnen kann.

Aufgabe 4.2.2

Ein Roboter kann auf einer Schiene entlang der x-Achse fahren und hat einen diagonalen Greifarm (Richtung $\begin{pmatrix} 1 \\ 1 \end{pmatrix}$), den er aus- und einfahren kann.

In welcher Position muss der Roboter stehen, um einen Gegenstand bei $\begin{pmatrix} 1 \\ 3 \end{pmatrix}$ zu fassen?

Formulieren Sie das Problem mittels Linearkombination von Vektoren.

Lösung:

Der Roboter kann bei $\begin{pmatrix} x \\ 0 \end{pmatrix} = x \cdot \begin{pmatrix} 1 \\ 0 \end{pmatrix}$ stehen und in Richtung $\begin{pmatrix} 1 \\ 1 \end{pmatrix}$ greifen.

In Position $\begin{pmatrix} x \\ 0 \end{pmatrix}$ kann er also zu

$$\begin{pmatrix} x \\ 0 \end{pmatrix} + \alpha \cdot \begin{pmatrix} 1 \\ 1 \end{pmatrix}$$

greifen.

Gesucht ist nun das x so, dass es ein α gibt mit

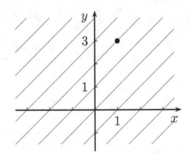

Abb. 4.8 Mögliche Greif-Richtungen des Roboters.

$$\begin{pmatrix} 1 \\ 3 \end{pmatrix} = x \cdot \begin{pmatrix} 1 \\ 0 \end{pmatrix} + \alpha \cdot \begin{pmatrix} 1 \\ 1 \end{pmatrix}.$$

Offensichtlich erfüllt $\alpha = 3$ und $x = -2$ diese Gleichung.

Folglich muss der Roboter bei $\begin{pmatrix} -2 \\ 0 \end{pmatrix}$ stehen.

4.3 Geraden und Ebenen

Aufgabe 4.3.1

Sei g_1 die Gerade durch die Punkte $P_1 = (-2, -1)$ und $P_2 = (2, 2)$ und g_2 die Gerade durch die Punkte $Q_1 = (2, -1)$ und $Q_2 = (0, 3)$.

a) Stellen Sie Geradengleichungen für g_1 und g_2 in vektorieller Form auf.

b) Geben Sie alternative Darstellungen (mit anderen Orts- und/oder anderen Richtungsvektoren) für g_1 an.

c) Liegt der Punkt $(1, 1)$ auf der Geraden g_1 bzw. auf g_2?

d) Berechnen Sie den Schnittpunkt von g_1 und g_2.

e) Wird g_1 bzw. g_2 auch dargestellt durch

$$g = \left\{ \begin{pmatrix} 3 \\ -3 \end{pmatrix} + \lambda \begin{pmatrix} -1 \\ 2 \end{pmatrix} \mid \lambda \in \mathbb{R} \right\}?$$

Was müssen Sie dazu alles überprüfen?

f) Beschreiben Sie die Geraden in funktionaler Form $y = m \cdot x + a$, und lösen Sie mit dieser Darstellung c) und d).

Zeichnen Sie die Situation.

Lösung:

a) Eine Geradengleichung hat in vektorieller Form die Gestalt

$$g = \{\text{Ortsvektor} + \lambda \cdot \text{Richtungsvektor} \mid \lambda \in \mathbb{R}\},$$

wobei der Ortsvektor ein Vektor zu einem beliebigen Punkt auf der Geraden ist. Einen Richtungsvektor erhält man durch die Differenz zweier Ortsvektoren, die vom Ursprung auf die Gerade führen.

Für die Gerade g_1 kann man als Richtungsvektor $\vec{v}_1$ also die Differenz der Ortsvektoren zu P_2 und P_1 nehmen:

$$\vec{v}_1 = \vec{p}_2 - \vec{p}_1$$

$$= \begin{pmatrix} 2 \\ 2 \end{pmatrix} - \begin{pmatrix} -2 \\ -1 \end{pmatrix} = \begin{pmatrix} 4 \\ 3 \end{pmatrix}.$$

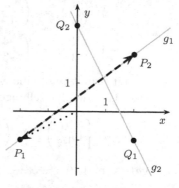

Abb. 4.9 Die beiden Geraden.

Nimmt man als Ortsvektor der Geraden den Vektor zu P_1, so erhält man als Geradengleichung

$$g_1 = \left\{ \begin{pmatrix} -2 \\ -1 \end{pmatrix} + \lambda \cdot \begin{pmatrix} 4 \\ 3 \end{pmatrix} \mid \lambda \in \mathbb{R} \right\}.$$

Abb. 4.9 zeigt den Ortsvektor (gepunktet) und den Richtungsvektor (gestrichelt) zu g_1.

Entsprechend erhält man mit dem Richtungsvektor

$$\vec{v}_2 = \vec{q}_2 - \vec{q}_1 = \begin{pmatrix} 0 \\ 3 \end{pmatrix} - \begin{pmatrix} 2 \\ -1 \end{pmatrix} = \begin{pmatrix} -2 \\ 4 \end{pmatrix}$$

und dem Ortsvektor zu Q_1 als Geradengleichung für g_2

$$g_2 = \left\{ \begin{pmatrix} 2 \\ -1 \end{pmatrix} + \lambda \cdot \begin{pmatrix} -2 \\ 4 \end{pmatrix} \mid \lambda \in \mathbb{R} \right\}.$$

b) Wie bei a) erwähnt kann als Ortsvektor jeder Vektor zu einem Punkt auf g_1 dienen. Eine alternative Möglichkeit ist beispielsweise der Ortsvektor zu P_2. Man kann aber auch in der Geradengleichung aus a) zu einem beliebigen Wert von λ den entsprechenden Geradenpunkt berechnen und diesen als Ortsvektor $\vec{p}$ heranziehen, beispielsweise

$$\text{für } \lambda = \frac{1}{2}: \quad \vec{p} = \begin{pmatrix} -2 \\ -1 \end{pmatrix} + \tfrac{1}{2} \cdot \begin{pmatrix} 4 \\ 3 \end{pmatrix} = \begin{pmatrix} 0 \\ 1/2 \end{pmatrix},$$

$$\text{für } \lambda = 1: \quad \vec{p} = \begin{pmatrix} -2 \\ -1 \end{pmatrix} + 1 \cdot \begin{pmatrix} 4 \\ 3 \end{pmatrix} = \begin{pmatrix} 2 \\ 2 \end{pmatrix} = \vec{p}_2,$$

$$\text{für } \lambda = -2: \quad \vec{p} = \begin{pmatrix} -2 \\ -1 \end{pmatrix} + (-2) \cdot \begin{pmatrix} 4 \\ 3 \end{pmatrix} = \begin{pmatrix} -10 \\ -7 \end{pmatrix}.$$

Als Richtungsvektor kann jedes Vielfache des Richtungsvektors $\begin{pmatrix} 4 \\ 3 \end{pmatrix}$ dienen, z.B.

$$\tfrac{1}{3} \cdot \begin{pmatrix} 4 \\ 3 \end{pmatrix} = \begin{pmatrix} 4/3 \\ 1 \end{pmatrix} \quad \text{oder}$$

$$-1 \cdot \begin{pmatrix} 4 \\ 3 \end{pmatrix} = \begin{pmatrix} -4 \\ -3 \end{pmatrix}.$$

Damit erhält man eine Vielzahl an möglichen Geradendarstellungen, z.B.

$$g_1 = \left\{ \begin{pmatrix} 0 \\ 1/2 \end{pmatrix} + \lambda \cdot \begin{pmatrix} 4/3 \\ 1 \end{pmatrix} \mid \lambda \in \mathbb{R} \right\},$$

vgl. Abb. 4.10.

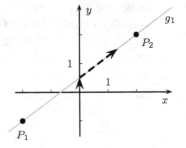

Abb. 4.10 Alternative Geradendarstellung.

c) Um zu entscheiden, ob ein vorgegebener Punkt auf der Geraden liegt, kann man überprüfen, ob es einen Parameter gibt, der zu dem Punkt führt.

Bei der Geraden g_1 mit der Geradendarstellung aus a) führt das auf die Suche nach einem λ mit

$$\begin{pmatrix} 1 \\ 1 \end{pmatrix} \stackrel{?}{=} \begin{pmatrix} -2 \\ -1 \end{pmatrix} + \lambda \cdot \begin{pmatrix} 4 \\ 3 \end{pmatrix} \quad \Leftrightarrow \quad \begin{array}{ll} 1 = -2 + 4\lambda & \text{(I)} \\ 1 = -1 + 3\lambda & \text{(II)} \end{array}.$$

Aus der Gleichung (I) folgt: $3 = 4\lambda$, also $\lambda = \frac{3}{4}$. Dies führt aber in Gleichung (II) zu einem Widerspruch: $-1 + 3 \cdot \frac{3}{4} = \frac{5}{4} \neq 1$.

Es gibt also keinen derartigen Parameter, d.h., $(1,1) \notin g_1$.

Bei der Geraden g_2 mit der Geradendarstellung aus a) erhält man

$$\begin{pmatrix} 1 \\ 1 \end{pmatrix} \stackrel{?}{=} \begin{pmatrix} 2 \\ -1 \end{pmatrix} + \lambda \cdot \begin{pmatrix} -2 \\ 4 \end{pmatrix} \quad \Leftrightarrow \quad \begin{array}{ll} 1 = & 2 - 2\lambda \\ 1 = & -1 + 4\lambda \end{array}.$$

Offensichtlich erfüllt $\lambda = \frac{1}{2}$ beide Gleichungen, also $(1,1) \in g_2$.

d) Gesucht ist ein Punkt, der in beiden Darstellungen vorkommt. Dabei können allerdings die entsprechenden Parameter verschieden sein, so dass man beim Gleichsetzen der Geradengleichungen unterschiedliche Bezeichner für die Parameter nutzen muss.

Verwendet man die Geradendarstellungen aus a), wobei für die Gerade g_2 als Parameter nicht λ sondern μ genutzt wird, so erhält man die Gleichung

$$\begin{pmatrix} -2 \\ -1 \end{pmatrix} + \lambda \cdot \begin{pmatrix} 4 \\ 3 \end{pmatrix} = \begin{pmatrix} 2 \\ -1 \end{pmatrix} + \mu \cdot \begin{pmatrix} -2 \\ 4 \end{pmatrix}$$

$$\Leftrightarrow \quad \begin{array}{ll} -2 + 4\lambda = & 2 - 2\mu \\ -1 + 3\lambda = & -1 + 4\mu \end{array} \quad \Leftrightarrow \quad \begin{array}{ll} 4\lambda + 2\mu = 4 & \text{(I)} \\ 3\lambda - 4\mu = 0 & \text{(II)} \end{array}.$$

Um das Gleichungssystem aufzulösen, kann man eine Gleichung nach einer Variablen auflösen und in die zweite Gleichung einsetzen (Einsetzverfahren), oder man löst beide Gleichungen nach der gleichen Variablen auf und setzt dann die jeweils anderen Seiten gleich (Gleichsetzungsverfahren). Damit kann man dann die übrig gebliebene Variable berechnen. Man kann allerdings auch die Gleichungen direkt miteinander verrechnen: Addiert man das Doppelte der ersten Gleichung (I) auf die zweite Gleichung (II) fällt auf der linken Seite μ weg:

$$2 \cdot (4\lambda + 2\mu) + (3\lambda - 4\mu) = 2 \cdot 0 + 0 \quad \Leftrightarrow \quad 11\lambda = 8,$$

also $\lambda = \frac{8}{11}$.

Damit erhält man dann beispielsweise mit Hilfe der ersten Gleichung

$$\mu = \frac{1}{2} \cdot (4 - 4\lambda) = 2 - 2\lambda = 2 - 2 \cdot \frac{8}{11} = \frac{6}{11}.$$

Diese Werte von λ und μ führen also in den
Geradengleichungen von g_1 bzw. g_2 zum
gleichen Punkt, also dem Schnittpunkt der
Geraden. Mit λ und der Geradengleichung
zu g_1 kann man ihn berechnen als

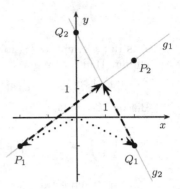

$$\begin{pmatrix} -2 \\ -1 \end{pmatrix} + \tfrac{8}{11} \cdot \begin{pmatrix} 4 \\ 3 \end{pmatrix} = \begin{pmatrix} 10/11 \\ 13/11 \end{pmatrix}.$$

Alternativ (oder als Test) kann man den
Wert von μ und die Geradengleichung zu
g_2 nutzen:

$$\begin{pmatrix} 2 \\ -1 \end{pmatrix} + \tfrac{6}{11} \cdot \begin{pmatrix} -2 \\ 4 \end{pmatrix} = \begin{pmatrix} 10/11 \\ 13/11 \end{pmatrix}.$$

Abb. 4.11 Schnittpunkt.

(Will man nur den Schnittpunkt bestimmen, hätte man sich die Berechnung von μ auch sparen können und direkt nach der Berechnung von λ die erste Geradengleichung zur Berechnung des Schnittpunkts nutzen können.)

e) Will man testen, ob zwei Geradendarstellungen die gleiche Gerade beschreiben, so muss man überprüfen, ob die Richtungsvektoren der beiden Darstellungen Vielfache voneinander sind, und ob ein Punkt der einen Geraden auch auf der anderen Geraden liegt.

Betrachtet man den Richtungsvektor von g, $\left(\begin{smallmatrix} -1 \\ 2 \end{smallmatrix} \right)$, und den der Geradendarstellung von g_1 aus a), $\left(\begin{smallmatrix} 4 \\ 3 \end{smallmatrix} \right)$, so sieht man, dass diese keine Vielfachen voneinander sind: Es gibt kein λ mit

$$\begin{pmatrix} -1 \\ 2 \end{pmatrix} = \lambda \cdot \begin{pmatrix} 4 \\ 3 \end{pmatrix}.$$

Damit ist klar, dass die Geraden g und g_1 verschieden sind.

Für die Richtungsvektoren von g und von g_2 gilt

$$\begin{pmatrix} -1 \\ 2 \end{pmatrix} = \tfrac{1}{2} \cdot \begin{pmatrix} -2 \\ 4 \end{pmatrix},$$

d.h., die Geraden sind parallel oder identisch. Man muss nun noch prüfen, ob ein Punkt von g, z.B. der Ortsvektor $\left(\begin{smallmatrix} 3 \\ -3 \end{smallmatrix} \right)$, auch auf g_2 liegt, also bei einem entsprechenden Parameterwert erreicht wird. Man findet

$$\begin{pmatrix} 3 \\ -3 \end{pmatrix} = \begin{pmatrix} 2 \\ -1 \end{pmatrix} + \left(-\tfrac{1}{2} \right) \cdot \begin{pmatrix} -2 \\ 4 \end{pmatrix},$$

also $\left(\begin{smallmatrix} 3 \\ -3 \end{smallmatrix} \right) \in g_2$. Damit gilt $g = g_2$.

f) Zur Bestimmung der Geradengleichung in funktionaler Form $y = g(x) = mx + a$ kann man die Steigung mittels der gegebenen Punkte berechnen. Für die beiden Geraden erhält man als Steigungen

$$m_1 \;=\; \frac{2-(-1)}{2-(-2)} \;=\; \frac{3}{4} \quad \text{und} \quad m_2 \;=\; \frac{3-(-1)}{0-2} \;=\; -2.$$

Den y-Achsenabschnitt a kann man nun durch Einsetzen eines Punktes bestimmen. Alternativ kann man die Geradengleichung direkt mit der Punkt-Steigungs-Formel (Satz 2.1.5) bestimmen: Nimmt man als Punkt $(-2,-1)$ bei g_1 und $(2,-1)$ bei g_2, so erhält man

$$g_1(x) \;=\; \frac{3}{4}\cdot(x-(-2))+(-1) \;=\; \frac{3}{4}x+\frac{1}{2},$$
$$g_2(x) \;=\; -2\cdot(x-2)+(-1) \;=\; -2x+3.$$

Man kann die Geradengleichungen auch aus den vektoriellen Darstellungen gewinnen. Für g_1 beispielsweise ist

$$\begin{pmatrix} x \\ y \end{pmatrix} \;=\; \begin{pmatrix} -2 \\ -1 \end{pmatrix} + \lambda\cdot\begin{pmatrix} 4 \\ 3 \end{pmatrix} \quad\Leftrightarrow\quad \begin{array}{ll} x \;=\; -2+4\lambda & \text{(I)} \\ y \;=\; -1+3\lambda & \text{(II)} \end{array}.$$

Stellt man die Gleichung (I) nach λ um, so erhält man $\lambda = \frac{1}{4}x+\frac{1}{2}$. In Gleichung (II) eingesetzt, erhält man

$$y \;=\; -1+3\cdot\left(\frac{1}{4}x+\frac{1}{2}\right) \;=\; \frac{3}{4}x+\frac{1}{2}.$$

Mit den funktionalen Geradengleichungen kann man nun leicht sehen, ob der Punkt $(1,1)$ auf den Geraden liegt, indem man $x=1$ einsetzt und testet, ob der entsprechende Geradenwert $y=1$ ist:

$$g_1(1) \;=\; \frac{3}{4}\cdot 1+\frac{1}{2} \;=\; \frac{5}{4} \neq 1 \quad\Rightarrow\quad (1,1)\notin g_1$$
$$g_2(1) \;=\; -2\cdot 1+3 \;=\; 1 \qquad\quad\Rightarrow\quad (1,1)\in g_2$$

Einen Schnittpunkt erhält man, wenn beide Geradengleichungen den selben Wert haben:

$$g_1(x) \;=\; g_2(x) \quad\Leftrightarrow\quad \frac{3}{4}x+\frac{1}{2} \;=\; -2x+3 \quad\Leftrightarrow\quad \frac{11}{4}x \;=\; \frac{5}{2}$$
$$\Leftrightarrow\quad x \;=\; \frac{10}{11}.$$

Der Schnittpunkt liegt also bei $x = \frac{10}{11}$ mit dem Funktionswert

$$g_1\left(\frac{10}{11}\right) \;=\; g_2\left(\frac{10}{11}\right) \;=\; -2\cdot\frac{10}{11}+3 \;=\; \frac{13}{11}.$$

Aufgabe 4.3.2

Sei g_1 die Gerade im $\mathbb{R}^3$ durch die Punkte $P_1 = (0, 1, 0)$ und $P_2 = (0, 1, 3)$ und g_2 die Gerade durch die Punkte $Q_1 = (-1, 1, -1)$ und $Q_2 = (2, 0, 3)$.

a) Stellen Sie Geradengleichungen für g_1 und g_2 in vektorieller Form auf.

b) Geben Sie alternative Darstellungen (mit anderen Orts- und/oder anderen Richtungsvektoren) für g_1 an.

c) Liegt der Punkt $(0, 1, 1)$ auf g_1 bzw. auf g_2?

d) Schneiden sich g_1 und g_2?

e) Wird g_1 bzw. g_2 auch dargestellt durch

$$g = \left\{ \begin{pmatrix} 0 \\ 1 \\ 2 \end{pmatrix} + \lambda \begin{pmatrix} -3 \\ 1 \\ -4 \end{pmatrix} \,\middle|\, \lambda \in \mathbb{R} \right\}?$$

Was müssen Sie dazu alles überprüfen?

Versuchen Sie, sich die Situation vorzustellen.

Lösung:

a) Die Geradengleichung hat im dreidimensionalen Fall die gleiche Gestalt wie im zweidimensionalen (vgl. Aufgabe 4.3.1). Einen Richtungsvektor von g_1 erhält man aus der Differenz der Ortsvektoren von P_2 und P_1:

$$\vec{p}_2 - \vec{p}_1 = \begin{pmatrix} 0 \\ 1 \\ 3 \end{pmatrix} - \begin{pmatrix} 0 \\ 1 \\ 0 \end{pmatrix} = \begin{pmatrix} 0 \\ 0 \\ 3 \end{pmatrix}.$$

Wählt man als Ortsvektor der Geraden den Vektor zu P_1, so erhält man als Geradengleichung

$$g_1 = \left\{ \begin{pmatrix} 0 \\ 1 \\ 0 \end{pmatrix} + \lambda \cdot \begin{pmatrix} 0 \\ 0 \\ 3 \end{pmatrix} \,\middle|\, \lambda \in \mathbb{R} \right\}.$$

Um die Geradengleichung für g_2 zu erhalten, kann man in gleicher Weise vorgehen und erhält als einen Richtungsvektor

$$\vec{q}_2 - \vec{q}_1 = \begin{pmatrix} 2 \\ 0 \\ 3 \end{pmatrix} - \begin{pmatrix} -1 \\ 1 \\ -1 \end{pmatrix} = \begin{pmatrix} 3 \\ -1 \\ 4 \end{pmatrix}.$$

Mit dem Ortsvektor zu Q_1 ist die Geradengleichung

$$g_2 = \left\{ \begin{pmatrix} -1 \\ 1 \\ -1 \end{pmatrix} + \lambda \cdot \begin{pmatrix} 3 \\ -1 \\ 4 \end{pmatrix} \middle| \lambda \in \mathbb{R} \right\}.$$

b) Indem man verschiedene Werte für λ in die Geradengleichung einsetzt, findet man Punkte auf der Geraden; diese können alle als Ortsvektoren dienen, z.B.

$$\text{für } \lambda = 1: \qquad \begin{pmatrix} 0 \\ 1 \\ 0 \end{pmatrix} + 1 \cdot \begin{pmatrix} 0 \\ 0 \\ 3 \end{pmatrix} = \begin{pmatrix} 0 \\ 1 \\ 3 \end{pmatrix},$$

$$\text{für } \lambda = -2: \qquad \begin{pmatrix} 0 \\ 1 \\ 0 \end{pmatrix} + (-2) \cdot \begin{pmatrix} 0 \\ 0 \\ 3 \end{pmatrix} = \begin{pmatrix} 0 \\ 1 \\ -6 \end{pmatrix}.$$

Als Richtungsvektoren können alle Vielfachen des Richtungsvektors $\begin{pmatrix} 0 \\ 0 \\ 3 \end{pmatrix}$ dienen, z.B.

$$\frac{1}{3} \cdot \begin{pmatrix} 0 \\ 0 \\ 3 \end{pmatrix} = \begin{pmatrix} 0 \\ 0 \\ 1 \end{pmatrix} \quad \text{oder} \quad (-2) \cdot \begin{pmatrix} 0 \\ 0 \\ 3 \end{pmatrix} = \begin{pmatrix} 0 \\ 0 \\ -6 \end{pmatrix}.$$

Damit erhält man eine Vielzahl an möglichen Geradendarstellungen, z.B.

$$g_1 = \left\{ \begin{pmatrix} 0 \\ 1 \\ 3 \end{pmatrix} + \lambda \cdot \begin{pmatrix} 0 \\ 0 \\ 1 \end{pmatrix} \middle| \lambda \in \mathbb{R} \right\}.$$

c) Um zu entscheiden, ob ein vorgegebener Punkt auf der Geraden liegt, kann man überprüfen, ob es einen Parameter gibt, der zu dem Punkt führt.

Für g_1 findet man:

$$\begin{pmatrix} 0 \\ 1 \\ 1 \end{pmatrix} = \begin{pmatrix} 0 \\ 1 \\ 0 \end{pmatrix} + \frac{1}{3} \cdot \begin{pmatrix} 0 \\ 0 \\ 3 \end{pmatrix},$$

d.h., $(0, 1, 1)$ liegt auf der Geraden g_1.

Für g_2 prüft man

$$\begin{pmatrix} 0 \\ 1 \\ 1 \end{pmatrix} \stackrel{?}{=} \begin{pmatrix} -1 \\ 1 \\ -1 \end{pmatrix} + \lambda \cdot \begin{pmatrix} 3 \\ -1 \\ 4 \end{pmatrix} \quad \Leftrightarrow \quad \begin{aligned} 0 &= -1 + 3\lambda \\ 1 &= 1 - \lambda. \\ 1 &= -1 + 4\lambda \end{aligned}$$

Aus der mittleren Gleichung folgt $\lambda = 0$. Dies führt in den anderen Gleichungen aber zu einem Widerspruch, d.h. $(0, 1, 1) \notin g_2$.

d) Falls die Geraden sich schneiden, gibt es einen Punkt, der in beiden Darstellungen vorkommt. Dabei können allerdings die entsprechenden Parameter verschieden sein, so dass man beim Gleichsetzen der Geradengleichungen unterschiedliche Bezeichner für die Parameter nutzen muss.

Verwendet man die Geradendarstellungen aus a), wobei für die Gerade g_2 als Parameter nicht λ sonder μ genutzt wird, so erhält man die Gleichung

$$\begin{pmatrix} 0 \\ 1 \\ 0 \end{pmatrix} + \lambda \cdot \begin{pmatrix} 0 \\ 0 \\ 3 \end{pmatrix} = \begin{pmatrix} -1 \\ 1 \\ -1 \end{pmatrix} + \mu \cdot \begin{pmatrix} 3 \\ -1 \\ 4 \end{pmatrix}.$$

Dies führt zu einem Gleichungssystem:

$$\begin{array}{rclcrcll} 0 & = & -1 + 3\mu & & 1 & = & +3\mu & \text{(I)} \\ 1 & = & 1 - \mu & \Leftrightarrow & 0 & = & -\mu & \text{(II)} \\ 3\lambda & = & -1 + 4\mu & & 3\lambda & = & -1 + 4\mu & \text{(III)} \end{array}.$$

Aus Gleichung (I) folgt $\mu = \frac{1}{3}$, aus Gleichung (II) aber $\mu = 0$, also ein Widerspruch, d.h., es gibt keine derartigen Parameter: Die Geraden g_1 und g_2 schneiden sich nicht.

e) Das Vorgehen ist wie bei Aufgabe 4.3.1: Mann muss überprüfen, ob die Richtungsvektoren der beiden Darstellungen Vielfache voneinander sind, und ob ein Punkt der einen Geraden auch auf der anderen Geraden liegt.

Die Richtungsvektoren der Darstellung von g, $\begin{pmatrix} -3 \\ 1 \\ -4 \end{pmatrix}$, und der Darstellung von g_1 aus a), $\begin{pmatrix} 0 \\ 0 \\ 3 \end{pmatrix}$, sind offensichtlich nicht Vielfache voneinander, also $g \neq g_1$.

Für die Richtungsvektoren von g und von g_2 gilt

$$\begin{pmatrix} -3 \\ 1 \\ -4 \end{pmatrix} = -1 \cdot \begin{pmatrix} 3 \\ -1 \\ 4 \end{pmatrix},$$

d.h., die Geraden sind parallel oder identisch. Nun muss noch überprüft werden, ob ein Punkt von g auch auf g_2 liegt. Nutzt man dazu den Punkt $(0, 1, 2)$, so führt das auf die Suche nach einem Parameter λ mit

$$\begin{pmatrix} 0 \\ 1 \\ 2 \end{pmatrix} = \begin{pmatrix} -1 \\ 1 \\ -1 \end{pmatrix} + \lambda \cdot \begin{pmatrix} 3 \\ -1 \\ 4 \end{pmatrix} \quad \Leftrightarrow \quad \begin{array}{rcll} 0 & = & -1 + 3\lambda & \text{(I)} \\ 1 & = & 1 - \lambda & \text{(II)} \\ 2 & = & -1 + 4\lambda & \text{(III)} \end{array}.$$

Aus Gleichung (I) folgt $\lambda = \frac{1}{3}$, aus Gleichung (II) aber $\lambda = 0$, also ein Widerspruch, d.h., es gibt keinen derartigen Parameter. Die Geraden g und g_2 sind also nicht deckungsgleich.

Aufgabe 4.3.3

Sei E die Ebene durch die Punkte

$$P_1 = (2,1,0), \qquad P_2 = (0,1,3) \qquad \text{und} \qquad P_3 = (2,0,3).$$

a) Geben Sie mehrere Darstellungen (mit verschiedenen Orts- bzw. Richtungsvektoren) für E an.

b) Wird die Ebene E auch beschrieben durch

$$E_1 = \left\{ \begin{pmatrix} -2 \\ 3 \\ 0 \end{pmatrix} + \gamma \begin{pmatrix} 2 \\ -2 \\ 3 \end{pmatrix} + \delta \begin{pmatrix} -4 \\ 2 \\ 0 \end{pmatrix} \middle| \gamma, \delta \in \mathbb{R} \right\}?$$

Was müssen Sie dazu alles überprüfen?

Lösung:

a) Eine Ebene wird durch einen Ortsvektor und zwei Richtungsvektoren festgelegt.

Als Ortsvektor kann man den Vektor zu einem der gegebenen Punkte nehmen, also

$$\vec{p}_1 = \begin{pmatrix} 2 \\ 1 \\ 0 \end{pmatrix}, \qquad \vec{p}_2 = \begin{pmatrix} 0 \\ 1 \\ 3 \end{pmatrix} \quad \text{oder} \quad \vec{p}_3 = \begin{pmatrix} 2 \\ 0 \\ 3 \end{pmatrix}.$$

Richtungsvektoren erhält man aus der Differenz der Ortsvektoren der Punkte. Dabei hat man mehrere Möglichkeiten; eine Möglichkeit ist

$$\vec{v}_1 = \vec{p}_2 - \vec{p}_1 = \begin{pmatrix} 0 \\ 1 \\ 3 \end{pmatrix} - \begin{pmatrix} 2 \\ 1 \\ 0 \end{pmatrix} = \begin{pmatrix} -2 \\ 0 \\ 3 \end{pmatrix},$$

$$\vec{v}_2 = \vec{p}_3 - \vec{p}_1 = \begin{pmatrix} 2 \\ 0 \\ 3 \end{pmatrix} - \begin{pmatrix} 2 \\ 1 \\ 0 \end{pmatrix} = \begin{pmatrix} 0 \\ -1 \\ 3 \end{pmatrix}.$$

Eine Darstellung der Ebene ist also

$$E = \left\{ \begin{pmatrix} 2 \\ 1 \\ 0 \end{pmatrix} + \alpha \cdot \begin{pmatrix} -2 \\ 0 \\ 3 \end{pmatrix} + \beta \cdot \begin{pmatrix} 0 \\ -1 \\ 3 \end{pmatrix} \middle| \alpha, \beta \in \mathbb{R} \right\}.$$

Als alternativer Ortsvektor kann nun auch jeder Punkt auf der Ebene dienen, also jeder Vektor den man mit einem bestimmten α und β erreicht.

Als alternative Richtungsvektoren kann man beliebige Vielfache der Richtungsvektoren nehmen. Eine andere Möglichkeit ist, $\vec{v}_1 = \vec{p}_3 - \vec{p}_2$ und $\vec{v}_2 = \vec{p}_1 - \vec{p}_2$ zu wählen (oder andere Differenz-Konbinationen).

Aus einem Paar $\vec{v}_1$ und $\vec{v}_2$ von Richtungsvektoren kann man sich auch neue Richtungsvektoren-Paare berechnen, z.B. $\vec{v}_1 + \vec{v}_2$ und $\vec{v}_1 - \vec{v}_2$. Allgemein kann man zwei beliebige Linearkombinationen von $\vec{v}_1$ und $\vec{v}_2$ als Richtungsvektoren wählen, solange diese beiden nicht Vielfache voneinander sind.

Mit den Richtungsvektoren $\vec{v}_1 + \vec{v}_2$ und $\vec{v}_1 - \vec{v}_2$ und $\vec{p}_2$ als Ortsvektor ist beispielsweise eine alternative Darstellung

$$
E = \left\{ \begin{pmatrix} 0 \\ 1 \\ 3 \end{pmatrix} + \alpha \cdot \begin{pmatrix} -2 \\ -1 \\ 6 \end{pmatrix} + \beta \cdot \begin{pmatrix} -2 \\ 1 \\ 0 \end{pmatrix} \, \middle| \, \alpha, \beta \in \mathbb{R} \right\}.
$$

b) Eine Möglichkeit zur Überprüfung von $E = E_1$ ist, für die drei Punkte P_1, P_2 und P_3 zu überprüfen, ob sie in E_1 enthalten sind, d.h., ob es bei der Ebenendarstellung von E_1 jeweils Parameter γ und δ gibt, die zu $\vec{p}_1$, $\vec{p}_2$ bzw. $\vec{p}_3$ führen.

Für $\vec{p}_1$ führt das zur Gleichung

$$
\begin{pmatrix} 2 \\ 1 \\ 0 \end{pmatrix} \overset{?}{=} \begin{pmatrix} -2 \\ 3 \\ 0 \end{pmatrix} + \gamma \begin{pmatrix} 2 \\ -2 \\ 3 \end{pmatrix} + \delta \begin{pmatrix} -4 \\ 2 \\ 0 \end{pmatrix},
$$

die offensichtlich für $\gamma = 0$ und $\delta = -1$ erfüllt ist.

Statt die weiteren Punkte zu überprüfen, kann man nach dem Test eines Punktes alternativ auch testen, ob die Richtungsvektoren der einen Ebene durch die Richtungsvektoren der anderen Ebene als Linearkombination dargestellt werden können, beispielsweise für die Richtungsvektoren der ersten Darstellung von E aus a) durch die Richtungsvektoren von E_1:

$$
\begin{pmatrix} -2 \\ 0 \\ 3 \end{pmatrix} \overset{?}{=} \gamma \begin{pmatrix} 2 \\ -2 \\ 3 \end{pmatrix} + \delta \begin{pmatrix} -4 \\ 2 \\ 0 \end{pmatrix},
$$

$$
\begin{pmatrix} 0 \\ -1 \\ 3 \end{pmatrix} \overset{?}{=} \gamma \begin{pmatrix} 2 \\ -2 \\ 3 \end{pmatrix} + \delta \begin{pmatrix} -4 \\ 2 \\ 0 \end{pmatrix}.
$$

Man sieht, dass die erste Gleichung durch $\gamma = 1 = \delta$ und die zweite durch $\gamma = 1$, $\delta = \frac{1}{2}$ erfüllt ist. Damit ist gewährleistet, dass die Ebenen parallel oder identisch sind.

Da oben ja schon $P_1 \in E_1$ nachgewiesen wurde, folgt $E = E_1$.

Aufgabe 4.3.4

Berechnen Sie die Schnittmenge von

$$E = \left\{ \begin{pmatrix} 3 \\ -1 \\ 0 \end{pmatrix} + \alpha \begin{pmatrix} -1 \\ 2 \\ 3 \end{pmatrix} + \beta \begin{pmatrix} 0 \\ 0 \\ 1 \end{pmatrix} \;\middle|\; \alpha, \beta \in \mathbb{R} \right\}$$

mit der Geraden

$$g = \left\{ \begin{pmatrix} 1 \\ -1 \\ -1 \end{pmatrix} + \lambda \begin{pmatrix} 0 \\ 2 \\ 1 \end{pmatrix} \;\middle|\; \lambda \in \mathbb{R} \right\}.$$

Lösung:

Gleichsetzen der Parameterdarstellungen führt zu einem Gleichungssystem für die Parameter:

$$\begin{pmatrix} 3 \\ -1 \\ 0 \end{pmatrix} + \alpha \cdot \begin{pmatrix} -1 \\ 2 \\ 3 \end{pmatrix} + \beta \cdot \begin{pmatrix} 0 \\ 0 \\ 1 \end{pmatrix} = \begin{pmatrix} 1 \\ -1 \\ -1 \end{pmatrix} + \lambda \cdot \begin{pmatrix} 0 \\ 2 \\ 1 \end{pmatrix}$$

$$\Leftrightarrow \begin{array}{rcrcrcl} -\alpha & & & & & = & -2 \\ 2\alpha & & & -2\lambda & & = & 0 \\ 3\alpha & +\beta & & -\lambda & & = & -1. \end{array}$$

Aus der ersten Gleichung folgt $\alpha = 2$, in die zweite eingesetzt dann $\lambda = \alpha = 2$. Dies in die dritte Gleichung eingesetzt führt zu $\beta = -1 - 4 = -5$.

Der Schnittpunkt ergibt sich, indem man den entsprechenden Parameterwert $\lambda = 2$ in die Geradengleichung einsetzt:

$$\begin{pmatrix} 1 \\ -1 \\ -1 \end{pmatrix} + 2 \cdot \begin{pmatrix} 0 \\ 2 \\ 1 \end{pmatrix} = \begin{pmatrix} 1 \\ 3 \\ 1 \end{pmatrix}.$$

Alternativ (oder zur Kontrolle) kann man die Parameterwerte $\alpha = 2$ und $\beta = -5$ in die Ebenengleichung einsetzen:

$$\begin{pmatrix} 3 \\ -1 \\ 0 \end{pmatrix} + 2 \cdot \begin{pmatrix} -1 \\ 2 \\ 3 \end{pmatrix} - 5 \cdot \begin{pmatrix} 0 \\ 0 \\ 1 \end{pmatrix} = \begin{pmatrix} 1 \\ 3 \\ 1 \end{pmatrix}.$$

Man erhält den gleichen Schnittpunkt.

4.4 Länge von Vektoren

Aufgabe 4.4.1

Sei $\vec{a} = \begin{pmatrix} 3 \\ 2 \end{pmatrix}$ bzw. $\vec{a} = \begin{pmatrix} 2 \\ 1 \\ -2 \end{pmatrix}$.

a) Berechnen Sie $\|\vec{a}\|$.

b) Berechnen Sie $\|5\vec{a}\|$ und $\|-2\vec{a}\|$ einerseits, indem Sie zunächst die entsprechenden Vektoren $5\vec{a}$ und $-2\vec{a}$ und dann deren Norm berechnen und andererseits mit Hilfe von Satz 4.4.4.

c) Oft will man zu einem Vektor $\vec{a}$ einen *normalisierten* Vektor haben, d.h. einen Vektor $\vec{b}$, der in die gleiche Richtung wie $\vec{a}$ zeigt und die Länge 1 hat.

Geben Sie jeweils einen normalisierten Vektor $\vec{b} \in \mathbb{R}^2$ zu den angegebenen $\vec{a}$ an. Wie muss man dazu allgemein λ wählen?

Lösung:

a) Entsprechend der Norm-Definition 4.4.1 ist

$$\left\| \begin{pmatrix} 3 \\ 2 \end{pmatrix} \right\| = \sqrt{3^2 + 2^2} = \sqrt{13}$$

und

$$\left\| \begin{pmatrix} 2 \\ 1 \\ -2 \end{pmatrix} \right\| = \sqrt{2^2 + 1^2 + (-2)^2} = \sqrt{9} = 3.$$

b) 1-i) Einerseits ist

$$\left\| 5 \cdot \begin{pmatrix} 3 \\ 2 \end{pmatrix} \right\| = \left\| \begin{pmatrix} 15 \\ 10 \end{pmatrix} \right\| = \sqrt{15^2 + 10^2} = \sqrt{325},$$

andererseits mit Satz 4.4.4,

$$\left\| 5 \cdot \begin{pmatrix} 3 \\ 2 \end{pmatrix} \right\| = |5| \cdot \left\| \begin{pmatrix} 3 \\ 2 \end{pmatrix} \right\| = 5 \cdot \sqrt{13}.$$

Wegen $5 \cdot \sqrt{13} = \sqrt{25 \cdot 13} = \sqrt{325}$ stimmen die Ergebnisse überein.

1-ii) Einerseits ist

$$\left\| -2 \cdot \begin{pmatrix} 3 \\ 2 \end{pmatrix} \right\| = \left\| \begin{pmatrix} -6 \\ -4 \end{pmatrix} \right\| = \sqrt{(-6)^2 + (-4)^2} = \sqrt{52},$$

andererseits mit Satz 4.4.4,

$$\left\| -2 \cdot \begin{pmatrix} 3 \\ 2 \end{pmatrix} \right\| = |-2| \cdot \left\| \begin{pmatrix} 3 \\ 2 \end{pmatrix} \right\| = 2 \cdot \sqrt{13}.$$

Wegen $2 \cdot \sqrt{13} = \sqrt{4 \cdot 13} = \sqrt{52}$ stimmen die Ergebnisse überein.

2-i) Einerseits ist

$$\left\| 5 \cdot \begin{pmatrix} 2 \\ 1 \\ -2 \end{pmatrix} \right\| = \left\| \begin{pmatrix} 10 \\ 5 \\ -10 \end{pmatrix} \right\|$$

$$= \sqrt{10^2 + 5^2 + (-10)^2} = \sqrt{225} = 15,$$

andererseits mit Satz 4.4.4,

$$\left\| 5 \cdot \begin{pmatrix} 2 \\ 1 \\ -2 \end{pmatrix} \right\| = |5| \cdot \left\| \begin{pmatrix} 2 \\ 1 \\ -2 \end{pmatrix} \right\| = 5 \cdot 3 = 15.$$

2-ii) Einerseits ist

$$\left\| -2 \cdot \begin{pmatrix} 2 \\ 1 \\ -2 \end{pmatrix} \right\| = \left\| \begin{pmatrix} -4 \\ -2 \\ 4 \end{pmatrix} \right\|$$

$$= \sqrt{(-4)^2 + (-2)^2 + 4^2} = \sqrt{36} = 6,$$

andererseits mit Satz 4.4.4,

$$\left\| -2 \cdot \begin{pmatrix} 2 \\ 1 \\ -2 \end{pmatrix} \right\| = |-2| \cdot \left\| \begin{pmatrix} 2 \\ 1 \\ -2 \end{pmatrix} \right\| = 2 \cdot 3 = 6.$$

c) Zu $\begin{pmatrix} 3 \\ 2 \end{pmatrix}$ ist ein Wert $\lambda \in \mathbb{R}$ gesucht mit

$$1 \stackrel{!}{=} \| \lambda \cdot \vec{a} \| = |\lambda| \cdot \left\| \begin{pmatrix} 3 \\ 2 \end{pmatrix} \right\| = |\lambda| \cdot \sqrt{13},$$

also $|\lambda| = \frac{1}{\sqrt{13}}$ und damit $\lambda = \pm \frac{1}{\sqrt{13}}$. Durch einen negativen Vorfaktor erhält man einen Vektor, der in die entgegengesetzte Richtung zeigt. Folglich ist

$$\vec{b} = \frac{1}{\sqrt{13}} \cdot \begin{pmatrix} 3 \\ 2 \end{pmatrix}.$$

Allgemein ist ein λ gesucht mit

$$1 \overset{!}{=} \|\lambda \cdot \vec{a}\| = |\lambda| \cdot \|\vec{a}\| \quad \Leftrightarrow \quad |\lambda| = \frac{1}{\|\vec{a}\|} \quad \Leftrightarrow \quad \lambda = \pm\frac{1}{\|\vec{a}\|}.$$

Um einen Vektor zu erhalten, der tatsächlich in die gleiche (und nicht in die entgegengesetzte) Richtung zeigt, muss man $\lambda = +\frac{1}{\|\vec{a}\|}$ wählen.

Zu $\begin{pmatrix} 2 \\ 1 \\ -2 \end{pmatrix}$ erhält man wegen $\left\| \begin{pmatrix} 2 \\ 1 \\ -2 \end{pmatrix} \right\| = 3$ so $\vec{b} = \frac{1}{3} \begin{pmatrix} 2 \\ 1 \\ -2 \end{pmatrix}$.

Aufgabe 4.4.2

Welchen Abstand haben

a) die Punkte $P_1 = (1,3)$ und $P_2 = (4,-1)$ im $\mathbb{R}^2$,

b) die Punkte $Q_1 = (1,1,-1)$ und $Q_2 = (0,0,1)$ im $\mathbb{R}^3$?

Lösung:

Der Abstand ist gleich der Länge des Differenzvektors:

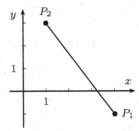

a) $\text{Abstand} = \left\| \vec{p}_2 - \vec{p}_1 \right\|$

$= \left\| \begin{pmatrix} 4 \\ -1 \end{pmatrix} - \begin{pmatrix} 1 \\ 3 \end{pmatrix} \right\|$

$= \left\| \begin{pmatrix} 3 \\ -4 \end{pmatrix} \right\|$

$= \sqrt{3^2 + (-4)^2}$

$= \sqrt{9 + 16} = \sqrt{25} = 5.$

Abb. 4.12 Abstand zwischen P_1 und P_2.

b) $\text{Abstand} = \left\| \vec{q}_2 - \vec{q}_1 \right\| = \left\| \begin{pmatrix} 0 \\ 0 \\ 1 \end{pmatrix} - \begin{pmatrix} 1 \\ 1 \\ -1 \end{pmatrix} \right\| = \left\| \begin{pmatrix} -1 \\ -1 \\ 2 \end{pmatrix} \right\|$

$= \sqrt{(-1)^2 + (-1)^2 + 2^2} = \sqrt{6}.$

Aufgabe 4.4.3

Gegeben ist die Gerade $g = \left\{ \begin{pmatrix} 2 \\ 1 \end{pmatrix} + \lambda \begin{pmatrix} -3 \\ 4 \end{pmatrix} \mid \lambda \in \mathbb{R} \right\}$.

a) Welche Punkte auf der Geraden g haben

    a1) von $\begin{pmatrix} 2 \\ 1 \end{pmatrix}$ den Abstand 3,   a2) von $\begin{pmatrix} 0 \\ -3 \end{pmatrix}$ den Abstand 5?

b) Welcher Punkt auf der Geraden g liegt am nächsten an $R = \begin{pmatrix} 1 \\ -6 \end{pmatrix}$?

    Berechnen Sie dazu den Abstand $d(\lambda)$ von R zu einem allgemeinen Punkt der Geraden g in Abhängigkeit von dem Parameter λ und bestimmen Sie die Minimalstelle der Funktion $d(\lambda)$.

Lösung:

a1) Da $\begin{pmatrix} 2 \\ 1 \end{pmatrix}$ der angegebene Ortsvektor der Geraden g ist und für den Richtungsvektor gilt

$$\left\| \begin{pmatrix} -3 \\ 4 \end{pmatrix} \right\| = \sqrt{(-3)^2 + 4^2} = \sqrt{25} = 5,$$

muss man von $\begin{pmatrix} 2 \\ 1 \end{pmatrix}$ aus $\pm \frac{3}{5}$ des Richtungsvektors auf der Geraden entlanggehen, um zu Punkten mit Abstand 3 zu gelangen (s. Abb. 4.13), d.h., die Punkte

$$\begin{pmatrix} 2 \\ 1 \end{pmatrix} \pm \frac{3}{5} \cdot \begin{pmatrix} -3 \\ 4 \end{pmatrix}$$

also

$$\begin{pmatrix} 1/5 \\ 17/5 \end{pmatrix} \quad \text{und} \quad \begin{pmatrix} 19/5 \\ -7/5 \end{pmatrix}$$

haben von $\begin{pmatrix} 2 \\ 1 \end{pmatrix}$ den Abstand 3 .

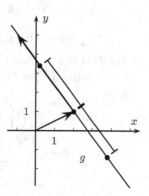

Abb. 4.13 Gerade und Abstände vom Aufpunkt.

a2) Man kann den Abstand zwischen einem beliebigen Geradenpunkt

$$\begin{pmatrix} 2 \\ 1 \end{pmatrix} + \lambda \begin{pmatrix} -3 \\ 4 \end{pmatrix}$$

und $\begin{pmatrix} 0 \\ -3 \end{pmatrix}$ (in Abhängigkeit von λ) berechnen:

$$\left\| \left[\begin{pmatrix} 2 \\ 1 \end{pmatrix} + \lambda \begin{pmatrix} -3 \\ 4 \end{pmatrix} \right] - \begin{pmatrix} 0 \\ -3 \end{pmatrix} \right\|$$

$$= \left\| \begin{pmatrix} 2 - 3\lambda \\ 4 + 4\lambda \end{pmatrix} \right\|$$

$$= \sqrt{(2 - 3\lambda)^2 + (4 + 4\lambda)^2}$$

$$= \sqrt{4 - 12\lambda + 9\lambda^2 + 16 + 32\lambda + 16\lambda^2}$$

$$= \sqrt{20 + 20\lambda + 25\lambda^2}.$$

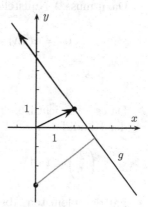

Abb. 4.14 Gerade und Abstände zu einem Punkt.

Dieser Abstand soll gleich 5 sein. Durch Quadrieren erhält man damit

$$5^2 = 20 + 20\lambda + 25\lambda^2 \quad \Leftrightarrow \quad \lambda^2 + \frac{4}{5}\lambda - \frac{1}{5} = 0.$$

Die p-q-Formel (s. Satz 2.2.5) liefert

$$\lambda = -\frac{2}{5} \pm \sqrt{\frac{4}{25} + \frac{1}{5}} = -\frac{2}{5} \pm \sqrt{\frac{9}{25}} = -\frac{2}{5} \pm \frac{3}{5}$$

$$\Leftrightarrow \quad \lambda = \frac{1}{5} \quad \text{oder} \quad \lambda = -1.$$

Folglich haben

$$\begin{pmatrix} 2 \\ 1 \end{pmatrix} + \frac{1}{5} \cdot \begin{pmatrix} -3 \\ 4 \end{pmatrix} = \begin{pmatrix} 7/5 \\ 9/5 \end{pmatrix} \quad \text{und} \quad \begin{pmatrix} 2 \\ 1 \end{pmatrix} - \begin{pmatrix} -3 \\ 4 \end{pmatrix} = \begin{pmatrix} 5 \\ -3 \end{pmatrix}$$

von $\begin{pmatrix} 0 \\ -3 \end{pmatrix}$ den Abstand 5.

b) Sei $d(\lambda)$ der Abstand von einem mit dem Parameter λ beschriebenen Geradenpunkt $\begin{pmatrix} 2 \\ 1 \end{pmatrix} + \lambda \begin{pmatrix} -3 \\ 4 \end{pmatrix}$ zu $\begin{pmatrix} 1 \\ -6 \end{pmatrix}$,also:

$$\begin{aligned} d(\lambda) &= \left\| \left[\begin{pmatrix} 2 \\ 1 \end{pmatrix} + \lambda \cdot \begin{pmatrix} -3 \\ 4 \end{pmatrix} \right] - \begin{pmatrix} 1 \\ -6 \end{pmatrix} \right\| \\ &= \left\| \begin{pmatrix} 1 - 3\lambda \\ 7 + 4\lambda \end{pmatrix} \right\| = \sqrt{(1 - 3\lambda)^2 + (7 + 4\lambda)^2} \\ &= \sqrt{1 - 6\lambda + 9\lambda^2 + 49 + 56\lambda + 16\lambda^2} = \sqrt{25\lambda^2 + 50\lambda + 50}. \end{aligned}$$

Gesucht ist nun ein λ, bei dem die Abstandsfunktion $d(\lambda)$ minimal wird. Dazu muss λ Nullstelle der Ableitung sein:

$$0 = d'(\lambda) = \frac{1}{2\sqrt{25\lambda^2 + 50\lambda + 50}} \cdot (25 \cdot 2\lambda + 50)$$

$$\Leftrightarrow \quad 0 = 50\lambda + 50 \quad \Leftrightarrow \quad \lambda = -1.$$

Da es offensichtlich einen Punkt mit kleinstem Abstand geben muss, muss der Kandidat $\lambda = -1$ die gesuchte Minimalstelle sein. Damit folgt:

$$\begin{pmatrix} 2 \\ 1 \end{pmatrix} + (-1) \cdot \begin{pmatrix} -3 \\ 4 \end{pmatrix} = \begin{pmatrix} 5 \\ -3 \end{pmatrix}$$

hat den kleinsten Abstand zu $\begin{pmatrix} 1 \\ -6 \end{pmatrix}$.

Alternativen:

1) Statt $d(\lambda)$ kann man auch $(d(\lambda))^2 = 25\lambda^2 + 50\lambda + 50$ minimieren. Als notwendige Bedingung folgt dann:

$$0 \overset{!}{=} ((d(\lambda))^2)' = (25\lambda^2 + 50\lambda + 50)' = 25 \cdot 2\lambda + 50.$$

Daraus folgt sofort $\lambda = -1$.

2) (Mit Verwendung des Skalarprodukts, s. Abschnitt 4.5.)

Am Minimalpunkt steht der Verbindungsvektor senkrecht zum Richtungsvektor. Damit muss das Skalarprodukt zwischen diesen beiden Vektoren gleich Null sein:

$$0 \overset{!}{=} \begin{pmatrix} -3 \\ 4 \end{pmatrix} \cdot \left[\left(\begin{pmatrix} 2 \\ 1 \end{pmatrix} + \lambda \cdot \begin{pmatrix} -3 \\ 4 \end{pmatrix} \right) - \begin{pmatrix} 1 \\ -6 \end{pmatrix} \right]$$

$$= \begin{pmatrix} -3 \\ 4 \end{pmatrix} \cdot \begin{pmatrix} 1 - 3\lambda \\ 7 + 4\lambda \end{pmatrix} = -3 \cdot (1 - 3\lambda) + 4 \cdot (7 + 4\lambda)$$

$$= -3 + 9\lambda + 28 + 16\lambda = 25\lambda + 25.$$

Damit erhält man wieder $\lambda = -1$.

4.5 Das Skalarprodukt

Aufgabe 4.5.1

Berechnen Sie die folgenden Skalarprodukte.

a) $\begin{pmatrix} 2 \\ -1 \end{pmatrix} \cdot \begin{pmatrix} 2 \\ 3 \end{pmatrix}$,   b) $\begin{pmatrix} 2 \\ 1 \end{pmatrix} \cdot \begin{pmatrix} -2 \\ 4 \end{pmatrix}$,   c) $\begin{pmatrix} 1 \\ 0 \end{pmatrix} \cdot \begin{pmatrix} 0 \\ 1 \end{pmatrix}$,

d) $\begin{pmatrix} 1 \\ 0 \\ 3 \end{pmatrix} \cdot \begin{pmatrix} 0 \\ 1 \\ -1 \end{pmatrix}$,   e) $\begin{pmatrix} 2 \\ -1 \\ 3 \end{pmatrix} \cdot \begin{pmatrix} 2 \\ 1 \\ -1 \end{pmatrix}$,   f) $\begin{pmatrix} 1 \\ -2 \\ 5 \end{pmatrix} \cdot \begin{pmatrix} 1 \\ -2 \\ 5 \end{pmatrix}$.

Bei welchen Produkten erhält man Null? Wie sehen die entsprechenden Vektoren aus?

Lösung:

Beim Skalarprodukt werden jeweils die Komponenten multipliziert und anschließend addiert. Damit erhält man

a) $\begin{pmatrix} 2 \\ -1 \end{pmatrix} \cdot \begin{pmatrix} 2 \\ 3 \end{pmatrix} = 2 \cdot 2 + (-1) \cdot 3 = 4 - 3 = 1.$

b) $\begin{pmatrix} 2 \\ 1 \end{pmatrix} \cdot \begin{pmatrix} -2 \\ 4 \end{pmatrix} = 2 \cdot (-2) + 1 \cdot 4 = -4 + 4 = 0.$

c) $\begin{pmatrix} 1 \\ 0 \end{pmatrix} \cdot \begin{pmatrix} 0 \\ 1 \end{pmatrix} = 1 \cdot 0 + 0 \cdot 1 = 0.$

d) $\begin{pmatrix} 1 \\ 0 \\ 3 \end{pmatrix} \cdot \begin{pmatrix} 0 \\ 1 \\ -1 \end{pmatrix} = 1 \cdot 0 + 0 \cdot 1 + 3 \cdot (-1) = -3.$

e) $\begin{pmatrix} 2 \\ -1 \\ 3 \end{pmatrix} \cdot \begin{pmatrix} 2 \\ 1 \\ -1 \end{pmatrix} = 2 \cdot 2 + (-1) \cdot 1 + 3 \cdot (-1) = 0.$

f) $\begin{pmatrix} 1 \\ -2 \\ 5 \end{pmatrix} \cdot \begin{pmatrix} 1 \\ -2 \\ 5 \end{pmatrix} = 1^2 + (-2)^2 + 5^2 = 30.$

(Hier sieht man, dass das Skalarprodukt eines Vektors mit sich selbst gleich der Länge zum Quadrat ist.)

Bei b), c) und e) ist das Skalarprodukt gleich Null. Die entsprechenden Vektoren stehen senkrecht aufeinander. Abb. 4.15 zeigt dies für b) und c), bei e) kann man sich die Vektoren im $\mathbb{R}^3$ vorstellen.

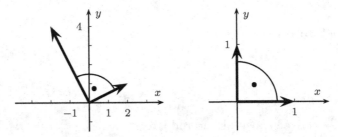

Abb. 4.15 Senkrechte Vektoren.

Aufgabe 4.5.2

Berechnen Sie (wo nötig unter Benutzung eines Taschenrechners) den Winkel, den die Vektoren $\vec{a}$ und $\vec{b}$ einschließen.

a) $\vec{a} = \begin{pmatrix} -1 \\ 3 \end{pmatrix}$, $\vec{b} = \begin{pmatrix} 3 \\ -1 \end{pmatrix}$,   b) $\vec{a} = \begin{pmatrix} 3 \\ 6 \end{pmatrix}$, $\vec{b} = \begin{pmatrix} 2 \\ -1 \end{pmatrix}$,

c) $\vec{a} = \begin{pmatrix} 1 \\ 2 \end{pmatrix}$, $\vec{b} = \begin{pmatrix} 3 \\ 1 \end{pmatrix}$,   d) $\vec{a} = \begin{pmatrix} 4 \\ 2 \end{pmatrix}$, $\vec{b} = \begin{pmatrix} 2 \\ 1 \end{pmatrix}$,

e) $\vec{a} = \begin{pmatrix} 2 \\ 1 \\ 0 \end{pmatrix}$, $\vec{b} = \begin{pmatrix} 1 \\ 0 \\ 1 \end{pmatrix}$,   f) $\vec{a} = \begin{pmatrix} 2 \\ -1 \\ -1 \end{pmatrix}$, $\vec{b} = \begin{pmatrix} 1 \\ 1 \\ 1 \end{pmatrix}$.

Zeichnen Sie die Vektoren bei a) bis d) und messen Sie die berechneten Werte nach.

Lösung:

Für den eingeschlossenen Winkel φ gilt nach Satz 4.5.8

$$\vec{a} \cdot \vec{b} = \|\vec{a}\| \cdot \|\vec{b}\| \cdot \cos\varphi \quad \Leftrightarrow \quad \varphi = \arccos\left(\frac{\vec{a} \cdot \vec{b}}{\|\vec{a}\| \cdot \|\vec{b}\|} \right).$$

a) Es ist

$$\vec{a} \cdot \vec{b} = -1 \cdot 3 + 3 \cdot (-1) = -6,$$
$$\|\vec{a}\| = \sqrt{(-1)^2 + 3^2} = \sqrt{10},$$
$$\|\vec{b}\| = \sqrt{3^2 + (-1)^2} = \sqrt{10},$$

also

$$\frac{\vec{a} \cdot \vec{b}}{\|\vec{a}\| \cdot \|\vec{b}\|} = \frac{-6}{\sqrt{10} \cdot \sqrt{10}} = -0.6$$

und damit (bei Nutzung eines Taschenrechners)

$$\varphi = \arccos(-0.6) \approx 126.9°,$$

s. Abb. 4.16.

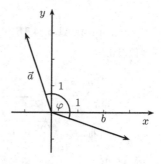

Abb. 4.16 Vektoren zu a).

b) Es ist

$$\vec{a} \cdot \vec{b} = 3 \cdot 2 + 6 \cdot (-1) = 0,$$

also

$$\frac{\vec{a} \cdot \vec{b}}{\|\vec{a}\| \cdot \|\vec{b}\|} = \frac{0}{\|\vec{a}\| \cdot \|\vec{b}\|} = 0.$$

Man braucht also die Längen $\|\vec{a}\|$ und $\|\vec{b}\|$ gar nicht zu berechnen und erhält

$$\varphi = \arccos(0) = \frac{\pi}{2} \mathrel{\hat{=}} 90°,$$

die Vektoren stehen also senkrecht aufeinander, wie man auch an Abb. 4.17 sehen kann.

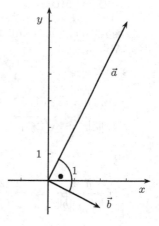

Abb. 4.17 Vektoren zu b).

c) Es ist

$$\vec{a} \cdot \vec{b} = 1 \cdot 3 + 2 \cdot 1 = 5,$$
$$\|\vec{a}\| = \sqrt{1^2 + 2^2} = \sqrt{5},$$
$$\|\vec{b}\| = \sqrt{3^2 + 1^2} = \sqrt{10}.$$

Wegen

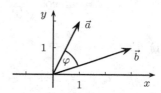

Abb. 4.18 Vektoren zu c).

$$\frac{\vec{a} \cdot \vec{b}}{\|\vec{a}\| \cdot \|\vec{b}\|} = \frac{5}{\sqrt{5} \cdot \sqrt{10}} = \frac{5}{\sqrt{5} \cdot \sqrt{5} \cdot \sqrt{2}} = \frac{1}{\sqrt{2}}$$

ist genau

$$\varphi \;=\; \arccos \frac{1}{\sqrt{2}} \;=\; \frac{\pi}{4} \;\hat{=}\; 45^\circ,$$

wie man in Abb. 4.18 nachmessen kann.

d) Es ist

$$\vec{a}\cdot\vec{b} \;=\; 4\cdot 2 + 2\cdot 1 \;=\; 10,$$
$$\|\vec{a}\| \;=\; \sqrt{4^2 + 2^2} \;=\; \sqrt{20},$$
$$\|\vec{b}\| \;=\; \sqrt{2^2 + 1^2} \;=\; \sqrt{5}.$$

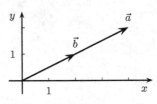

Abb. 4.19 Vektoren zu d).

Wegen

$$\frac{\vec{a}\cdot\vec{b}}{\|\vec{a}\|\cdot\|\vec{b}\|} \;=\; \frac{10}{\sqrt{20}\cdot\sqrt{5}} \;=\; \frac{10}{\sqrt{100}} \;=\; 1$$

ist genau

$$\varphi \;=\; \arccos 1 \;=\; 0^\circ.$$

Dies ist auch anschaulich klar, da die Vektoren Vielfache voneinander sind, s. Abb. 4.19.

e) Es ist

$$\vec{a}\cdot\vec{b} \;=\; 2\cdot 1 + 1\cdot 0 + 0\cdot 1 \;=\; 2,$$
$$\|\vec{a}\| \;=\; \sqrt{2^2 + 1^2 + 0^2} \;=\; \sqrt{5}, \qquad \|\vec{b}\| \;=\; \sqrt{1^2 + 0^2 + 1^1} \;=\; \sqrt{2},$$

also

$$\frac{\vec{a}\cdot\vec{b}}{\|\vec{a}\|\cdot\|\vec{b}\|} \;=\; \frac{2}{\sqrt{5}\cdot\sqrt{2}} \;=\; \frac{2}{\sqrt{10}}$$

und damit (bei Nutzung eines Taschenrechners)

$$\varphi \;=\; \arccos \frac{2}{\sqrt{10}} \;\approx\; 50.8^\circ.$$

f) Es ist

$$\vec{a}\cdot\vec{b} \;=\; 2\cdot 1 + (-1)\cdot 1 + (-1)\cdot 1 \;=\; 0.$$

Damit ist klar, dass die beiden Vektoren senkrecht zueinander stehen, also

$$\varphi \;=\; 90^\circ.$$

Aufgabe 4.5.3

Geben Sie orthogonale Vektoren an zu

a) $\begin{pmatrix} 3 \\ 1 \end{pmatrix}$, b) $\begin{pmatrix} 2 \\ -1 \end{pmatrix}$, c) $\begin{pmatrix} 1 \\ 0 \\ 2 \end{pmatrix}$, d) $\begin{pmatrix} 3 \\ 1 \\ -2 \end{pmatrix}$.

Überlegen Sie auch anschaulich, welche Vektoren in Frage kommen.

Lösung:

Um Vektoren anzugeben, die orthogonal zu einem anderen Vektor sind, kann man das Skalarprodukt ausnutzen. Dieses muss Null ergeben, falls die Vektoren senkrecht zueinander liegen.

a) Im zweidimensionalen Fall gibt es nur eine mögliche senkrechte Richtung.

Für alle orthogonalen Vektoren $\begin{pmatrix} x \\ y \end{pmatrix}$ zu $\begin{pmatrix} 3 \\ 4 \end{pmatrix}$ gilt

$$\begin{pmatrix} x \\ y \end{pmatrix} \cdot \begin{pmatrix} 3 \\ 1 \end{pmatrix} = 0.$$

Einen Lösung erhält man, indem man die Komponenten des gegebenen Vektors vertauscht und ein Vorzeichen umkehrt, also hier konkret $\begin{pmatrix} 1 \\ -3 \end{pmatrix}$.

(Das Verfahren, die Komponenten des Vektors zu vertauschen und ein Vorzeichen umzukehren geht allgemein bei jedem vorgegebenen Vektor aus $\mathbb{R}^2$.)

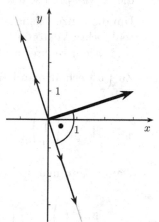

Abb. 4.20 Senkrechte Richtung und Vektoren.

Alle Vielfachen dieses Vektors $\begin{pmatrix} 1 \\ -3 \end{pmatrix}$ stehen dann auch senkrecht zum vorgegebenen Vektor, z.B.

$$\begin{pmatrix} -1 \\ 3 \end{pmatrix}, \quad \begin{pmatrix} -0.5 \\ 1.5 \end{pmatrix} \quad \text{und} \quad \begin{pmatrix} 0.5 \\ -1.5 \end{pmatrix},$$

allgemein alle Vektoren der Form $\lambda \cdot \begin{pmatrix} 1 \\ -3 \end{pmatrix}$, denn es gilt

$$\left[\lambda \cdot \begin{pmatrix} -1 \\ 3 \end{pmatrix} \right] \cdot \begin{pmatrix} 3 \\ 1 \end{pmatrix} = \lambda \cdot \left[\begin{pmatrix} -1 \\ 3 \end{pmatrix} \cdot \begin{pmatrix} 3 \\ 1 \end{pmatrix} \right] = \lambda \cdot 0 = 0.$$

b) Wie bei a) gibt es eine senkrechte Richtung, zu der man einen Vektor durch Vertauschen der Komponenten und Umkehrung eines Vorzeichens erhält, also z.B. $\begin{pmatrix} 1 \\ 2 \end{pmatrix}$.

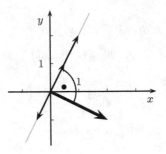

Weitere senkrechte Vektoren sind Vielfache davon, z.B.

$$\begin{pmatrix} 2 \\ 4 \end{pmatrix}, \quad \begin{pmatrix} 0.5 \\ 1 \end{pmatrix} \quad \text{und} \quad \begin{pmatrix} -0.5 \\ -1 \end{pmatrix},$$

allgemein alle Vektoren der Form $\lambda \cdot \begin{pmatrix} 1 \\ 2 \end{pmatrix}$.

Abb. 4.21 Senkrechte Richtung und Vektoren.

c) Im dreidimensionalen gibt es eine ganze Ebene senkrechter Vektoren. Hat man senkrechte Vektoren gefunden, so sind auch alle Linearkombinationen dieser Vektoren senkrecht zum ursprünglichen Vektor.

Um die ganze Ebene senkrechter Vektoren zu beschreiben, genügt es, zwei senkrechte Vektoren $\vec{v}_1$ und $\vec{v}_2$ zu finden, die nicht Vielfache voneinander sind. Jeder senkrechte Vektor hat dann die Form $\lambda_1 \vec{v}_1 + \lambda_2 \vec{v}_2$.

Zu $\begin{pmatrix} 1 \\ 0 \\ 2 \end{pmatrix}$ erhält man beispielsweise als senkrechte Vektoren

$$\vec{v}_1 = \begin{pmatrix} 0 \\ 1 \\ 0 \end{pmatrix} \quad \text{und} \quad \vec{v}_2 = \begin{pmatrix} -2 \\ 0 \\ 1 \end{pmatrix}.$$

Damit kann man weitere senkrechte Vektoren erhalten, z.B.

$$1 \cdot \begin{pmatrix} 0 \\ 1 \\ 0 \end{pmatrix} + 1 \cdot \begin{pmatrix} -2 \\ 0 \\ 1 \end{pmatrix} = \begin{pmatrix} -2 \\ 1 \\ 1 \end{pmatrix} \quad \text{oder}$$

$$(-0.5) \cdot \begin{pmatrix} 0 \\ 1 \\ 0 \end{pmatrix} + 2 \cdot \begin{pmatrix} -2 \\ 0 \\ 1 \end{pmatrix} = \begin{pmatrix} -4 \\ -0.5 \\ 2 \end{pmatrix}.$$

d) Als zu $\begin{pmatrix} 3 \\ 1 \\ -2 \end{pmatrix}$ senkrechte Vektoren findet man z.B.

$$\vec{v}_1 = \begin{pmatrix} -1 \\ 3 \\ 0 \end{pmatrix} \quad \text{und} \quad \vec{v}_2 = \begin{pmatrix} 1 \\ 1 \\ 2 \end{pmatrix}.$$

Wie bei c) sind damit auch alle Vektoren der Form $\lambda_1 \vec{v}_1 + \lambda_2 \vec{v}_2$ senkrecht zu $\begin{pmatrix} 3 \\ 1 \\ -2 \end{pmatrix}$, z.B.

$$0.5 \cdot \begin{pmatrix} -1 \\ 3 \\ 0 \end{pmatrix} + 0.5 \cdot \begin{pmatrix} 1 \\ 1 \\ 2 \end{pmatrix} = \begin{pmatrix} 0 \\ 2 \\ 1 \end{pmatrix} \quad \text{oder}$$

$$0.5 \cdot \begin{pmatrix} -1 \\ 3 \\ 0 \end{pmatrix} + (-0.5) \cdot \begin{pmatrix} 1 \\ 1 \\ 2 \end{pmatrix} = \begin{pmatrix} -1 \\ 1 \\ -1 \end{pmatrix}.$$

4.6 Das Vektorprodukt

Aufgabe 4.6.1

Berechnen Sie die folgenden Vektorprodukte und prüfen Sie nach, dass das Ergebnis senkrecht auf den ursprünglichen Vektoren steht.

a) $\begin{pmatrix} 2 \\ 3 \\ 1 \end{pmatrix} \times \begin{pmatrix} 0 \\ 1 \\ 2 \end{pmatrix}$, b) $\begin{pmatrix} 3 \\ -1 \\ 0 \end{pmatrix} \times \begin{pmatrix} 2 \\ 1 \\ 3 \end{pmatrix}$,

c) $\begin{pmatrix} 2 \\ 1 \\ 3 \end{pmatrix} \times \begin{pmatrix} 3 \\ -1 \\ 0 \end{pmatrix}$, d) $\begin{pmatrix} 1 \\ -2 \\ 3 \end{pmatrix} \times \begin{pmatrix} -2 \\ 4 \\ -6 \end{pmatrix}$.

Versuchen Sie, sich die Vektoren und das Ergebnis vorzustellen.

Lösung:

Die Vektorprodukte kann man mit Definition 4.6.1 oder einer der Merkregeln (s. Bemerkung 4.6.2) berechnen:

a) Es ist

$$\begin{pmatrix} 2 \\ 3 \\ 1 \end{pmatrix} \times \begin{pmatrix} 0 \\ 1 \\ 2 \end{pmatrix} = \begin{pmatrix} 3 \cdot 2 - 1 \cdot 1 \\ 1 \cdot 0 - 2 \cdot 2 \\ 2 \cdot 1 - 3 \cdot 0 \end{pmatrix} = \begin{pmatrix} 5 \\ -4 \\ 2 \end{pmatrix}.$$

Dieser Vektor steht tatsächlich senkrecht auf den ursprünglichen Vektoren, denn die Skalarprodukte sind gleich Null:

$$\begin{pmatrix} 2 \\ 3 \\ 1 \end{pmatrix} \cdot \begin{pmatrix} 5 \\ -4 \\ 2 \end{pmatrix} = 10 - 12 + 2 = 0,$$

$$\begin{pmatrix} 0 \\ 1 \\ 2 \end{pmatrix} \cdot \begin{pmatrix} 5 \\ -4 \\ 2 \end{pmatrix} = 0 - 4 + 4 = 0.$$

b) Man erhält

$$\begin{pmatrix} 3 \\ -1 \\ 0 \end{pmatrix} \times \begin{pmatrix} 2 \\ 1 \\ 3 \end{pmatrix} = \begin{pmatrix} (-1)\cdot 3 - 0\cdot 1 \\ 0\cdot 2 - 3\cdot 3 \\ 3\cdot 1 - (-1)\cdot 2 \end{pmatrix} = \begin{pmatrix} -3 \\ -9 \\ 5 \end{pmatrix}.$$

Die Orthogonalität lässt sich wie bei a) mit dem Skalarprodukt überprüfen:

$$\begin{pmatrix} 3 \\ -1 \\ 0 \end{pmatrix} \cdot \begin{pmatrix} -3 \\ -9 \\ 5 \end{pmatrix} = 0 \quad \text{und} \quad \begin{pmatrix} 2 \\ 1 \\ 3 \end{pmatrix} \cdot \begin{pmatrix} -3 \\ -9 \\ 5 \end{pmatrix} = 0.$$

c) Es ist

$$\begin{pmatrix} 2 \\ 1 \\ 3 \end{pmatrix} \times \begin{pmatrix} 3 \\ -1 \\ 0 \end{pmatrix} = \begin{pmatrix} 1\cdot 0 - 3\cdot(-1) \\ 3\cdot 3 - 2\cdot 0 \\ 2\cdot(-1) - 1\cdot 3 \end{pmatrix} = \begin{pmatrix} 3 \\ 9 \\ -5 \end{pmatrix}.$$

Im Vergleich zu b) wird hier das Vektorprodukt mit den gleichen Vektoren aber vertauschter Reihenfolge berechnet. Das Ergebnis erhält man wegen

$$\vec{a} \times \vec{b} = -(\vec{b} \times \vec{a})$$

(s. Satz 4.6.7, 1.) daher auch direkt aus dem Ergebnis von b).

Die Orthogonaliät überprüft man wieder leicht mit dem Skalarprodukt.

d) Man erhält

$$\begin{pmatrix} 1 \\ -2 \\ 3 \end{pmatrix} \times \begin{pmatrix} -2 \\ 4 \\ -6 \end{pmatrix} = \begin{pmatrix} (-2)\cdot(-6) - 3\cdot 4 \\ 3\cdot(-2) - 1\cdot(-6) \\ 1\cdot 4 - (-2)\cdot(-2) \end{pmatrix} = \begin{pmatrix} 0 \\ 0 \\ 0 \end{pmatrix}.$$

Da die Vektoren $\vec{a} = \begin{pmatrix} 1 \\ -2 \\ 3 \end{pmatrix}$ und $\vec{b} = \begin{pmatrix} -2 \\ 4 \\ -6 \end{pmatrix}$ negative Vielfache voneinander sind, also einen Winkel von $180° \,\hat{=}\, \pi$ einschließen, ist nach Satz 4.6.4, 2.,

$$\|\vec{a} \times \vec{b}\| = \|\vec{a}\| \cdot \|\vec{b}\| \cdot \sin \pi = \|\vec{a}\| \cdot \|\vec{b}\| \cdot 0 = 0,$$

so dass man auch ohne Rechnung auf $\vec{a} \times \vec{b} = \vec{0}$ schließen kann.

Der Nullvektor steht senkrecht zu allen Vektoren (wenn man als Definition von „senkrecht" ansieht, dass das Skalarprodukt gleich Null ist), so dass auch hier das Ergebnis senkrecht auf den ursprünglichen Vektoren steht.

Aufgabe 4.6.2

Sei $\vec{a} = \begin{pmatrix} 2 \\ 2 \\ -1 \end{pmatrix}$ und $\vec{b} = \begin{pmatrix} 4 \\ 0 \\ 3 \end{pmatrix}$.

a) Berechnen Sie den Winkel φ zwischen $\vec{a}$ und $\vec{b}$ mit Hilfe des Skalarprodukts.

b) Berechnen Sie $\vec{a} \times \vec{b}$.

c) Verifizieren Sie die Gleichung $\|\vec{a} \times \vec{b}\| = \|\vec{a}\| \cdot \|\vec{b}\| \cdot \sin\varphi$.

Lösung:

a) Es ist

$$\|\vec{a}\| = \sqrt{2^2 + 2^2 + (-1)^2} = 3,$$
$$\|\vec{b}\| = \sqrt{4^2 + 0^2 + 3^2} = 5,$$
$$\vec{a} \cdot \vec{b} = 2 \cdot 4 + 2 \cdot 0 + (-1) \cdot 3 = 5.$$

Für den Winkel φ gilt damit

$$\cos\varphi = \frac{\vec{a} \cdot \vec{b}}{\|\vec{a}\| \cdot \|\vec{b}\|} = \frac{5}{3 \cdot 5} = \frac{1}{3},$$

also $\varphi = \arccos\frac{1}{3} \approx 1.23 \,\hat{=}\, 70.53°$.

b) $\vec{a} \times \vec{b} = \begin{pmatrix} 2 \cdot 3 & - & (-1) \cdot 0 \\ (-1) \cdot 4 & - & 2 \cdot 3 \\ 2 \cdot 0 & - & 2 \cdot 4 \end{pmatrix} = \begin{pmatrix} 6 \\ -10 \\ -8 \end{pmatrix}$.

c) Einerseits ist mit dem berechneten Vektorprodukt aus b)

$$\|\vec{a} \times \vec{b}\| = \sqrt{36 + 100 + 64} = \sqrt{200}.$$

Andererseits ergibt sich mit dem trigonometrischen Pythagoras (s. Satz 2.5.8)

$$\sin\varphi = \sqrt{1 - \cos^2\varphi} = \sqrt{1 - \left(\frac{1}{3}\right)^2} = \sqrt{\frac{8}{9}}$$

und damit

$$\|\vec{a}\| \cdot \|\vec{b}\| \cdot \sin\varphi = 3 \cdot 5 \cdot \sqrt{\frac{8}{9}} = 3 \cdot \frac{\sqrt{25 \cdot 8}}{3} = \sqrt{200}.$$

Aufgabe 4.6.3

Berechnen Sie den Flächeninhalt des Parallelogramms, das durch $\vec{a} = \begin{pmatrix} 4 \\ 2 \end{pmatrix}$ und $\vec{b} = \begin{pmatrix} 2 \\ 3 \end{pmatrix}$ aufgespannt wird,

a) durch die Formel „Seite mal Höhe", wobei Sie die Höhe berechnen, indem Sie vom Punkt $B = (2,3)$ das Lot auf die Seite, die durch $\vec{a}$ gegeben ist, fällen,

b) durch die Formel „Seite mal Höhe", indem Sie mit dem Winkel zwischen $\vec{a}$ und $\vec{b}$ die Höhe berechnen,

c) indem Sie die Situation ins Dreidimensionale übertragen und das Vektorprodukt zu Hilfe nehmen.

Lösung:

a) Der Vektor $\vec{a}$ liegt auf der Geraden

$$g = \left\{ \lambda \cdot \begin{pmatrix} 4 \\ 2 \end{pmatrix} \mid \lambda \in \mathbb{R} \right\}.$$

Die zu g senkrechte Gerade h durch B hat als Richtungsvektor einen zu $\begin{pmatrix} 4 \\ 2 \end{pmatrix}$ senkrechten Richtungsvektor, also z.B. $\begin{pmatrix} -2 \\ 4 \end{pmatrix}$:

$$h = \left\{ \begin{pmatrix} 2 \\ 3 \end{pmatrix} + \mu \cdot \begin{pmatrix} -2 \\ 4 \end{pmatrix} \mid \mu \in \mathbb{R} \right\}.$$

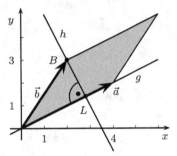

Abb. 4.22 Parallelogramm und Geraden.

Der Lotfußpunkt L des Lotes von B auf g ist der Schnittpunkt der Geraden g und h. Gleichsetzen der Parameterdarstellungen liefert:

$$\lambda \cdot \begin{pmatrix} 4 \\ 2 \end{pmatrix} = \begin{pmatrix} 2 \\ 3 \end{pmatrix} + \mu \cdot \begin{pmatrix} -2 \\ 4 \end{pmatrix} \quad \Leftrightarrow \quad \begin{array}{rcll} 4\lambda + 2\mu & = & 2 & \text{(I)} \\ 2\lambda - 4\mu & = & 3 & \text{(II)} \end{array}.$$

Addiert man das Doppelte der ersten Gleichung zur zweiten, so fällt μ weg, und man erhält $10\lambda = 7$, also $\lambda = 0.7$. Damit ist der Lotfußpunkt

$$\vec{l} = 0.7 \cdot \begin{pmatrix} 4 \\ 2 \end{pmatrix} = \begin{pmatrix} 2.8 \\ 1.4 \end{pmatrix}.$$

Alternative Berechnung des Lotfußpunkts L:

Der Lotfußpunkt L ist der Punkt auf der Geraden g, so dass der Verbindungsvektor von L zu B senkrecht auf der Geraden, d.h. senkrecht auf dem Richtungsvektor $\begin{pmatrix} 4 \\ 2 \end{pmatrix}$ der Geraden steht, d.h., das Skalarprodukt muss Null sein.

Indem man den Lotfußpunkt als beliebigen Geradenpunkt $\lambda \cdot \binom{4}{2}$ ansetzt, erhält man so die Bedingung

$$\lambda \cdot \binom{4}{2} - \binom{2}{3} \perp \binom{4}{2} \quad \Leftrightarrow \quad \binom{4\lambda - 2}{2\lambda - 3} \cdot \binom{4}{2} = 0$$

$$\Leftrightarrow \quad 16\lambda - 8 + 4\lambda - 6 = 0 \quad \Leftrightarrow \quad 20\lambda = 14$$

$$\Leftrightarrow \quad \lambda = 0.7,$$

womit man wie oben den Lotfußpunkt berechnet.

Mit dem Lotfußpunkt L kann nun die Höhe des Parallelogramms berechnet werden als

$$\text{Höhe} = \|\overrightarrow{LB}\| = \left\| \binom{2}{3} - \binom{2.8}{1.4} \right\| = \left\| \binom{-0.8}{1.6} \right\|$$

$$= \sqrt{\left(\frac{4}{5}\right)^2 + \left(\frac{8}{5}\right)^2} = \sqrt{\frac{80}{5^2}} = \sqrt{\frac{16}{5}} = \frac{4}{\sqrt{5}}$$

und damit die Fläche des Parallelogramms als

$$\text{Fläche} = \|\vec{a}\| \cdot \text{Höhe} = \left\| \binom{4}{2} \right\| \cdot \frac{4}{\sqrt{5}}$$

$$= \sqrt{20} \cdot \frac{4}{\sqrt{5}} = \sqrt{4} \cdot 4 = 8.$$

b) Der Flächeninhalt A ergibt sich als

$$A = \|\vec{a}\| \cdot h$$

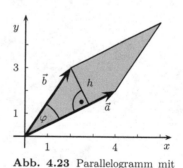

Abb. 4.23 Parallelogramm mit Winkel.

mit der Höhe h wie in Abb. 4.23.

Mit dem Winkel φ zwischen $\vec{a}$ und $\vec{b}$ gilt

$$h = \|\vec{b}\| \cdot \sin\varphi,$$

also

$$A = \|\vec{a}\| \cdot \|\vec{b}\| \cdot \sin\varphi.$$

Für den Winkel φ zwischen $\vec{a}$ und $\vec{b}$ gilt

$$\cos\varphi = \frac{\vec{a} \cdot \vec{b}}{\|\vec{a}\| \cdot \|\vec{b}\|} = \frac{14}{\sqrt{20} \cdot \sqrt{13}} = \frac{14}{\sqrt{4 \cdot 5 \cdot 13}} = \frac{7}{\sqrt{65}},$$

also mit dem trigonometrischen Pythagoras (s. Satz 2.5.8)

$$\sin\varphi = \sqrt{1 - \cos^2\varphi} = \sqrt{1 - \left(\frac{7}{\sqrt{65}}\right)^2} = \sqrt{\frac{16}{65}} = \frac{4}{\sqrt{65}},$$

und damit

$$A = \sqrt{20} \cdot \sqrt{13} \cdot \frac{4}{\sqrt{65}} = 4 \cdot \sqrt{4 \cdot 5 \cdot 13 \cdot \frac{1}{65}} = 8.$$

c) Im Dreidimensionalen kann man das Parallelogramm beispielsweise in die (x_1, x_2)-Ebene einbetten. Es wird dann aufgespannt durch $\vec{a_3} = \begin{pmatrix} 4 \\ 2 \\ 0 \end{pmatrix}$ und $\vec{b_3} = \begin{pmatrix} 2 \\ 3 \\ 0 \end{pmatrix}$.

Den Flächeninhalt kann man nun als Länge des Vektorprodukts berechnen:

$$\text{Flächeninhalt} = \|\vec{a_3} \times \vec{b_3}\|$$

$$= \left\| \begin{pmatrix} 4 \\ 2 \\ 0 \end{pmatrix} \times \begin{pmatrix} 2 \\ 3 \\ 0 \end{pmatrix} \right\| = \left\| \begin{pmatrix} 0 \\ 0 \\ 8 \end{pmatrix} \right\| = 8.$$

Sachverzeichnis